Isaac Asimov war einer der bedeutendsten Wissenschaftsautoren unserer Tage. Aus seiner Feder stammen über 300 Bücher, darunter auch zahlreiche berühmte Werke SF-Literatur.

Von Isaac Asimov sind außerdem erschienen:

Die exakten Geheimnisse unserer Welt, Bd. 1 (Band 77065)
Die exakten Geheimnisse unserer Welt, Bd. 2 (Band 3922)
Grenzfälle der Naturwissenschaften (Band 4838)
Vom Kosmos zum Chaos (Band 77039)

Dieses Buch wurde auf chlor- und säurefreiem Papier gedruckt.

Deutsche Erstausgabe Januar 1994
© 1994 für die deutschsprachige Ausgabe
Droemersche Verlagsanstalt Th. Knaur Nachf., München
Das Werk einschließlich aller seiner Teile ist urheberrechtlich geschützt.
Jede Verwertung außerhalb der engen Grenzen des Urheberrechts-
gesetzes ist ohne Zustimmung des Verlages unzulässig und strafbar.
Das gilt insbesondere für Vervielfältigungen, Übersetzungen,
Mikroverfilmungen und die Einspeicherung und Verarbeitung
in elektronischen Systemen.
Titel der Originalausgabe »Guide to Earth and Space«
© 1991 Nightfall Inc.
Originalverlag Random House, New York
Umschlaggestaltung Manfred Waller, Reinbek
Umschlagfoto Joseph Drivas/The Image Bank
Satz MPM, Wasserburg
Druck und Bindung Ebner Ulm
Printed in Germany 5 4 3 2 1
ISBN 3-426-77085-7

Isaac Asimov

Die Wunder des Kosmos und der Erde

Aus dem Amerikanischen
von Johannes Schwab

*Für Kate Medina –
wieder zusammen*

Inhalt

Einleitung. 11
1. Welche Form hat die Erde? 13
2. Welche Größe hat die Erde? 17
3. Wenn die Erde eine Kugel ist – warum rutschen wir dann nicht hinunter?. 22
4. Bewegt sich die Erde? 24
5. Warum landet man nicht an einer anderen Stelle, wenn man hochgesprungen ist?. 27
6. Was läßt den Wind wehen? 29
7. Warum ist es im Sommer wärmer als im Winter? 32
8. Wie mißt man die Zeit? 35
9. Wie messen wir Zeitspannen von weniger als einem Tag?. 38
10. Wie alt ist die Erde? 43
11. Wie wurde das Alter der Erde schließlich bestimmt? 47
12. Was ist Masse? 49
13. Wie hoch ist die Masse der Erde? 51
14. Was ist Dichte? 53
15. Ist die Erde hohl? 54
16. Wie sieht es im Inneren der Erde wirklich aus? 56
17. Verschieben sich die Kontinente?. 60
18. Was verursacht Erdbeben und Vulkanausbrüche? . . . 64
19. Was ist Wärme? 68
20. Was ist Temperatur? 71
21. Wie mißt man Temperatur?. 73
22. Was ist Energie?. 76
23. Ist es möglich, daß uns die Energie ausgeht? 80
24. Wie hoch ist die Temperatur im Erdinnern? 82
25. Warum kühlt die Erde nicht ab? 83
26. Dreht sich der Himmel in einem Stück? 85

27. Ist die Erde der Mittelpunkt des Universums? 89
28. Also noch einmal: Ist die Erde der Mittelpunkt des Universums? 92
29. Läßt sich das kopernikanische Weltbild noch verbessern? 97
30. Wie entstand die Erde? 100
31. Ist die Erde ein Magnet? 106
32. Ist die Erde eine vollkommene Kugel? 108
33. Warum verändert der Mond seine Form? 112
34. Leuchtet die Erde? 115
35. Wie kommt es zu Sonnen- und Mondfinsternissen? 117
36. Dreht sich der Mond? 120
37. Wie weit ist der Mond entfernt? 122
38. Wie groß ist die Masse des Mondes? 125
39. Was sind die Gezeiten? 129
40. Wie wird die Erde von den Gezeiten beeinflußt? ... 132
41. Gibt es Leben auf dem Mond? 134
42. Wie sind die Krater auf dem Mond entstanden? ... 137
43. Wie ist der Mond entstanden? 139
44. Können wir den Mond erreichen? 144
45. Was sind Meteoriten? 149
46. Könnten Meteoriten zu einer Gefahr für den Menschen werden? 152
47. Was sind Planetoiden? 153
48. Gibt es Planetoiden nur im Planetoidengürtel? ... 156
49. Was sind Kometen? 160
50. Warum sehen die Kometen verschwommen aus? ... 163
51. Was geschieht mit den Kometen? 165
52. Woher kommen die Kometen? 166
53. Wie weit ist die Sonne entfernt? 168
54. Ist die Erde groß? 171
55. Gibt es Planeten, die im Altertum noch nicht bekannt waren? 173

56. Wodurch unterscheiden sich die Riesenplaneten? .. 176
57. Gibt es Leben auf der Venus? 181
58. Gibt es Leben auf dem Mars? 185
59. Gibt es Leben im äußeren Sonnensystem? 190
60. Wie sieht die Sonne aus? 194
61. Was ist Sonnenlicht? 197
62. Was sind Spektrallinien? 199
63. Welche Masse hat die Sonne? 202
64. Woraus besteht die Sonne? 203
65. Woraus bestehen die Planeten? 205
66. Wie heiß ist die Sonne? 208
67. Was ist die Sonnenkorona? 211
68. Was sind Sonneneruptionen? 214
69. Warum kühlt die Sonne nicht ab? 215
70. Wie wird die Sonne mit Kernenergie versorgt? 218
71. Gibt es Sterne, die im Altertum
    noch nicht bekannt waren? 222
72. Sind die Fixsterne wirklich feststehend? 224
73. Gibt es eine Sternenkugel? 226
74. Was sind Sterne? 228
75. Wie weit sind die Sterne eigentlich entfernt? 229
76. Wie schnell breitet sich Licht aus? 232
77. Was ist ein Lichtjahr? 236
78. Bewegt sich die Sonne? 238
79. Sind die Naturgesetze überall gleich? 240
80. Was sind veränderliche Sterne? 243
81. Wie unterscheiden sich die Sterne untereinander? .. 245
82. Was geschieht, wenn der Wasserstoffvorrat eines
    Sterns zur Neige geht? 248
83. Wird unsere Sonne je zu einem
    Roten Riesen werden? 251
84. Warum gibt es immer noch sehr helle Sterne? 252
85. Was ist ein Weißer Zwerg? 254

86. Was ist eine Nova?	259
87. Was ist eine Supernova?	263
88. Erfüllen Supernovae irgendeinen Zweck?	268
89. Gibt es Leben auf Planeten, die andere Sterne umkreisen?	271
90. Was sind Kugelhaufen?	276
91. Was sind Nebel?	278
92. Was ist die Galaxis?	279
93. Wo liegt das Zentrum der Galaxis?	283
94. Was ist der Doppler-Effekt?	287
95. Rotiert die Galaxis?	290
96. Erreicht uns von den Sternen noch etwas anderes als Licht?	292
97. Was ist das elektromagnetische Spektrum?	297
98. Wie hat sich die Radioastronomie entwickelt?	301
99. Was sind Pulsare?	304
100. Was sind Schwarze Löcher?	309
101. Woraus besteht die interstellare Materie?	313
102. Was ist SETI?	316
103. Ist die Milchstraße das gesamte Universum?	319
104. Bewegen sich die Galaxien?	324
105. Gibt es einen Mittelpunkt des Universums?	327
106. Wie alt ist das Universum?	328
107. Was sind Quasare?	330
108. Können wir den Urknall sehen?	333
109. Wie kam der Urknall zustande?	335
110. Wird sich die Expansion des Universums unendlich fortsetzen?	338
111. Gibt es im Universum Materie, die wir nicht sehen können?	340
Register	343

Einleitung

Die materielle Welt ist groß und wunderbar, aber sie ist auch verwirrend. Vieles darin hat noch niemand so richtig begriffen. Es gibt auch viele Phänomene, die manche von uns recht gut verstehen, andere dagegen überhaupt nicht.
Einer der Gründe, warum die meisten von uns weniger über die Welt wissen, als es eigentlich möglich wäre, ist einfach der, daß wir uns nicht die Mühe machen, über sie nachzudenken. Das soll jedoch nicht heißen, daß wir überhaupt nicht nachdenken. Jeder denkt nach, aber dabei konzentriert er sich zumeist auf die Dinge, die ihm unmittelbar wichtig erscheinen. Was soll ich zum Mittagessen kochen? Wie kann ich meine Rechnungen bezahlen? Wohin soll ich in Urlaub fahren? Wie komme ich am besten zu einer Beförderung und einer Gehaltserhöhung? Soll ich mich mit einer bestimmten Person verabreden? Was ist das für ein eigenartiger Schmerz in der Seite?
Diese Fragen sind für jeden von uns so wichtig und müssen häufig so dringend beantwortet werden, daß einfach keine Zeit bleibt, um über allgemeine Fragen nachzudenken. Über Fragen wie: »Welche Form hat die Erde?« Eine ganz natürliche Reaktion auf eine solche Frage könnte sein: »Wen interessiert das? Warum belästigst du mich mit diesem dummen Zeug? Kommt es darauf an?«
Aber darauf kommt es tatsächlich an. Beispielsweise kann man weder über das Meer segeln und den Zielort auf der kürzestmöglichen Route erreichen noch eine Rakete abschießen und erwarten, daß sie ihr Ziel trifft, wenn man nicht weiß, welche Form die Erde hat.
Doch abgesehen davon ist es viel entscheidender, daß die Beschäftigung mit solchen Fragen faszinierend ist und man recht leicht Antworten erhält, wenn man systematisch vor-

geht. Ziel dieses Buches ist, dem Leser diese allgemeinen Fragen näherzubringen, indem die Antworten darauf in einer Sprache gegeben werden, der jeder folgen kann, so daß auch die komplizierten Probleme des Kosmos völlig verständlich werden.

Natürlich führt eine Frage gewöhnlich zur nächsten. Das Wissen über die Welt ist keine gerade Linie, sondern ein miteinander verknüpftes dreidimensionales Netz, so daß die Beantwortung einer bestimmten Frage es manchmal erfordert, vorher etwas anderes zu erklären, was dann wiederum die Erklärung eines anderen Problems notwendig macht, usw. Ich werde mich jedoch bemühen, die Fäden so sorgfältig wie möglich zu entwirren, damit nicht zuviel auf einmal erklärt werden muß. Trotzdem wird es ab und zu wohl notwendig sein, ein wenig hin und her zu springen, wofür ich um Verständnis bitte. Wenn wir von einem Problem zum nächsten voranschreiten, wird bloßes Überlegen in manchen Fällen nicht ausreichen; wir werden auch ein wenig darüber erfahren müssen, was Wissenschaftler beobachtet und gefolgert haben. Ich werde aber versuchen, diese wissenschaftliche Tätigkeit besonders behutsam und möglichst ohne komplizierte mathematische Formeln oder Diagramme zu beschreiben. Denken führt immer zu weiterem Denken – ein Prozeß, der sich unendlich fortsetzt. Für jemanden, der gerne nachdenkt, ist dies der besondere Reiz der Wissenschaft. Wer sich jedoch nicht gerne über Dinge den Kopf zerbricht, die ihn nicht unmittelbar betreffen, den wird die Notwendigkeit, immer weiter nachdenken zu müssen, ungeheuer erschrecken. Sie gehören hoffentlich zu der ersten Gruppe.

Beginnen wir also gleich mit der eingangs gestellten Frage und sehen wir zu, wohin sie uns führen wird.

1. Welche Form hat die Erde?

Zunächst wird man sich umsehen und dabei feststellen, daß die Erde ungleichmäßig geformt ist und sich in ihrer Form nicht leicht beschreiben läßt. Selbst wenn man Gebäude und andere künstliche Objekte so wenig berücksichtigt wie Lebewesen, hat man immer noch eine unebene Oberfläche aus nacktem Fels und Erdreich.
Unsere erste Schlußfolgerung würde also lauten, die Erde sei ein klumpiges Objekt mit Bergen und Tälern, Felsen und Schluchten. In Regionen wie Colorado, Peru oder Nepal, wo sich die Gebirge kilometerhoch auftürmen, ist die Unebenheit der Erde offensichtlich. Wer aber in bestimmten Teilen von Kansas, Uruguay oder der Ukraine lebt, sieht nicht viel von Bergen oder Tälern; er hat dort Ebenen vor sich, die ziemlich flach wirken.
Und selbst wenn man auf Hügel und Gebirge trifft, steigt die Erde zwar auf der einen Seite an, fällt aber dann zur anderen Seite hin wieder ab. Bei Tälern und Schluchten verhält es sich gerade umgekehrt. Kein Teil der Landfläche der Erde steigt an, ohne irgendwann wieder abzufallen, und kein Teil fällt ab, ohne jemals wieder anzusteigen. Vernünftigerweise läßt sich also daraus schließen, daß die Erde *im Durchschnitt* flach ist.
Wenn man aber mit einem Boot so weit auf ein Gewässer hinausfährt, daß nirgends mehr Land zu sehen ist, bleibt nur noch der Blick auf die Wasseroberfläche. Diese Oberfläche ist voller Wellen und deshalb uneben. Bei Windstille sind diese Wellen jedoch nicht hoch; man kann dann leicht erkennen, daß die Wasseroberfläche im Durchschnitt flach ist. Wasser ist tatsächlich stets viel ebener als Land. Sinnvollerweise könnte man also annehmen, die Erde sei flach, was die Menschen auch über Jahrtausende hinweg glaubten. Da eine flache Erde

vernünftig erschien und man diese Auffassung ohne langes Nachdenken als sinnvoll erkannte, warum sollte jemand seine Zeit verschwenden und noch weiter darüber nachdenken? Haben Sie jemals auf einem Berg gestanden und das Tal zu ihren Füßen überblickt? Das Tal wirkt ziemlich flach. Sie können immer weiter in die Ferne hinausschauen, über Häuser, Bäume, Flüsse und andere Objekte hinweg, aber je weiter diese entfernt sind, desto weniger Einzelheiten können sie erkennen. Außerdem ist die Luft normalerweise nicht vollkommen klar; Rauch und Nebelfetzen verschleiern den ganz fernen Bereich, wo sich in einem bläulichen Dunst Himmel und Erde zu begegnen scheinen.

Die Stelle, an der Himmel und Erde aufeinandertreffen, wird (nach dem griechischen Wort für »Grenze«) als *Horizont* bezeichnet. Wenn man auf einen flachen Abschnitt der Erde blickt, erstreckt sich der Horizont gleichmäßig von links nach rechts; eine solche Linie nennt man deshalb *horizontal* oder waagrecht.

Nehmen Sie aber an, Sie schauen in eine andere Richtung auf einen Berg ganz in der Nähe. Sie können nicht über den Gipfel hinweg auf die dahinterliegende Seite blicken, denn dazu müßten Sie um die Ecke sehen können. Der Blick auf den Gipfel zeigt also nur den Himmel darüber und nicht, wie die Erde dahinter abfällt. Es ist eine scharfe Linie erkennbar, die ganz nah zu sein scheint und den Berg gegen den Himmel abgrenzt. Wenn Sie also einen ganzen Landstrich überblicken und dabei einen fernen, nebligen Horizont sehen, wissen Sie, daß Sie ein ziemlich flaches Gelände vor sich haben. Erkennen Sie aber einen scharfen Horizont ganz in der Nähe, so blicken Sie vermutlich auf einen Berggipfel.

Stellen Sie sich nun vor, Sie befinden sich an Bord eines Schiffes auf dem Meer. Es ist ein klarer, heller, sonniger Tag, die See ist ruhig. Die Luft über dem Meer ist normalerweise weniger staubig und trüb als die Luft auf dem Festland, so daß man weit in die Ferne blickt. Und dennoch zeichnet sich der Horizont scharf ab. Das Meer berührt den Himmel entlang einer deutlichen horizontalen Linie. Sie haben eindeutig einen Gipfel vor sich.

Wie kann das der Fall sein? Auf hoher See gibt es keine Berge, nur flaches Wasser. Die einzige Möglichkeit besteht darin, daß der Ozean nicht eben, sondern gekrümmt ist. Von der Höhe des Schiffsdecks aus kann man nur bis zum Scheitelpunkt der Krümmung sehen, aber nicht darüber hinaus. Wenn Sie sich auf ein höher gelegenes Deck begeben, können Sie weiter in die Ferne blicken, bevor die Krümmung Ihnen die Sicht abschneidet; steigen Sie aber auf ein niedrigeres Deck hinab, so reicht Ihr Blick nicht so weit hinaus in die Ferne. Und wenn Sie sich von einem bestimmten Punkt aus umsehen, werden Sie in jeder Richtung denselben scharfen Horizont gleich weit entfernt erkennen; die Meeresoberfläche ist nämlich nicht nur gewölbt, sondern krümmt sich auch überall auf die gleiche Weise und gleich stark – jedenfalls soweit man mit bloßem Auge erkennen kann.

Doch warum sollte sich der Ozean wölben? Da er sich nach der Erdoberfläche richten muß, müßte die Erde selbst ebenfalls in jeder Richtung gekrümmt sein. An Land ist die Wölbung nicht so offensichtlich, weil das Land nicht so eben daliegt wie das Meer und die Luft normalerweise trüber ist. Wenn die Erde also gekrümmt ist, welcher Art ist dann diese Krümmung. Falls sie überall gleich stark ist, muß die Erde eine Kugel sein, denn nur eine Kugel besitzt eine Oberfläche, die sich in alle Richtungen gleich stark nach innen krümmt. So kann man allein schon durch aufmerksames Hinschauen und Nachdenken herausfinden, daß die Erde kugelförmig ist. Nun könnten Sie fragen, warum man den Horizont nicht schon vor Tausenden von Jahren studierte und zum gleichen

Schluß kam, aber das Problem ist, daß überhaupt nur wenige Leute über diese Frage nachdachten. Viel einfacher war es, sich die Erde als flach vorzustellen. In früheren Zeiten bereitete diese Vorstellung auch keinerlei Schwierigkeiten. Wie wir noch sehen werden, wirft eine runde Erde dagegen Probleme auf, die weiteres Nachdenken erfordern. Sie fragen vielleicht weiter: Können wir unseren Augen trauen? Genügt es, wenn wir den Horizont ansehen? In diesem Fall reicht es tatsächlich aus – auch wenn uns die Augen oft täuschen, solange wir die Ergebnisse nicht sorgfältig analysieren.

Nehmen wir beispielsweise an, Sie befinden sich auf hoher See und erkennen in der Ferne ein Schiff, das auf den Horizont zu fährt. Sie behalten es im Auge, und während es sich dem Horizont nähert, verschwinden zuerst die unteren und später auch die oberen Decks aus ihrem Blickfeld. Zu sehen sind dann nur noch die Schornsteine (oder bei Segelschiffen die Segel), doch auch sie verschwinden schließlich. Dies hängt nicht nur mit der Entfernung zusammen; durch ein Fernglas erschiene das Schiff zwar größer und näher, aber trotzdem würde zuerst der untere Teil, danach der darüber liegende und schließlich der oberste verschwinden. Sie sehen, wie das Schiff über den Scheitelpunkt der Erdkrümmung hinweg und auf der anderen Seite »abwärts« fährt.

Der erste Mensch, von dem bekannt ist, daß er die Erde für eine Kugel hielt, war der griechische Philosoph Pythagoras (um 580–500 v. Chr.), der seine Hypothese um 500 v. Chr. aufstellte.

Es gibt noch weitere Beweise dafür, daß die Erde eine Kugel ist. Bestimmte Sterne sind von manchen Punkten auf der Erde sichtbar und von anderen nicht. Während einer Mondfinsternis fällt immer ein Erdschatten auf den Mond, der wie der Rand einer Kugel gekrümmt ist. Der griechische Philosoph Aristoteles (384–322 v. Chr.) trug um 340 v. Chr. alle

Beweise für die Kugelform der Erde zusammen. Obwohl diese Vorstellung damals nicht allgemein geteilt wurde, hat sie seither kein Gelehrter mehr ernsthaft in Zweifel gezogen. Im heutigen Raumfahrtzeitalter gibt es Aufnahmen aus dem Weltraum, auf denen die Erde tatsächlich als Kugel zu *sehen* ist.

2. Welche Größe hat die Erde?

Solange die Menschen die Erde für flach hielten, brauchten sie sich über deren Ausdehnung keine großen Gedanken zu machen. Nach allem, was bekannt war, konnte sie sich unendlich weit ausdehnen, aber *Unendlichkeit* ist gedanklich nicht so leicht faßbar. Viel einfacher war die Vorstellung, daß sie eine bestimmte Größe hatte und irgendwo an ein Ende stieß. Selbst heute noch spricht man von Reisen »bis ans Ende der Welt«, doch dies ist nur mehr ein farbiger Ausdruck, der nicht wörtlich zu verstehen ist.
Selbstverständlich bringt der Gedanke an ein Ende der Welt Probleme mit sich. Was geschieht, wenn man eine weite Strecke zurückgelegt hat und schließlich das Ende erreicht? Kann man hinunterfallen? Wenn sich der Ozean bis ans Ende erstreckt, sollte er dann nicht ausfließen, bis alles Wasser verschwunden ist? Wer sich mit solchen Dingen befaßte, mußte begründen können, warum dies nicht eintrat. Vielleicht war die Welt von einem festen Wall aus hohen Bergen eingerahmt und sah damit wie eine Bratpfanne aus, aus der nichts herausfallen konnte? Vielleicht bestand der Himmel aber auch aus einem Stück fester Materie, das wie eine abgeflachte Halbkugel gewölbt war (was ihrem Aussehen ent-

spricht) und sich so weit nach unten erstreckte, daß es an allen Seiten die Erde berührte? Damit wäre die Erde ein flacher Teller mit einem Deckel darauf – und auch so würde alles an seinem Platz gehalten. Beide Lösungen schienen brauchbar.
Man konnte sich immer noch fragen, wie groß die flache Welt war. In frühester Zeit, als sich die Menschen nur zu Fuß fortbewegten und nicht viel reisten, hielt man die Welt für ziemlich klein und glaubte, daß nur die jeweils eigene Region existierte. Als um 2800 v. Chr. das gesamte Tal des Euphrats und des Tigris von einer gewaltigen Flut überschwemmt wurde, glaubten die dort ansässigen Sumerer deshalb auch, die ganze Welt sei überflutet worden.
Diese naive Vorstellung ist uns in der Bibel als Geschichte von der Sintflut überliefert. Seit die Menschen aber Handel trieben, Armeen in alle Richtungen ausschickten und zu reiten begannen, erweiterte sich der Horizont der Welt. Bis 500 v. Chr. erstreckte sich das persische Reich von Ost nach West über 4800 Kilometer. Westlich davon lagen Griechenland, Italien und weitere Länder, doch ein Ende war nicht in Sicht. Als die griechischen Philosophen erkannt hatten, daß die Erde eine Kugel war, wußten sie zugleich, daß sie eine bestimmte Größe haben mußte; man konnte sie nicht einfach als »sehr groß« bezeichnen oder behaupten, daß sie sich »unendlich« immer weiter erstreckte. Um die Größe der Kugel zu bestimmen, mußte man sich nicht einmal allzu weit von zu Hause entfernen.
Während sich eine flache Erde also unendlich ausdehnen kann, ist eine kugelförmige Erde gewölbt, und die Wölbung muß einen ganzen Kreis beschreiben. Um die Größe der Erde zu bestimmen, muß man nur den Grad ihrer Krümmung messen; je stärker die Krümmung ist, desto kleiner ist die Kugel, und je weniger sie gewölbt ist, desto größer ist sie.
In einem Punkt kann man sich sicher sein, daß nämlich die

Krümmung sehr gering und die Kugel damit sehr groß ist. Dies muß schon deshalb der Fall sein, weil es so lange gedauert hat, bis man die Erde als Kugel erkannte. Bei einer kleinen Kugel wäre die Krümmung so stark, daß man sie unmöglich übersehen kann. Je geringer die Krümmung der Erdoberfläche ist, desto flacher erscheint auch ein kleines Gebiet auf der Erde.

Aber wie läßt sich der Grad der Erdkrümmung messen? Hier ist eine Möglichkeit. Man nehme einen dünnen Metallstreifen und presse ihn auf einer absolut ebenen Fläche gegen die Erde, so daß er an allen Stellen den Boden berührt. Er muß sich dabei der Wölbung der Erde anpassen. Wenn man diesen Metallstreifen anschließend wieder aufhebt, kann man an ihm entlangschauen und feststellen, wie stark er gekrümmt ist. Ein 1 Kilometer langer Metallstreifen sollte um etwa 12,5 Zentimeter nach innen gebogen sein.

Diese Art von Messung wäre problematisch: Erstens findet man auf der Erde kaum eine Strecke von einem Kilometer, die vollkommen eben ist, und zweitens ist es schwierig, einen Metallstreifen herzustellen, der sich der Wölbung genau anpaßt. Dabei würde man einen Wert erhalten, dem man nie und nimmer trauen könnte. Schon eine kleine Abweichung in der Form des Metallstreifens würde zu einem gewaltigen Fehler bei der Berechnung des Erdumfangs führen. Oder anders ausgedrückt: Manche Experimente, die in der Theorie perfekt funktionieren, gelingen in der Praxis kaum (und dies wäre eines davon). Wir müssen uns somit nach einer anderen Möglichkeit umsehen.

Denken Sie sich nun einen langen, geraden Stab, der genau senkrecht ein Stück weit in die Erde getrieben wird. Wenn die Sonne an einem klaren, wolkenlosen Tag genau darüber steht, wirft der Stab keinen Schatten, weil das Licht ringsum den Boden erreicht. Dann aber wird ein weiterer Stab in einem

Winkel dazu in den Boden getrieben. Nun fällt das Sonnenlicht auf den Stab und wirft einen Schatten. Wenn man eine Reihe von solchen Stäben hat, die alle zwei Meter aus dem Boden ragen, aber verschieden stark geneigt sind, wirft jeder von ihnen einen unterschiedlich langen Schatten. Je größer der Neigungswinkel ist, desto länger wird der Schatten.

Wenn man auf diese Weise die Länge der Schatten im Vergleich zur Länge der Stäbe mißt, läßt sich der Neigungswinkel berechnen, ohne daß man dazu die Neigung messen muß. Der Zweig der Mathematik, der dies ermöglicht, wird als *Trigonometrie* bezeichnet und wurde von den alten Griechen bereits früh entwickelt. Der griechische Philosoph Thales (um 624–546 v. Chr.) soll die Trigonometrie bereits 580 v. Chr. verwendet haben, um die Höhe der ägyptischen Pyramiden aus der Länge der von ihnen geworfenen Schatten zu berechnen.

Sie müssen aber die Stäbe gar nicht selbst neigen. Stellen Sie sich nur zwei genau senkrechte Stäbe vor, die mehrere hundert Kilometer voneinander entfernt stehen. Zwischen diesen beiden Stellen ist die Erde gekrümmt. Wenn man den einen Stab als senkrecht stehend betrachtet, befindet sich der andere in einem Winkel dazu, wobei die Größe des Winkels von der Stärke der Krümmung der Erdoberfläche abhängt.

Um 240 v. Chr. bemühte sich der griechische Gelehrte Eratosthenes (um 276–196 v. Chr.), genau diesen Versuch durchzuführen. Er ließ sich sagen, daß die Sonne in der ägyptischen Stadt Syene am 21. Juni mittags genau senkrecht stand, so daß ein ebenfalls senkrechter Stab keinen Schatten warf. In der ägyptischen Stadt Alexandria, wo Eratosthenes lebte, warf ein senkrechter Stab am gleichen Tag dagegen einen kleinen Schatten.

Eratosthenes maß die Länge des Schatten und verglich sie mit der Länge des Stabs; dadurch konnte er bestimmen, wie weit die Krümmung der Erde den Stab in Alexandria im Verhältnis zu dem Stab in Syene neigte. Die Entfernung zwischen den beiden Städten war ihm bekannt; wenn die Krümmung auf diese Entfernung so stark war, konnte er auch bestimmen, wie weit sie sich erstrecken mußte, um einen Vollkreis zu beschreiben. Er verkündete, die Erdkugel habe einen Umfang von – gerundet und in modernen Maßeinheiten ausgedrückt – 40 000 Kilometern und einen Durchmesser von 12 800 Kilometern. Seine Ergebnisse stimmten ziemlich genau. Erstaunlicherweise wurde diese Entdeckung vor 22 Jahrhunderten gemacht, ohne daß Eratosthenes seine Heimat verlassen hätte – nur durch kluges Nachdenken und eine einfache Messung. Das heißt übrigens nicht, daß Eratosthenes' Ergebnisse voll anerkannt wurden. Andere stellten ähnliche Messungen an und kamen auf niedrigere Ergebnisse. Selbst zur Zeit von Christoph Kolumbus (1451–1506) ging man noch allgemein davon aus, daß der Erdumfang nur etwa 29 000 Kilometer betrage – weniger als drei Viertel des tatsächlichen Umfangs. Kolumbus segelte 1492 in westlicher Richtung, weil er Asien nur etwa 4800 Kilometer entfernt glaubte. In Wirklichkeit waren es 16 000 Kilometer, und wenn der amerikanische Kontinent nicht gewesen wäre, auf dem er seine Reise beenden konnte, hätte man wahrscheinlich nie wieder etwas von ihm gehört.

Endgültig geklärt wurde diese Frage erst 1522, als auf einer Expedition unter Leitung des portugiesischen Entdeckers Ferdinand Magellan (um 1480–1521) die Welt erstmals vollständig umsegelt wurde. Magellan selbst schaffte es nicht bis zum Ende, denn er wurde unterwegs auf den Philippinen getötet, doch ein Schiff mit 18 Mann an Bord kehrte zurück – und bewies damit, daß die Messung des Eratosthenes gestimmt hatte.

3. Wenn die Erde eine Kugel ist, warum rutschen wir dann nicht hinunter?

Wenn man Kindern zum ersten Mal erzählt, daß die Erde eine Kugel ist, scheint sie das zu verwirren. Die Menschen auf der anderen Seite der Erde (von uns aus gesehen beispielsweise Australien) müssen mit dem Kopf nach unten und den Füßen nach oben herumlaufen, aber warum fallen sie dann nicht ganz von den Erde hinunter? Schließlich würde man auch abstürzen, wenn man auf der Zimmerdecke laufen wollte.

Die Sache ist aber noch schlimmer. Nehmen Sie an, Sie wohnten genau am höchsten Punkt einer runden Erde (wie es ja auch der Fall zu sein scheint, da sich die Erde in alle Richtungen leicht nach unten krümmt). In diesem Fall wären Sie nur so lange sicher, wie Sie sich nicht von der Stelle rührten. Wenn Sie sich in irgendeine Richtung bewegten, würden Sie langsam einen Abhang hinunterrutschen. Je weiter Sie kämen, desto steiler würde der Hang werden, bis Sie immer schneller und immer hilfloser hinunterstürzen und schließlich vollends von der Erde fallen würden. Wenn das zuträfe, wären alle Ozeane schon lange von der Erde geflossen, und die gesamte Luft wäre ebenfalls verschwunden. Wir gelangen also zu der scheinbar vernünftigen Schlußfolgerung, daß ein Leben auf einer runden Erde nicht möglich ist und die Erde deshalb auch keine Kugel sein kann.

Da die Erde aber eine Kugel *ist*, muß in unserem Gedankengang ein Fehler stecken. Er resultiert aus dem, was wir als *unten* bezeichnen. Wenn wir aufrecht stehen und die Richtung *unten* angeben wollen, zeigen wir auf unsere Füße. Damit deuten wir aber gleichzeitig auf den Erdmittelpunkt, der sich etwa 6350 Kilometer unter uns befindet. Wenn wir davon ausgehen, daß *unten* immer Mittelpunkt der Erde bedeutet, dann zeigen die Fußsohlen beim Stehen immer in die gleiche Richtung, gleichgültig, wo man sich befindet. Auch bei den Australiern zeigen die Fußsohlen zum Erdmittelpunkt, genau wie bei uns bedeutet *unten* auch für sie in Richtung ihrer Füße.

Wie alles Schwere werden wir nach unten gezogen – genauso wie alles andere auch, was sich irgendwo auf der Oberfläche des Planeten befindet, werden wir zum Mittelpunkt der Erde angezogen. Da wir beim Reisen aber nie den Eindruck haben, daß die Erde gewölbt ist, weil ihre Oberfläche mehr oder weniger waagrecht erscheint, und da *unten* immer in Richtung unserer Füße ist, wenn wir aufrecht stehen, *erscheint* die Erde flach. Nie fällt etwas von ihr hinunter, was ein weiterer Grund dafür ist, daß es so lange gedauert hat, bis man die Erde als rund erkannte. Der erste, der erklärte, daß alles auf der Erde zu ihrem Mittelpunkt hin gezogen werde, war Aristoteles. Die dafür verantwortliche Kraft nennt man *Gravitation*, nach dem lateinischen Wort für »schwer«.

Stellen Sie sich eine riesige Menge einer beliebig geformten Materie vor, bei der jeder Teil jeden anderen Teil anzieht, so daß das gesamte Material so dicht zusammengepreßt wird, wie es nur möglich ist. Wenn alle Teile so stark wie möglich zusammengedrängt sind und nicht weiter zusammenrücken können, haben sie die Form einer Kugel angenommen. Bei keinem anderen Festkörper liegen alle Teile im Durchschnitt so eng beieinander wie bei einer Kugel. Deshalb ist auch die Erde, die ja alles zu ihrem Mittelpunkt hin anzieht, eine Kugel.

4. Bewegt sich die Erde?

Den meisten Menschen im Altertum wäre dies bestimmt als die dümmste Frage erschienen, die überhaupt denkbar war: Wie konnte man hier Zweifel haben? Man konnte doch sehen, daß sich die Erde *nicht* bewegt. Diese Frage überhaupt zu stellen, mußte als Zeichen von Verrücktheit gelten. Warum haben die Menschen dann aber trotzdem gefragt? Ein Grund dafür ist, daß sich alles am Himmel bewegt. Die Sonne geht im Osten auf, wandert über den Himmel und sinkt im Westen nieder. Ebenso der Mond. Die Sterne scheinen sich auf riesigen Kreisbahnen um den Polarstern in der Mitte zu bewegen. Die Bahnen der Sterne, die sich weit ab vom Polarstern befinden, sind groß genug, um den Horizont zu schneiden; so gehen auch sie im Osten auf und im Westen unter.

Diese Bewegung am Himmel hat die meisten Menschen nicht weiter überrascht. Für sie erschien es ganz natürlich, daß die Erde absolut ruhig und bewegungslos blieb und die Himmelskörper um die Erde kreisten und dabei jeden Tag eine Umdrehung vollführten. So sah es jedenfalls aus, und warum sollte man die Wahrnehmung der Sinne in Zweifel ziehen? Einige Menschen fragten sich aber trotzdem, ob es nicht möglich sei, daß der Himmel still stehe und sich die Erde darunter drehe. Den meisten Menschen erschien diese Alternative jedoch nicht sehr vernünftig. Es war einfach zu offensichtlich, daß sich die riesige Erde nicht bewegte.

Aber haben Sie jemals in einem Zug gesessen, während sich ein anderer Zug auf dem Nachbargleis langsam rückwärts in Bewegung setzte? Sie waren vielleicht überrascht. Warum sollte er rückwärts fahren? Sie beobachten ihn weiter, bis er schließlich so weit zurückfährt, daß die Spitze des anderen Zuges hinter ihrem Fenster verschwindet und – jetzt aufgepaßt! – sich die ganze Gegend rückwärts bewegt. Sie bemerken sofort, daß es Ihr Zug war, der sich vorwärts bewegte, während der andere stehenblieb. Solange sich Ihr Zug ganz ruhig bewegte, war kein Unterschied festzustellen; Sie konnten nicht entscheiden, welcher Zug fuhr und welcher stand.

Die Menschen der Antike hatten jedoch noch nicht unsere Möglichkeiten; sie besaßen keine Transportmittel, die sich so gleichmäßig fortbewegten, daß sie nicht entscheiden konnten, ob sie sich vorwärtsbewegten. Ob man nun geht, läuft, sich in einem ungefederten Wagen über holprige Straßen ziehen läßt oder auf einem trabenden oder galoppierenden Pferd reitet – all diese Arten der Fortbewegung sind so ungleichmäßig, daß sich nie die Frage stellt, ob man sich bewegt oder nicht. Da man der Erde nicht anmerkte, daß sie sich bewegte, schloß man daraus, daß sie sich auch tatsächlich nicht bewegte.

Kehren wir in unserer Vorstellung wieder in unseren Waggon zurück und beobachten wir den Zug neben uns, wie er langsam zurückfährt. Um zu überprüfen, ob er sich bewegt oder wir uns bewegen, müssen Sie nur einmal in die andere Richtung schauen. Ein Blick aus dem Fenster auf der anderen Zugseite würde Sie vermutlich den Bahnhof oder eine Straße erkennen lassen. Wenn diese sich ebenfalls rückwärts bewegen, wüßten Sie, daß Sie selbst fahren und nicht der andere Zug. Im Falle von Himmel und Erde gibt es jedoch keinen neutralen Anhaltspunkt, auf den man schauen könnte. Als erster Mensch behauptete der griechische Philosoph Herakleides (um 390–322 v. Chr.) nachweislich um 350 v. Chr., daß sich die Erde und nicht der Himmel drehe. Er wurde nicht ernst genommen. Doch 1609 richtete der italienische Wissenschaftler Galileo Galilei (1564–1642) ein sehr primitives Fernrohr gegen den Himmel. Zu seinen Entdeckungen gehörte unter anderem, daß es auf der Sonne dunkle Flecken gab. Als er sie Tag um Tag beobachtete, bemerkte er, daß sie sich langsam um die Sonne drehten, und schloß daraus, daß die Sonne langsam um eine gedachte Linie (ihre Achse) rotierte, wobei sie in knapp 27 Tagen eine volle Umdrehung vollführte.

Wenn die Sonne rotierte, dachte er, warum sollte sich dann nicht auch die Erde einmal in 24 Stunden um ihre eigene Achse drehen? Gegen diese Vorstellung gab es immer noch starken Widerstand; 1633 zwang die katholische Kirche Galilei, seine Auffassung öffentlich zu widerrufen und zu behaupten, die Erde bewege sich nicht.

Aber auch das half den Konservativen nicht. 1665 konnte der italienisch-französische Astronom Gian Domenico Cassini (1625–1712) nämlich zeigen, daß sich der Planet Mars innerhalb von $24^1/_2$ Stunden einmal um seine Achse drehte. 1668 zeigte er, daß der Planet Jupiter alle 10 Stunden einmal um seine Achse rotierte. Danach begannen die Gelehrten zu vermuten, daß sich auch die Erde drehte; sie tat es einfach so gleichmäßig und ruhig, daß es niemand spüren konnte. Doch die Rotation der Erde hing nicht nur von der Tatsache ab, daß sich auch andere Himmelskörper drehten; es waren noch weitere Hinweise vorhanden. Nachdem die Astronomen eine Vorstellung davon bekommen hatten, wie groß das Universum wirklich war (auch wir kommen später noch dazu), wurde es immer unsinniger zu behaupten, die Erde sei starr und das gesamte riesige Universum drehe sich um sie. Allerdings demonstrierte erst 1851 jemand die Erdrotation so, daß man sie tatsächlich sehen konnte. Der französische Physiker Jean B. L. Foucault (1819–1868) ließ ein langes, schweres Pendel von der Decke einer Kirche herabhängen. Es hatte unten eine Spitze, die in den Sand auf dem Kirchenboden eine kleine Furche zog. Das Pendel schwang Stunde um Stunde in der gleichen Ebene, aber die Spur im

Sand auf dem Boden änderte langsam ihre Richtung, während sich die Erde unter dem Pendel drehte. Zum ersten Mal konnten die Zuschauer in der Kirche tatsächlich sehen, wie sich die Erde dreht. Inzwischen hat man freilich Menschen auf den Mond geschossen, von wo man die Drehung der Erde unmittelbar beobachten kann.

5. Warum landet man nicht an einer anderen Stelle, wenn man hochgesprungen ist?

Als die Astronomen im 17. Jahrhundert schließlich darauf beharrten, daß sich die Erde drehe, wurden von den Zweiflern verschiedene Einwände vorgebracht. Wenn sich die Erde drehe, behaupteten sie, dann müsse sich unter jemandem, der senkrecht in die Luft springe, die Erde drehen, so daß er ein kleines Stück von der Stelle entfernt wieder aufkomme, von der er abgesprungen sei. Wenn man einen Ball senkrecht in die Luft werfe, würde dieser noch weiter von der Stelle entfernt wieder auftreffen, von der er hochgeworfen worden sei. Und wenn ein Vogel von seinem Nest wegfliege, würde er nie mehr zurückfinden. Da aber nichts dergleichen eintrat, argumentierten sie, könne sich die Erde auch nicht bewegen.
Diese Einwände *schienen* vernünftig zu sein. Wenn Sie gerade erst erkannt hätten, daß sich die Erde dreht, wüßten Sie vielleicht nicht, wie man solchen Argumenten etwas entgegensetzt, so daß ein wenig Nachdenken gefordert wäre. Stellen Sie sich vor, Sie säßen in einem Zug direkt neben dem Mittelgang, während ein Freund auf der anderen Seite Ihnen gegenübersitzen würde. Der Zug wartet im Bahnhof, und da Sie nichts weiter zu tun haben, werfen Sie Ihrem Freund über den Gang

hinweg einen Ball zu. Der Freund fängt ihn und wirft ihn zurück, was Ihnen beiden keinerlei Schwierigkeiten bereitet. Doch stellen Sie sich jetzt vor, daß der Zug nicht im Bahnhof steht, sondern mit einer Geschwindigkeit von 100 km/h gleichmäßig und pfeilgerade über die Schienen braust. Wenn Sie Ihrem Freund den Ball zuwerfen, beeinflußt nun die Bewegung des Zuges den Ball in der Luft, so daß er nicht den Freund erreicht, sondern einen Fahrgast ein paar Sitze hinter ihm trifft? Mit Sicherheit nicht. Der Ball fliegt quer über den Gang, als ob der Zug stehen würde. Sie brauchen nur darüber nachzudenken, denn schon Ihre alltägliche Erfahrung mit der Umwelt sollte genügen, um Ihnen aufzuzeigen, daß es stimmt, was ich über den Ball erzählt habe; Sie müssen es gar nicht selbst ausprobieren. (Ein derartiges Experiment, das man sich vorstellen kann, ohne es tätsächlich durchzuführen, nennt man »Gedankenexperiment«.)

Warum macht es keinen Unterschied, ob man den Ball in einem fahrenden oder in einem stehenden Zug wirft? Weil mit dem Zug selbst auch alles, was sich darin befindet, im selben Tempo über die Schienen braust – Sie, Ihr Freund, die Luft dazwischen und der Ball, den Sie über den Gang werfen. Wenn sich alles mit derselben Geschwindigkeit bewegt, ist es egal, ob diese 100 km/h oder 0 km/h beträgt.

Die Erde dreht sich am Äquator mit einer Geschwindigkeit von ungefähr 1600 km/h, aber Sie und ich und die Luft und jeder geworfene Ball bewegen sich genauso schnell, so daß man überall auf dem Planeten Ball spielen kann, ohne sich über die Drehung der Erde Gedanken machen zu müssen.

Da es in früheren Jahrhunderten natürlich noch keinen Zug gab, benutzte Galilei ein anderes Gedankenexperiment. Stellen Sie sich ein Segelschiff vor, das vor dem Wind über das Meer kreuzt. Sie klettern zum Top des Hauptmasts hinauf und lassen einen Marlspieker oder ein anderes Seemannswerkzeug

hinunterfallen. Das Eisen fällt, doch während des Falls bewegt sich das Schiff so schnell vorwärts, daß es vielleicht schon davongesegelt ist, bis das Werkzeug die Höhe des Schiffsdecks erreicht hat – und hinter dem Schiff ins Meer stürzt.
Allerdings haben schon Tausende von Seeleuten auf Tausenden von Segelbooten aus Versehen Werkzeuge fallen lassen, und es ist allgemein bekannt, daß diese *nie* ins Meer fallen. Sie landen jedesmal unten am Mast. Während sie fallen, bewegen sie sich nämlich mit dem Schiff vorwärts. Dieses Argument gegen die Erdrotation greift also nicht. In der Tat hat niemand auch nur ein einziges brauchbares Argument gegen die Drehung der Erde vorgebracht. Sie dreht sich!

6. Was läßt den Wind wehen?

Wenn sich die Luft mit der Erde dreht, warum gibt es dann Wind? Wind ist schließlich bewegte Luft, und vielleicht scheint sie sich nur deshalb zu bewegen, weil sie in Wirklichkeit still steht und sich die Erde unter ihr bewegt.
Leider stimmt diese Hypothese nicht.
Die Erde dreht sich von West nach Ost, weshalb sich auch alle Himmelskörper von Ost nach West zu bewegen scheinen – genau wie der Zug neben uns vermeintlich rückwärts fährt, wenn wir vorwärts fahren. Am Äquator dreht sich die Erde sogar mit einer Geschwindigkeit von 1600 km/h von West nach Ost. Nördlich und südlich des Äquators bewegt sie sich langsamer, weil Punkte auf der Erdoberfläche dort in derselben Zeit kleinere Kreise beschreiben. (Am Nord- und am Südpol gibt es überhaupt keine Bewegung.)
Wenn die Luft tatsächlich still stünde, während sich die Erde

dreht, würde man am Äquator einen Wind spüren, der mit einer konstanten Geschwindigkeit von 1600 km/h von Ost nach West weht. An einer anderen Stelle wäre die Windgeschwindigkeit niedriger. Da nichts davon zutrifft, kann der Wind nicht in erster Linie von der Erdrotation herrühren.

Als Kolumbus 1492 über den Atlantik segelte, stieß er auf einen ständig aus östlicher Richtung wehenden Wind (den *Passat*), der ihn vorwärts trieb. Auf seinem Rückweg segelte er so lange nordwärts, bis er auf einen beständigen Westwind (die *Westwinddrift*) traf, der ihn zurückbrachte. Die Entdeckung war bedeutend, denn bis dahin hatten abendländische Seeleute die Winde für unberechenbare Kräfte gehalten, deren Vorhandensein, Ausbleiben und Richtung ausschließlich vom Willen göttlicher Mächte abhing. Die Reise des Kolumbus machte deutlich, daß die Winde nach bestimmten Gesetzmäßigkeiten wehen, die man für den Überseehandel ausnutzen konnte. (Im Englischen heißen die Passate deshalb auch *trade winds*.) Nicht bekannt war damals aber, warum sich die Winde so konstant verhielten.

Der erste Hinweis auf eine Antwort kam 1686. Damals legte der englische Wissenschaftler Edmund Halley (1656–1742) dar, daß die Luft mehr oder weniger ruhig auf der Erdoberfläche liegen würde und es keine nennenswerten Winde gäbe, wenn die gesamte Erdatmosphäre dieselbe Temperatur besäße. Am heißesten brennt die Sonne aber in den Tropen, weshalb die Luft dort stärker aufgeheizt wird als weiter im Norden oder im Süden. Erwärmte Luft dehnt sich aus, wird leichter und steigt auf, während zum Ausgleich dafür die kühlere Luft aus dem Norden und Süden eindringt. Diese eindringende kühlere Luft ist für die Passatwinde verantwortlich.

Eigentlich würde man erwarten, daß die kühlere Luft nördlich des Äquators direkt von Norden und südlich des Äquators direkt von Süden her eindringt, aber das ist nicht der Fall. Der Passat im Norden des Äquators weht von Nordosten, der im Süden des Äquators von Südosten.

Halley konnte dieses Phänomen nicht erklären, doch 1735 gelang es dem britischen Rechtsanwalt George Hadley (1685–1768). Da sich kühle Luft aus dem Norden langsamer bewegt als die Luft am Äquator, behält diese kühle Luft, wenn sie nach Süden vordringt, ihre Langsamkeit bei und verliert gegenüber der schnelleren Drehung der Erde von West nach Ost relativ an Geschwindigkeit. Als Folge davon weht der Wind aus Nordost. Südlich des Äquators ist der gleiche Effekt der Erddrehung und der sich langsamer bewegenden Luftmasse dafür verantwortlich, daß der Wind aus Südost weht.

Umgekehrt gilt: Wenn Luftmassen vom Äquator nach Norden gedrängt werden, bewegen sie sich dabei vergleichsweise schneller als die darunterliegende Erdoberfläche, was zu den typischen Westwinden führt.

Dieses Modell wurde 1835 von dem französischen Physiker Gaspard Gustave de Coriolis (1792–1843) im Detail mathematisch ausgearbeitet; die Veränderung der Windrichtung durch die unterschiedliche Rotationsgeschwindigkeit der verschiedenen Zonen auf der Erde wird daher als Coriolis-Effekt bezeichnet. Diese Beschleunigungskraft kann die Luft unterschiedlich stark im Kreis wirbeln lassen und dabei gewöhnliche Stürme, Hurrikans und sogar Tornados erzeugen.

Winde sind von entscheidender Bedeutung. Sie sind die Klimaanlage der Erde, indem sie die Wärme so verteilen, daß heiße Gegenden nicht ganz so heiß und kalte Gegenden nicht ganz so kalt sind, wie sie es eigentlich wären. Sie nehmen vom Meer Wasserdampf mit, wenn sie sich erwärmen, und geben das Wasser als Regen wieder ab, wenn sie sich abkühlen. So erhalten die Kontinente das frische Wasser, das ein Leben auf dem Festland erst möglich macht.

Wenn wir die Gesetzmäßigkeiten, die den Luftbewegungen und Winden zugrunde liegen, vollständig verstünden, könnten wir das Wetter genau vorhersagen, einschließlich der Hitze- und Kältewellen, der Regenfälle, der Stürme usw. Diese Regeln sind aber so kompliziert, daß die Wettervorhersage bis zum heutigen Tage nicht ganz zuverlässig ist.

Vielleicht werden wir niemals in der Lage sein, das Wetter fehlerfrei vorherzusagen, weil wir auch die Ausgangsbedingungen nie genau genug messen können und selbst minimale Veränderungen dieser Bedingungen sehr unterschiedliche Folgen haben können. Diese Situation ist als *Chaos* bekannt. Langsam wird deutlich, daß immer mehr natürliche Erscheinungen chaotische Eigenschaften haben, die nicht leicht oder überhaupt nicht vorherzusagen sind. Dies verweist auf eine Unzulänglichkeit der Wissenschaft und eine Grenze der menschlichen Erkenntnisfähigkeit, aber wenn es tatsächlich eine Grenze unserer Möglichkeiten gibt, sollten wir sie wenigstens kennen.

7. Warum ist es im Sommer wärmer als im Winter?

Im letzten Kapitel habe ich darauf hingewiesen, daß die Temperaturen in den Tropen höher sind als irgendwo sonst auf der Erde. Der Grund dafür liegt darin, daß die Sonne direkt auf die Tropen herunterbrennt und diese die Sonnenwärme in ihrer konzentriertesten Form empfangen. Weiter nördlich und südlich fällt das Sonnenlicht schräg ein und verteilt sich über ein größeres Gebiet, so daß die Wärme auch weniger konzentriert ist.

Trotzdem wissen die Menschen in den nördlichen Breiten wie beispielsweise in den Vereinigten Staaten oder in Europa, daß es regelmäßig wärmer und kälter wird, ohne daß man deshalb sein Zuhause verlassen muß. Im Juli und August ist es beträchtlich wärmer als im Januar oder Februar. (Auf der südlichen Halbkugel verhält es sich genau umgekehrt.) Die einfachste Erklärung wäre, daß die Sonne im Sommer näher an der Erde ist und deshalb heißer auf uns herniederbrennt – aber das stimmt nicht. Die Sonne spendet das ganze Jahr über ungefähr dasselbe Maß an Wärme.

Worauf es ankommt, ist die Stellung der Sonne am Himmel. Wenn die Sonne immer geradewegs auf den Äquator scheinen würde, dann würde sie auch jeden Mittag über jedem Ort auf dem Äquator senkrecht stehen. An Orten nördlich des Äquators wäre sie mittags stets am südlichen Himmel zu sehen, während man sie an Orten südlich des Äquators immer im Norden sehen würde. Je weiter nördlich man sich befände, desto weiter südlich stünde die Sonne am Mittag, und je weiter südlich man sich befände, desto weiter nördlich stünde sie.

Die von der Sonne beschriebene Bahn folgt jedoch nicht dem Äquator. Die Mittagssonne steht an jedem 20. März senkrecht über dem Äquator; an diesem Tag dauern Nacht und Tag auf der ganzen Erde je zwölf Stunden. Dieses Datum ist als *Frühlingsäquinoktium* oder *Frühlingstagundnachtgleiche* bekannt. (Äquinoktium ist vom lateinischen Wort für »gleiche Nacht« abgeleitet.)

Danach wandert die Mittagssonne jeden Tag weiter nach Norden, bis sie am 21. Juni senkrecht über dem Wendekreis des Krebses steht, der etwas nördlich von Havanna (Kuba) verläuft. Der 21. Juni wird aus diesem Grund als *Sommersonnenwende* bezeichnet.

Von da an bewegt sich die Sonne wieder in südlicher Richtung, bis sie am 23. September (dem *Herbstäquinoktium*) senkrecht über dem Äquator steht. Sie wandert dann weiter nach Süden, bis sie am 21. Dezember senkrecht über dem Wendekreis des Steinbocks steht, der etwas südlich von Rio de Janeiro (Brasilien) verläuft. Von diesem Tag an (der *Wintersonnenwende*) bewegt sich die Sonne wieder nach Norden und erreicht am 20. März den Äquator. Sie durchläuft jedes Jahr den gleichen Zyklus.

Die Menschen auf der nördlichen Halbkugel können beobachten, wie der Sonnenstand bis zum 21. Juni immer weiter ansteigt und anschließend bis zum 21. Dezember immer weiter absinkt. Je höher die Sonne steht, desto länger ist der Tag, und entsprechend kürzer ist die Nacht. In New York ist es am 21. Juni sechzehn Stunden lang Tag und acht Stunden lang Nacht. Am 21. Dezember ist die Situation genau umgekehrt, wenn die Nacht sechzehn Stunden und der Tag acht Stunden dauert. Die Unterschiede zwischen Tag und Nacht werden größer, je weiter man nach Norden kommt. In der Polarregion gibt es eine Zeit um die Sommersonnenwende, während deren die Sonne – abhängig von der jeweiligen Nähe zum Nordpol – zwischen einem Tag und fast sechs Monaten überhaupt nicht untergeht. Analog dazu gibt es um die Wintersonnenwende eine Phase, in der die Sonne für längere Zeit überhaupt nicht aufgeht.

Auf der Südhalbkugel verläuft alles genau umgekehrt. Wenn die Mittagssonne auf der Nordhalbkugel ansteigt, sinkt sie auf der Südhalbkugel ab, und umgekehrt. Die Sommersonnenwende im Norden entspricht der Wintersonnenwende im Süden usw.

Je höher die Sonne am Himmel steht und je länger sie dort bleibt, desto mehr Wärme spendet sie natürlich, so daß die Nordhalbkugel zur Sommersonnenwende tagsüber mehr Wärme aufnimmt, als sie in der Nacht wieder abgibt. Die große

Hitze herrscht im Juli und August, selbst wenn die Sonne dann schon wieder tiefer steht, weil in diesen beiden Monaten die Wärmeaufnahme weiterhin größer ist als der Verlust an Wärme. Analog dazu wird zur Wintersonnenwende nachts mehr Wärme abgegeben als am Tag aufgenommen; die kälteste Zeit ist also im Januar und Februar. Auf der Südhalbkugel verhält es sich genau umgekehrt; dort sind Juli und August die kältesten, Januar und Februar die heißesten Monate.

In der Urzeit wurde das Untergehen der Sonne mit besonderer Unruhe beobachtet, denn wer nicht die zwingende Notwendigkeit des Auf- und Untergehens der Sonne begriffen hatte, der mußte immer wieder fürchten, daß die Sonne diesmal ständig weitersinken und schließlich für immer verschwinden würde. Aus diesem Grund war das Eintreten der Wintersonnenwende, wenn die Sonne wieder nordwärts wanderte, eine Zeit der Erleichterung und ausgelassener Feiern. Mit den Tagen um Weihnachten und Neujahr haben wir noch heute einen Nachfolger dieser Feier.

8. Wie mißt man die Zeit?

Wenn man – wie wir es gerade getan haben – die Jahreszeiten betrachtet, ergibt sich naturgemäß die Frage, wie man die Zeit mißt.

Einige Aspekte der Zeit sind psychologischer und physiologischer Natur. So scheint die Zeit langsamer zu vergehen, wenn wir krank sind, als wenn wir gesund sind, langsamer, wenn wir Schmerzen haben, als wenn wir schmerzfrei sind, langsamer, wenn wir Trauer oder Langeweile empfinden, als wenn wir fröhlich oder mit etwas beschäftigt sind, und auch langsamer, wenn wir etwas ungern tun, als wenn wir mit Freude bei der Sache sind. Ganz egal, wie ungleichmäßig die Zeit zu verfliegen oder zu kriechen scheint, sie geht doch immer weiter. Außerdem haben wir alle das Gefühl, daß es einen objektiven Aspekt von Zeit gibt, daß die Zeit unabhängig von unserem jeweiligen seelischen und körperlichen Befinden *tatsächlich* beharrlich und konstant fortschreitet. Diese physikalische Zeit ist es auch, die wir messen wollen.

Stellen Sie sich vor, Sie hätten keinerlei Hilfsmittel zur Angabe der Zeit zur Verfügung, müßten aber trotzdem dem Fortgang der Zeit folgen. Sicherlich bestünde die logische und tatsächlich auch die einzige Möglichkeit darin, den Ablauf der Zeit anhand einer gleichmäßigen und immer wiederkehrenden Veränderung zu messen, deren Auftreten man zählen kann. Eine solche Veränderung, die schon seit frühester Zeit von den Urmenschen bemerkt wurde, ist der unaufhörliche Wechsel von Tag und Nacht. Die Tage kann man leicht zählen und angeben, so daß niemand Probleme damit hat, die Bedeutung von Ausdrücken wie »heute«, »morgen«, »gestern«, »vorgestern«, »vor drei Tagen« oder »in fünf Tagen« zu verstehen.

Das Zählen von Tagen wird aber unpraktisch, sobald es sich um längere Zeiträume handelt; zu leicht verliert man dabei die Übersicht. Ein anderer Wechsel ist zwar nicht ganz so offensichtlich, war aber gleichwohl bereits in vorgeschichtlicher Zeit bekannt: die sich von Nacht zu Nacht ändernde Gestalt des Mondes (d. h. seine *Phasen*, nach dem griechischen Wort für »Erscheinung«). Der Mond verwandelt sich von einer dünnen Sichel zu einem Vollmond und wieder zu einer dünnen Sichel und wiederholt dann diesen Wechsel immer wieder aufs neue. (Der Grund dafür wird später behandelt.) Ein vollständiger Mondzyklus dauert $29^{1}/_{2}$ Tage und wird als *Mondmonat* bezeichnet.

Die Abfolge dieser Monate kann man zählen und als Kalender verwenden, wobei das Wort *Kalender* von der lateinischen Bezeichnung für »Ankündigung« stammt, weil die römischen Priester jeweils die Nacht ankündigten, in der eine neue Sichel am Himmel erschien und damit ein neuer Monat begann. Das ist ein *Mondkalender*.

Ein Mondmonat dauerte im Durchschnitt $29\frac{1}{2}$ Tage; die Monate hatten deshalb abwechselnd 29 und 30 Tage. Zwölf dieser Monate waren fast ausreichend, um einen Zyklus der Jahreszeiten vom Frühling über Sommer, Herbst und Winter zum nächsten Frühling zu ergeben.

Der Zyklus der Jahreszeiten umfaßt ein ganzes Jahr. Er ist nicht ganz so scharf abzugrenzen wie der Zyklus von Tag und Nacht oder der Zyklus der Mondphasen, aber im Durchschnitt beträgt seine Länge $365\frac{1}{4}$ Tage.

So entsprechen zwölf Mondmonate nicht genau dem Zyklus der Jahreszeiten: zwölf Zyklen der Mondphasen werden in 354 Tagen durchlaufen – elf Tage weniger als ein Jahr. Das bedeutet, daß immer wieder einmal ein dreizehnter Monat eingefügt werden mußte, um den Zyklus der Monate mit dem der Jahreszeiten im Einklang zu halten. Dies war wichtig, weil der Kalender den Menschen angeben mußte, wann es Zeit zum Säen und Ernten war oder wann man die Regenfälle der trockenen Jahreszeit erwarten konnte. Die Babylonier entwickelten ein System, wonach der zusätzliche Monat in bestimmten Jahren eines neunzehnjährigen Zyklus eingefügt wurde, um den Mondkalender genau im Einklang mit den Jahreszeiten zu halten. Aus religiösen Gründen findet dieser Kalender im Judentum auch heute noch Anwendung.

Im alten Ägypten war die Überschwemmung des Niltals immer ein bedeutsames Ereignis, weil dabei neue, fruchtbare Erde auf die Felder verteilt wurde. Diese Überschwemmung ereignete sich in Intervallen von ungefähr 365 Tagen und war für die Ägypter so entscheidend, daß sie gar nicht versuchten, sich an die Wechsel des Mondes zu halten, sondern jeden Monat 30 Tage lang machten. Nach zwölf Monaten fügten sie jeweils fünf zusätzliche Tage hinzu und begannen von neuem. Dies war ein *Sonnenkalender*.

Der ägyptische Kalender wurde 44 v. Chr. von Rom übernommen. Die fünf zusätzlichen Tage wurden über das Jahr verteilt, und jedes vierte Jahr war 366 Tage lang, um der eigentlichen Länge des Jahres von $365^1/_4$ Tagen gerecht zu werden. Mit ein paar weiteren kleineren Ergänzungen ist es der Kalender, den wir heute benutzen.

9. Wie messen wir Zeitspannen von weniger als einem Tag?

Es gibt keine regelmäßig wiederkehrenden Veränderungen in der Natur, die in einer kürzeren Zeitspanne als einem Tag auftreten und unsere Aufmerksamkeit auf sich ziehen. Dennoch haben es die Menschen von jeher als notwendig empfunden, sich auch auf bestimmte Abschnitte des Tages zu beziehen.

Tagsüber kann man dies mit Hilfe der Position der Sonne am Himmel tun. Man spricht vom Morgengrauen, wenn die Sonne am östlichen Horizont erscheint, vom Morgen, wenn sie noch ansteigt, vom Mittag, wenn sie am höchsten steht, vom Nachmittag, wenn sie wieder niedersinkt, vom Sonnenuntergang, wenn sie am westlichen Horizont verschwindet und von der Abenddämmerung, wenn Halbdunkel der richtigen Nacht vorangeht. In der Nacht ist es ein wenig schwieriger, aber wer nachts arbeiten muß (insbesondere auf einem Schiff), kann durch die Position der Sterne, die sich am Himmel bewegen, eine grobe Vorstellung davon bekommen, wie die Zeit vergeht.

Selbstverständlich möchte man die Zeit aber noch genauer messen und dazu die *genaue* Position der Sonne am Himmel bestimmen. Das Problem dabei ist nur, daß man blind wird, wenn man die Sonne zur Bestimmung ihres genauen Standorts beobachtet. In früheren Zeiten waren die Menschen deshalb auf eine Methode angewiesen, mit der sie den Sonnenstand messen konnten, ohne in die Sonne schauen zu müssen. Die Lösung war einfach; schließlich wirft die Sonne einen Schatten. Schlägt man einen Stock in den Boden, so ist sein Schatten bei Sonnenaufgang, wenn die Sonne am östlichen Horizont steht, noch sehr lang und zeigt natürlich nach Westen. Wenn die Sonne dann über den Himmel wandert, wird der Schatten kürzer und erreicht mittags seine geringste Länge, wobei er (auf der Nordhalbkugel) nach Norden zeigt. Danach wird er wieder länger und weist in Richtung Osten.

Wenn man nur den Schatten im Auge behält, kann man die Sonne genauestens verfolgen, ohne dabei sein Augenlicht aufs Spiel zu setzen. Solche Sonnenuhren wurden im alten Ägypten vermutlich erstmals um 3000 v. Chr. verwendet. Der Stab oder *Gnomon* (nach dem griechischen Wort für *einer, der weiß* – die Zeit natürlich) wurde nach Norden geneigt, so daß das Ende des Schattens einen Halbkreis beschrieb, der in zwölf gleiche Abschnitte unterteilt werden konnte, die Stunden. Die alten Sumerer waren die ersten, die die Zahl zwölf häufig zur Unterteilung gebrauchten. Die Sonnenuhr funktionierte gut im alten Ägypten, wo es fast immer sonnig war und die Länge der Tage im Laufe des Jahres nicht sehr stark variierte. Weiter im Norden schwankt die Länge des Tages dagegen stärker; da es außerdem oft bewölkt ist, funktioniert die Sonnenuhr an vielen Tagen überhaupt nicht.

Natürlich ließen sich auch andere gleichmäßige Vorgänge ausnutzen, die nicht vom Sonnenlicht abhingen. So konnte man die Zeit beispielsweise dadurch messen, daß man eine Kerze abbrannte, deren Größe und Material festgelegt waren. Ein bestimmter Abschnitt der Kerze brannte innerhalb einer Stunde nieder. Oder man konnte trockenen Sand von einer oberen Kammer durch eine schmale Öffnung in eine untere Kammer rieseln lassen und wußte, daß zwei Stunden vergangen waren, wenn der gesamte Sand durchgelaufen war. Solche Instrumente funktionierten zu jeder Tageszeit und bei jedem Wetter und waren außerdem noch transportabel.

Man konnte die Zeit natürlich weiter messen, indem man die alte abgebrannte Kerze durch eine neue ersetzte oder die Sanduhr wieder umdrehte, wenn der gesamte Sand aus der oberen Kammer gerieselt war. Aber diese Geräte hatten auch noch ihre Nachteile. Unterschiedliche Kerzen brannten zwangsläufig verschieden schnell ab; selbst ein und dieselbe Kerze konnte langsamer oder schneller abbrennen, was von veränderlichen Bedingungen wie Luftströmungen abhing. Bei den Sanduhren rieselte der Sand um so schneller durch die Öffnung, je höher das Gewicht des restlichen Sandes darüber war; sie konnten also nur die Zeit genau messen, in der sich die Kammer vollständig leerte, einen kürzeren Zeitraum dagegen nicht.

Die vielleicht beste Uhr, die den Menschen im Altertum zur Verfügung stand, war die Wasseruhr, bei der Wasser durch eine schmale Öffnung von einer oberen in eine untere Kammer tropfte. Die frühesten Wasseruhren werden auf 1400 v. Chr. datiert: bis 100 v. Chr. wurden sie durch eine kontinuierliche Wasserzufuhr mit Überlauf für die obere Kammer verbessert. Auf diese Weise hatte die obere Kammer immer eine konstante Wassersäule, so daß sich die Tropfgeschwindigkeit nicht veränderte. Schließlich wurden Wasseruhren sogar mit kleinen Schwimmern ausgestattet; diese trugen Zeiger, die mit dem Wasserstand in der unteren Kammer stiegen. Der Zeiger gab damit automatisch die Zahl der Stunden an, die gerade verstrich.

Wasseruhren waren jedoch problematisch, denn immer wieder kam es vor, daß Wasser auslief und aufgewischt werden mußte. Im Mittelalter nutzte man deshalb die Schwerkraft aus. Ein schweres Gewicht zog an einem Strick, der um eine Antriebswelle gewickelt war. Da das Gewicht von der Schwerkraft hinuntergezogen wurde, zwang es die Antriebswelle, sich zu drehen. Ein daran befestigter Zeiger gab dabei auf einem Zifferblatt die Stunden an. Der Trick bestand nun darin, das Instrument so einzurichten, daß sich der Zeiger mit konstanter Geschwindigkeit in zwölf Stunden einmal oder am Tag zweimal um das Zifferblatt drehte. Um 1300 wurde die sogenannte *Hemmung* erfunden. Dabei handelte es sich um eine Art Zahnrad, das die sich drehende Antriebswelle einrasten ließ und es ihr erlaubte, sich eine bestimmte Strecke zu bewegen. Dann rastete es wieder aus, und ein anderer Zahn griff, so daß sich die Antriebswelle langsam und gleichmäßig genug drehen konnte, um einen ganzen Tag anzuzeigen.

Selbst die besten dieser mit Schwerkraft arbeitenden Uhren gingen im Laufe eines Tages normalerweise um mindestens eine Viertelstunde vor oder nach, so daß sie regelmäßig anhand von Sonnenuhren überprüft werden mußten. Für die meisten Zwecke reichte das aus, nicht jedoch für wissenschaftliche Experimente; diese konnten nämlich von dem genauen Zeitraum abhängen, in dem etwas geschah.

1581 besuchte Galilei (der damals erst siebzehn war) einen Gottesdienst in der Kathedrale von Pisa und ertappte sich dabei, wie er einen an der Decke aufgehängten Kerzenleuchter beobachtete, der je nach Luftströmung in kleineren und größeren Bogen schwang. Galilei schien es, als schwinge der

Leuchter unabhängig vom Umfang des Bogens in einer immer gleich langen Zeitspanne vor und zurück. Er untersuchte dies anhand seines Pulsschlags (was nicht als verläßlicher Zeitmesser gewertet werden kann, weil seine Geschwindigkeit vom Gemütszustand und von der körperlichen Aktivität abhängt). Zu Hause angekommen, stellte er Versuche an, indem er Schnüre mit Gewichten behängte und in kleinen und größeren Bogen schwingen ließ. Auf diese Weise entdeckte er das Prinzip des *Pendels* (nach dem lateinischen Wort für »hängen« oder »schwingen«).

Das Pendel führt eine Bewegung aus, die prinzipiell dazu verwendet werden kann, um das Getriebe einer Uhr mit großer Gleichmäßigkeit in Gang zu halten. Seine beiden Mängel sind aber, daß es in Schwung gehalten werden muß und daß sein Takt nicht vollkommen regelmäßig ist.

1656 ließ der holländische Physiker Christiaan Huygens (1629–1695) ein Pendel zwischen zwei gebogenen Metallstreifen schwingen, die dafür sorgten, daß es sich auf einer Kurve bewegte, die als *Zykloide* bezeichnet wird; die Schwingungsdauer dabei *war* konstant. Darüber hinaus entwickelte er Methoden, wie man Gewichte einsetzen konnte, um dem Pendel genau so viel Schub mitzugeben, daß es unendlich lang schwang.

Huygens' *Pendeluhr* war der erste Zeitmesser, der für wissenschaftliche Zwecke genau genug war. Sie maß die Zeit auf ein Sechzigstel einer Stunde – d. h. auf die Minute – genau, und erstmals konnte man eine Uhr mit zwei Zeigern versehen. Jedesmal, wenn der Minutenzeiger eine volle Umdrehung ausgeführt hatte, rückte der Stundenzeiger um eine Stunde vor. Seitdem hat man auch Uhren konstruiert, die die Zeit auf ein Sechzigstel einer Minute – eine Sekunde – genau messen; mit dem Sekundenzeiger wurden sie um einen dritten Zeiger ergänzt. Heutzutage können selbst winzige Sekundenbruchteile exakt gemessen werden.

10. Wie alt ist die Erde?

Da wir uns gerade mit der Zeitmessung befaßt haben, stellen wir nun eine Frage, die ebenfalls mit der Zeit zu tun hat. Wie alt ist die Erde?

Wir wissen ziemlich sicher, daß die Erde seit mindestens 5000 Jahren existiert, denn einige schriftliche Zeugnisse lassen sich auf 3000 v. Chr. datieren, als die Sumerer die Schrift erfanden. Einige Artefakte, d. h. von Menschenhand gemachte Gegenstände wie Töpferwaren oder kleine Figuren, stammen aus noch früherer Zeit. Bis fast 1800 glaubte man in unserer abendländischen Tradition nahezu ausnahmslos, daß die Erde ungefähr 6000 Jahre alt sei. Zu diesem Ergebnis kamen die Anhänger einer solchen Auffassung ausschließlich aufgrund ihrer Interpretation der Bibel, die sie als göttliche Wahrheit akzeptierten, aber dies war eine Sache des Glaubens und kein wissenschaftlicher Beweis. Natürlich gab es ein paar wenige, die nach Indizien suchten und zu ganz anderen Schlußfolgerungen gelangten, als die Bibel sie anzubieten hatte. Diese Gelehrten glaubten, daß die Naturgewalten – Regen, Wind und das Schlagen der Wellen – das Aussehen der Erde langsam veränderten. Sie gingen davon aus, daß solche Kräfte viel von der heutigen Gestalt der Erde erklären konnten, aber nur, wenn sie die Möglichkeit hatten, lange einzuwirken – viel länger als 6000 Jahre. Einer, der dies schon um 1570 glaubte, war der französische Gelehrte Bernard Palissy (um 1510–1589).

Wer ein Erdalter von 6000 Jahren akzeptierte, bestritt zwar nicht, daß es eine Veränderung gab, schrieb sie aber ausschließlich der Legende von der Sintflut zu. Palissy wollte nicht glauben, daß eine solche weltweite Flut stattgefunden haben konnte, und vertrat die Auffassung, das Erscheinungsbild der Erde gehe auf langsame Veränderungen zurück, die sich über lange Zeiträume erstreckten. 1589 wurde er auf dem Scheiterhaufen verbrannt. Es war eine schlechte Zeit für Leute, die selbständig dachten.

Noch 1681 verfaßte der englische Geistliche Thomas Burnet (um 1635–1715) ein Werk, das die Geschichte von der Sintflut unterstützte, doch 1692 schrieb er ein anderes Buch, in dem er die Geschichte von Adam und Eva in Frage stellte. Dies war das Ende seiner Karriere.

1749 begann der französische Naturforscher Georges Louis de Buffon (1707–1788) damit, eine umfangreiche Enzyklopädie zu verfassen, in der er die Welt auf naturwissenschaftliche Weise erklären wollte. Er schätzte, daß die Erde zum Erreichen ihres jetzigen Zustands mindestens 75 000 Jahre alt sein mußte. Dadurch geriet er in Schwierigkeiten und wurde ähnlich wie Galilei zum Widerruf gezwungen.

Doch letzten Endes kann nichts die Menschen vom Nachdenken abhalten. Der Wendepunkt kam 1795, als der schottische Geologe James Hutton (1726–1797) ein Buch mit dem Titel *The Theory of the Earth* (Die Theorie der Erde) verfaßte, in dem er sorgfältig alle Indizien sammelte, die für die Theorie sprachen, daß sich allmähliche Veränderungen über einen langen Zeitraum hinziehen. Während des nächsten halben Jahrhunderts akzeptierten immer mehr Wissenschaftler Huttons Vorstellung eines langsamen, stetigen Wandels, die zur Grundlage des Aktualismus wurde. Diese Theorie leugnet jedoch nicht das gelegentliche Auftreten katastrophaler Ereignisse wie beispielsweise gigantischer Vulkanausbrüche.

Die Wissenschaftler begannen daraufhin sich zu überlegen, welche Veränderungen auf der Erde in der Jetztzeit stattfanden, und zu berechnen, wie schnell diese abliefen. Wenn man davon ausging, daß sie immer mit der gleichen Geschwindigkeit vor sich gingen, konnte man abschätzen, wie lange sie schon im Gange gewesen sein mußten, damit sich die Erde in ihrem jetzigen Zustand befand.

Der erste, der dies versuchte, war Edmund Halley, der auch als erster herausgefunden hatte, warum die Winde wehen. 1715 befaßte er sich mit dem Salzgehalt des Meeres und folgerte, das Salz sei von den Flüssen dorthin transportiert worden, die kleine Mengen Salz aus dem Boden des Landes lösten, das sie durchflossen. Außerdem entdeckte er, daß durch die Einwirkung der Sonnenwärme zwar Wasser, nicht aber Salz aus dem Meer verdunsten kann; deshalb bestehe jeder Regen aus Süßwasser, das dem Ozean noch mehr Salz bringe, wenn es die Flüsse speist und ins Meer zurückkehrt.

Wenn man davon ausgeht, daß der Ozean ursprünglich aus Süßwasser bestand, und dann berechnet, wieviel Salz ihm die Flüsse jedes Jahr zuführen, kann man bestimmen, wie lange es gedauert haben muß, bis der Ozean so salzhaltig war, wie er heute ist. Diese Schlußfolgerung klingt gut, birgt aber einige Fehlerquellen. Zunächst einmal bestand der Ozean ursprünglich vielleicht nicht aus Süßwasser, sondern enthielt von Anfang an etwas Salz. Außerdem war die Gesamtmenge an Salz, die jedes Jahr über die Flüsse in den Ozean gelangte, nun wirklich nicht bekannt; zu Halleys Zeit wußte man praktisch nichts über die Flüsse außerhalb Europas. Ferner gab es die Möglichkeit, daß die gesamte Salzmenge, die gerade in den Ozean geschwemmt wurde, höher oder niedriger lag als in früheren Zeiten. Ganz zu schweigen von der Tatsache, daß einige Vorgänge dem Meer auch Salz entziehen. Dazu gehört nicht die gewöhnliche Verdunstung, manchmal jedoch werden seichte Meeresarme abgetrennt und trocknen aus, so daß ausgedehnte Gebiete zurückbleiben, die zu Salzstöcken werden.

Halley versuchte solche Unregelmäßigkeiten einzubeziehen und kam zu dem Schluß, daß die Erde ungefähr eine Milliarde

Jahre alt sein müsse, damit die Meere so salzig werden konnten. Diese Zahl erschien so unvorstellbar hoch, daß sie damals niemand ernst nehmen konnte. Sie lag mehr als 13 000mal so hoch wie Buffons Schätzung ein knappes Dreivierteljahrhundert später, aber die Zustände in Großbritannien waren damals schon besser, weshalb Halley auch nicht in Schwierigkeiten geriet.

Ein anderes Verfahren zur Schätzung des Erdalters beruhte auf der Geschwindigkeit von Ablagerungen. Die Flüsse, Seen und Ozeane der Welt lagern Schlamm und Schlick ab, die zu Boden sinken und als *Sediment* bezeichnen werden (nach dem lateinischen Wort für »Bodensatz«). Wenn zusätzliches Sediment abgelagert wird, verdichtet das Gewicht der oberen Schichten die unteren Schichten zu *Sedimentgestein*. Man konnte abschätzen, wie schnell die Sedimentbildung in der Jetztzeit vor sich ging. Wenn man annahm, daß dieser Prozeß stets mit der gleichen Geschwindigkeit abgelaufen war, konnte man berechnen, wie lange es gedauert hatte, bis die Stärke des in der Erde vorgefundenen Sedimentgesteins erreicht war. Die Ergebnisse ließen darauf schließen, daß die Erde mindestens eine halbe Milliarde Jahre alt sein mußte.

Diese Schätzungen waren mehr als grob: Sie waren bedeutungsvoll, doch es fehlte ihnen an Überzeugungskraft. Was man brauchte, war eine Veränderung, die völlig gleichmäßig vor sich ging, die von Anfang an stattgefunden hatte und die leicht meßbar war. Niemand konnte sich zur Zeit Halleys oder Huttons vorstellen, wie eine solche Veränderung aussehen mochte, und als sie ein Jahrhundert nach Hutton schließlich auf der Bildfläche erschien, wurde sie durch reinen Zufall entdeckt.

11. Wie wurde das Alter der Erde schließlich bestimmt?

Im Jahre 1896 entdeckte der französische Physiker Antoine Henri Becquerel (1852–1908) ganz zufällig (er suchte nach etwas anderem), daß eine bestimmte Substanz, die Atome des Metalls Uran enthielt, eine bis dahin unbekannte Strahlung abgab. Die polnisch-französische Chemikerin Marie Skłodowska Curie (1867–1934) untersuchte die Erscheinung genauer und folgerte 1908, die neue Strahlung sei das Ergebnis von *Radioaktivität*. Uran und ein anderes Element, Thorium (das dem Uran ähnlich ist), waren beide radioaktiv. Der britische Chemiker Frederick Soddy (1877–1956) gehörte zu den Wissenschaftlern, die 1914 zeigten, daß Uran- und Thoriumatome aufgrund ihrer Radioaktivität zu immer einfacheren Atomen zerfielen, bis am Ende der sogenannten *Zerfallsreihe* schließlich Bleiatome entstanden. Diese Bleiatome waren nicht radioaktiv, so daß der Zerfallsprozeß schließlich zum Stillstand kam.

Zusammen mit Soddy arbeitete der Neuseeländer Ernest Rutherford (1871–1937). Er zeigte, daß jedes Element eine sogenannte *Halbwertszeit* hatte. Mit anderen Worten: Eine bestimmte Menge eines radioaktiven Elements verliert in einer bestimmten, für das Element charakteristischen Zeitspanne durch Zerfall zunächst die Hälfte seiner Atome, daraufhin in einem gleich langen Zeitraum die Hälfte der übrigen Atome und so weiter. Das bedeutet, daß man genau vorhersagen konnte, wieviel von einer bestimmten Menge Uran oder Thorium nach einer bestimmten Anzahl von Jahren noch übrig sein würde.

Es stellte sich heraus, daß sowohl Uran als auch Thorium nur sehr langsam zerfielen. Die Halbwertszeit von Uran belief sich auf 4,5 Milliarden Jahre, die von Thorium gar auf 14 Milliarden Jahre. Diese langen Halbwertszeiten zeigten, warum Uran und Thorium immer noch in der Erdkruste vorhanden waren, selbst wenn Halley und andere recht hatten und die Erde eine Milliarde Jahre alt war. Damit wurde der Erde auch eine obere Altersgrenze gesetzt: Wäre sie eine Billion Jahre alt, so wäre der Großteil ihres Urans oder Thoriums bereits zerfallen.

1907, noch bevor das Problem des radioaktiven Zerfalls restlos geklärt war, vertrat der amerikanische Physiker Bertram Borden Boltwood (1870–1927) die Auffassung, daß in uranhaltigem Gestein der Urananteil langsam zerfiele und mit einer bestimmten Geschwindigkeit Blei produziere. Aus der entstandenen Menge an Blei könne man dann berechnen, wie lange der Stein schon unberührt in dieser Form dagelegen habe.

Ganz so einfach war es aber nicht, denn in dem Gestein konnte schon von Anfang an etwas Blei gewesen sein. Doch Blei existiert in vier verschiedenen, eng verwandten Spielarten, den sogenannten *Isotopen*, die in der Natur in einem ganz bestimmten Verhältnis vorkommen. Eines der Isotope entsteht *nicht* durch radioaktiven Zerfall. Wenn man also mißt, wieviel davon in dem Gestein enthalten ist, kann man berechnen, wieviel von allen vier Isotopen ursprünglich in dem Gestein vorkam. Somit spielt für die Altersbestimmung des Gesteins nur das zusätzlich zu dieser Menge vorhandene Blei eine Rolle.

Es war nicht schwierig, Steine zu finden, die 1 Milliarde Jahre alt waren – was Halleys ursprüngliche Schätzung nun nicht mehr lächerlich klingen ließ. 1931 wurden Steine entdeckt, die 2 Milliarden Jahre alt waren. Die ältesten bisher entdeckten Gesteine, auf die man in Westgrönland stieß, sind sogar 3,8 Milliarden Jahre alt.

Aber dies gibt uns nur das Alter der ältesten Steine an, die auf der Erde zu finden sind. Unser Planet selbst könnte älter sein, denn vielleicht sind die meisten Gesteine vor mehr als 3,8 Milliarden Jahren durch vulkanische Tätigkeit immer wieder eingeschmolzen worden, so daß keines in unverändert fester Form aus dieser Zeit überdauert hat. Die Wissenschaftler konnten dieses Problem auf eine Weise lösen, die ich später noch erklären werde; heute geht man jedenfalls allgemein davon aus, daß die Erde 4,6 Milliarden Jahre alt ist.

12. Was ist Masse?

Um mehr über die Erde herauszufinden, ist es zweckmäßig, sich über die Bedeutung des Begriffs *Masse* zu verständigen; doch bevor wir dies tun können, müssen wir uns zunächst überlegen, was *Gewicht* bedeutet.

Gewicht ist das Ergebnis der Anziehungskraft der Erde auf einen bestimmten Gegenstand. Einige Dinge werden mit solcher Kraft angezogen, daß es Mühe bereitet, sie gegen die Wirkung der Gravitation hochzuheben; solche Objekte sind schwer. Andere Dinge werden mit weniger Kraft angezogen, so daß man sie mit geringer Mühe hochheben kann und die deshalb leicht sind. Das Gewicht solcher Gegenstände mißt man in *Kilogramm*.

Nach Newtons Gravitationsgesetz verändert sich die Anziehungskraft der Erde jedoch mit der Entfernung. Sie verhält sich so, als sei sie im Mittelpunkt der Erde konzentriert, während wir uns 6350 Kilometer davon entfernt auf der Erdoberfläche befinden. Wir sind uns meist nicht bewußt, daß sich der Einfluß der Schwerkraft verändert; schließlich bleiben wir immer in ungefähr der gleichen Entfernung vom Erdmittelpunkt. Es macht selbst dann keinen großen Unterschied, wenn wir auf den Gipfel des höchsten Berges klettern oder in die Tiefe des Meeres hinabtauchen. Deshalb halten wir das Gewicht in der Regel für eine unveränderliche Kraft.

Wenn wir uns aber auf eine Höhe von 6350 Kilometern über der Erde begeben würden, wären wir doppelt so weit vom Erdmittelpunkt entfernt, und der Einfluß der Schwerkraft wäre um 2 x 2, d. h. 4mal geringer. Wenn wir auf einer Leiter so weit nach oben steigen könnten, würden wir dort nur ein Viertel so viel wiegen wie auf der Erdoberfläche, und noch weiter oben sogar noch weniger.

Isaac Newton, der 1687 die Bewegungssätze aufgestellt hatte, war auf der Suche nach einer Maßeinheit wie Gewicht, die aber von der Schwerkraft unabhängig war und sich damit nicht mit der Entfernung von der Erde veränderte. Wenn ein Gegenstand schwerer ist als ein anderer, dann deshalb, weil er stärker von der Erde angezogen wird. Aber gibt es noch eine andere Möglichkeit, diesen Unterschied zu messen? Newton vertrat die Ansicht, daß die Geschwindigkeit oder die Richtung eines Objekts nur durch die Anwendung einer Kraft verändert werden kann und daß ein schweres Objekt eine größere Kraft erfordert als ein leichtes.

Dies entspricht tatsächlich unserer alltäglichen Erfahrung. Stellen Sie sich auf dem Boden einen Ball vor, den Sie in Bewegung setzen möchten. Das ist nicht schwierig; schon ein Stoß mit dem Finger wird ausreichen. Und wenn der Ball einmal rollt, genügt ein weiterer Stoß, um den Ball zu stoppen oder seine Richtung zu ändern. Stellen Sie sich nun aber eine eiserne Kanonenkugel von der gleichen Größe vor, die auf dem Boden liegt. Sie ist viel schwerer als der Ball; wenn Sie diese in Bewegung setzen möchten, werden Sie feststellen, daß es dazu einer viel größeren Anstrengung bedarf. Und wenn sie sich einmal bewegt, werden Sie auch viel mehr Kraft aufwenden müssen, um ihre Richtung zu ändern oder sie aufzuhalten.

Der Widerstand eines Objekts gegen Änderungen seiner Bewegung wird *Trägheit* genannt; das Maß an Trägheit eines Objekts bezeichnet man als *Masse*. Die Masse verändert sich nicht mit der Stärke oder Schwäche eines Gravitationsfeldes, so daß die Wissenschaftler lieber mit Masse als mit Gewicht arbeiten. Sie sprechen eher davon, ein Objekt habe eine größere oder geringere Masse, als zu sagen, es sei schwerer oder leichter.

Wie das Gewicht wird auch die Masse in Kilogramm angegeben (was eigentlich ein Fehler ist, aber die Wissenschaftler bleiben bei ihrer Gewohnheit). Sie läßt sich auf zweierlei Weise messen: durch die Bestimmung des Gewichts, sofern man die Stärke des vorhandenen Gravitationsfeldes mit einbezieht, oder durch die Bestimmung der Trägheit, wobei das Gravitationsfeld keine Rolle spielt. Die beiden Methoden scheinen nichts miteinander zu tun zu haben, aber sie kommen immer zum gleichen Ergebnis, so daß die schwere und träge Masse identisch sind – was die Wissenschaftler verwundert.

13. Wie hoch ist die Masse der Erde?

Die Frage nach der Masse der Erde wirft in der Tat ein Problem auf. Wir können die träge Masse der Erde nicht messen, weil diese so massereich ist, daß sich keine Kraft erzeugen läßt, die stark genug wären, um ihre Bewegung spürbar zu ändern. Hinzu kommt, daß man auch die schwere Masse der Erde nicht messen kann, weil man diese nicht wiegen kann. Aber man muß die Erde auch gar nicht wiegen. Wenn man einen gewöhnlichen Gegenstand nimmt und in einem bestimmten Abstand seine Anziehungskraft mißt, kann man diese mit der Anziehungskraft vergleichen, die die Erde bei ihrer viel größeren Entfernung zwischen Mittelpunkt und Oberfläche erzeugt. Wenn die Masse dieses Gegenstands bekannt ist, läßt sich auch die Masse der Erde berechnen.

Leider ist die Gravitation aber eine so unglaublich schwache Kraft, daß sie nur bei einem riesigen Objekt spürbar in Erscheinung tritt. Wir halten die Schwerkraft für stark, ja für so stark, daß sie todbringend sein kann, tun dies aber nur deshalb, weil wir sie mit der gewaltigen Erde verbinden. Ein gewöhnlicher Gegenstand wie etwa ein Eisenklumpen erzeugt eine so schwache Anziehungskraft, daß sie nicht meßbar ist. Zumindest scheint es so zu sein.

Der britische Wissenschaftler Henry Cavendish (1731–1810) befaßte sich 1798 mit diesem Problem. Er hängte einen leichten Stab auf, der in der Mitte an einem Draht befestigt war, und versah beide Stabenden mit einer kleinen Bleikugel. Der Stab konnte sich so frei um den Draht drehen, daß nur eine sehr geringe Kraft auf die Kugeln zu wirken brauchte, um die Vorrichtung in Bewegung zu setzen. Auf diese Weise konnte Cavendish messen, wie stark die Drehung war, die von verschiedenen kleinen Kräften bewirkt wurde.

Anschließend brachte er zwei große Metallkugeln in die Nähe der beiden kleinen Kugeln, auf jeder Seite eine. Die Schwerkraft zwischen den großen und den kleinen Kugeln verdrehte den Draht leicht, und aus dem Grad der Drehung errechnete Cavendish die Schwerkraft zwischen den beiden Kugelpaaren. Er kannte den Abstand dazwischen, von Mittelpunkt zu Mittelpunkt, und die jeweilige Masse. Außerdem kannte er den Wert der viel größeren Kraft, die von der Erde – über die Entfernung zwischen Erdmittelpunkt und Erdoberfläche hinweg – auf dieselben leichten Kugeln einwirkte. Aus dem Unterschied in der Stärke der Anziehungskraft konnte er die Masse der Erde berechnen.

Er kam zu dem Schluß, daß die Masse der Erde 6×10^{24} Kilogramm entsprach. (Das sind 6 Millionen Milliarden Milliarden oder Quadrillionen Kilogramm.) Da wir dies auch heute noch für den ungefähr richtigen Wert halten, war Cavendish für einen ersten Versuch sehr erfolgreich.

14. Was ist Dichte?

Es könnte den Anschein haben, als sei ein großes Objekt automatisch schwerer als ein kleines, aber aus Erfahrung wissen wir, daß das nicht stimmt. Ein großer Gegenstand aus Kork kann leichter sein als ein kleinerer Gegenstand aus Blei; bei einigen Stoffen scheint einfach mehr Masse in einen bestimmten Rauminhalt gepackt zu sein als bei anderen. Die Größe der Masse in einem bestimmten Volumen bestimmt seine Dichte; man kann also sagen, daß bestimmte Gegenstände dichter sind als andere.

Ein Wasserwürfel von 1 Zentimeter Kantenlänge (1 Kubikzentimeter) wiegt genau 1 Gramm. (Das ist kein Zufall; die Werte dieser beiden Einheiten wurden mit Absicht so gewählt.) Wenn wir die Masse eines Gegenstandes in Gramm und sein Volumen in Kubikzentimetern kennen, können wir die Masse durch das Volumen dividieren und erhalten eine Zahl für die Dichte, also z. B. $1 g/cm^3$ für Wasser.

Die alten Griechen entdeckten, wie man den Rauminhalt

einer Kugel aus ihrem Durchmesser berechnen kann. Da nun der Durchmesser der Erde bekannt ist, können wir auch ihr Volumen berechnen. Nachdem Cavendish die Masse der Erde bestimmt hatte, konnte er auch ihre Dichte berechnen, indem er die Masse durch das Volumen teilte. Dabei stellte sich heraus, daß sich die Dichte der Erde im Durchschnitt auf 5,518 Gramm pro Kubikzentimeter beläuft; sie hat damit die 5,518fache Dichte von Wasser.

15. Ist die Erde hohl?

Diese Frage überrascht Sie vielleicht, wenn Sie nie auch nur einen Moment lang daran gedacht haben, daß die Erde hohl sein könnte. Im Laufe der Zeit hat es aber viele Menschen gegeben, die dies tatsächlich glaubten. Diese Vorstellung war auch Stoff für zahlreiche Geschichten und Sagen. Schließlich gibt es in der Erde Höhlen, auch wenn sie sich nur an der Oberfläche befinden. Die tiefste Höhle, die wir kennen, in den westlichen Pyrenäen, ist nur 1,17 Kilometer tief, was sich im Vergleich zu den 6350 Kilometern Entfernung zum Erdmittelpunkt doch recht flach ausnimmt. In ihrer Phantasie stoßen die Menschen allerdings immer wieder auf Höhlen, die sie tief ins hohle Innere der Erde führen.

Die Vorstellung, daß die Erde hohl sein könne, reicht bis weit ins Altertum zurück. In der griechischen Mythologie wurden Riesen, die gegen Zeus rebellierten, unter der Erde angekettet; wenn sie sich wanden, sollen sie Erdbeben verursacht haben. Der Hades der Griechen und der Scheol der Juden waren beide angeblich unter der Erde angesiedelt. Auch die Existenz von Vulkanen schien zu beweisen, daß das Innere der Erde voller Feuer und Schwefel war und sich damit hervorragend für Folterungen eignete.

In der Frühzeit der Naturwissenschaften versuchten einige Forscher, diese religiöse Vorstellung einer hohlen Erde zu rechtfertigen. 1665 veröffentlichte der deutsche Gelehrte Athanasius Kirchner (um 1601–1680) das angesehenste Geologiebuch seiner Zeit; darin beschrieb er die Erde als einen Ort, der von Höhlen und Tunnels durchzogen war, in denen Drachen wohnten. Zu Beginn des 18. Jahrhunderts legte der amerikanische Militärangehörige John Cleve Symmes (1742–1814) ausgefeilte Theorien über die hohle Erde vor und behauptete, es gebe Öffnungen in der Nordpolregion, durch die man einen Weg ins Erdinnere finden könne. Diese Vorstellung beschäftigte die Phantasie der Menschen, wie dies verrückte Ideen selbst heute noch oft tun; nach Symmes' Tod erschienen deshalb immer wieder Science-fiction-Romane, die von Reisen ins Erdinnere handeln. Den besten davon, *Eine Reise zum Mittelpunkt der Erde*, veröffentlichte 1864 der französische Schriftsteller Jules Verne (1828–1905), der darin unterirdische Ozeane, Dinosaurier und Affenmenschen beschrieb und den Eingang ins Innere der Erde nach Island verlegte. Bereits vorher hatte Edgar Allan Poe (1809–1849) ebenfalls eine solche Erzählung geschrieben, in der ein Zugang am Nordpol angesiedelt war.

Als der amerikanische Entdecker Robert Edwin Peary (1856–1920) im Jahre 1909 den Nordpol erreichte, war es natürlich ganz klar, daß in den Regionen hoch im Norden kein Eingang ins Erdinnere existierte. Die Geschichten starben aber trotzdem nicht aus. Die populärsten Hohlwelt-Geschichten waren eine von Edgar Rice Burroughs (1875–1950) geschriebene Serie über Pellucidar, wie er seine unterirdische Welt taufte. Die erste davon erschien 1913.

Trotz alledem wissen wir seit 1798, daß die Erde nicht hohl ist und auch nicht sein kann. Seit Cavendish die Masse der Erde bestimmt hatte, war bekannt, daß ihre Dichte 5½ g/cm³ beträgt. (Die heute angenommene Zahl ist 5,518.) Die Dichte des Gesteins in der Erdkruste liegt im Durchschnitt bei 2,8 g/cm³. Angenommen, die Erde wäre hohl und mit Luft gefüllt, dann würde die Gesamtdichte *weniger* als 2,8 g/cm³ betragen. Die Tatsache, daß sich die Erddichte insgesamt auf 5,518 g/cm³ beläuft, zeigt uns, daß das Innere in Wirklichkeit beträchtlich dichter sein muß als das Gestein der Erdkruste. Die Erde kann gar nicht hohl sein. Es gibt noch viele andere Gründe, warum das unmöglich ist, aber ihre Dichte allein ist Beweis genug.aaaass

16. Wie sieht es im Inneren der Erde wirklich aus?

Da wir wissen, daß die Erdkruste eine Dichte von 2,8 g/cm³ haben dürfte und die Dichte der Erde insgesamt knapp über 5,5 g/cm³ liegt, erkennen wir sofort, daß ein Teil des Erdinneren eine höhere Dichte als 5,5 aufweisen muß, damit dieser Gesamtwert erreicht wird.
Wenn wir ein wenig länger über diese Tatsache nachdenken, könnte uns der Gedanke kommen, daß dieser Wert sehr wahrscheinlich ist. Die Größe einer gewöhnlichen Kugel aus irgendeinem Material, mit der man im Labor arbeiten kann, ist so gering, daß ihre Gravitationsauswirkungen zu vernachlässigen sind. Bei der Erde dagegen zerrt eine ungeheure Anziehungskraft an ihrer Masse. Wenn wir annehmen, daß die Erde durch und durch aus Gestein besteht, müssen die unteren Schichten dieses Gesteins unter dem Gewicht der oberen

Schichten zusammengedrückt werden. Dieses Gewicht preßt die inneren Schichten zusammen und quetscht ihre gesamte Masse zu einem kleineren Volumen zusammen. Die tiefer liegenden Schichten haben damit zwangsläufig eine höhere Dichte als die oberen Schichten, womit das Problem schon gelöst sein könnte.

Das ist aber nicht der Fall. Man kann Gestein einem bestimmten Druck aussetzen und berechnen, wie stark dieser Druck das Gestein zusammenpreßt und seine Dichte erhöht. Dabei stellt sich heraus, daß das gesamte Gewicht aller äußeren Erdschichten nicht imstande ist, die tiefer liegenden Schichten auch nur annähernd so stark zu verdichten, daß man damit auf den erforderlichen Durchschnitt von 5,5 g/cm^3 käme. Wir können daraus nur schließen, daß die Erde nicht aus festem Gestein besteht, sondern daß es in ihren tieferen Schichten andere Materialien geben muß, die viel dichter als Gestein sind. Aber um welche Materialien handelt es sich dabei, und wie kann man etwas über sie herausfinden? Ich erwähnte bereits, daß die tiefsten natürlichen Höhlen recht flach sind. Die tiefste Ölbohrung drang 9,6 Kilometer weit in die Erde vor, und das entspricht nur $1/670$ der Strecke zum Erdmittelpunkt. Läßt sich also gar nichts über das Zentrum der Erde erfahren? Doch. Gelegentlich kommt es zu Erdbeben, die die Erdoberfläche erschüttern und starke Vibrationen erzeugen, die sich in Form von verschiedenartigen Wellen durch das Erdinnere fortpflanzen. Diese Wellenbewegung erinnert an die Art und Weise, wie sich Wellen auf der Wasseroberfläche eines Teichs oder wie sich Schallwellen durch die Luft ausbreiten. Einige der Erdbebenwellen, sogenannte *Primär-* oder *P-Wellen*, haben tatsächlich die Eigenschaften von Schallwellen, während sich andere, die *Sekundär-* oder *S-Wellen*, wie Wasserwellen verhalten.

Diese Wellen durchwandern die Erde und können in beträchtlicher Entfernung von der ursprünglichen Störung entfernt wieder an die Oberfläche kommen. Das erste einfache Instrument zur Untersuchung solcher Wellen, der Seismograph, wurde 1855 von dem italienischen Physiker Luigi Palmieri (1807–1896) gebaut. In den folgenden Jahren wurden die Seismographen rasch verbessert, und in den 90er Jahren des 19. Jahrhunderts stellte der britische Ingenieur John Milne (1850–1913) eine Reihe von Seismographen an verschiedenen Orten der Welt auf. Heute sind über fünfhundert äußerst empfindliche Seismographen über den Planeten verteilt.

Aus dem, was uns die Seismographen darüber verraten, wann und wo Erdbebenwellen wieder auftauchen, können Wissenschaftler den Weg verfolgen, den sie durch das Innere der Erde nehmen. Wenn die Eigenschaften des Erdmaterials überall gleich wären, würden sich diese Wellen in gerader Linie und mit konstanter Geschwindigkeit fortpflanzen. Da jedoch die Dichte der Erde mit der Tiefe zunimmt, zum Teil bedingt durch Druck und Verdichtung, ist die von den Wellen beschriebene Bahn gekrümmt. Aus der Krümmung läßt sich ablesen, wie stark die Erddichte in verschiedenen Tiefen ansteigt. In manchen Tiefen ändern die Wellen abrupt ihre Richtung, was auf eine plötzliche Veränderung der Dichte aufgrund einer unterschiedlichen chemischen Struktur schließen läßt; es handelt sich dann nicht um eine allmähliche Veränderung, die durch eine zunehmende Verdichtung bedingt ist.

Anhand der Untersuchung von Erdbebenwellen kann man den Erdaufbau in drei große Bereiche unterteilen. Die äußerste Schicht wird als *Erdkruste* bezeichnet; sie besteht aus dem Gestein, das wir kennen. Etwa 32 Kilometer (im Durchschnitt) unter der Erdoberfläche gibt es eine abrupte Veränderung, die 1909 von dem kroatischen Geophysiker Adrija Mohorovičić (1857–1936) entdeckt wurde. Sie wird als *Mohorovičić-Diskontinuität* oder kurz als *Moho-Diskontinuität* bezeichnet. Unterhalb der Erdkruste liegt der *Erdmantel*, der ebenfalls aus Gestein besteht. Das Mantelgestein ist allerdings dichter als das Gestein der Erdkruste, und zwar zum einen, weil es komprimiert ist und zum anderen, weil das Material von Natur aus dichter ist. Der Erdmantel ist aber nicht dicht genug, um die hohe Gesamtdichte der Erde erklären zu können.

In einer Tiefe von 2900 Kilometern unter der Erdoberfläche ändern die Erdbebenwellen wiederum scharf ihre Richtung, was erstmals 1914 von dem deutschen Geologen Benno Gutenberg (1889–1960) aufgezeigt wurde. Doch dieser innere Bereich der Erde, der *Erdkern*, ist tatsächlich dicht genug, um die hohe Gesamtdichte der Erde zu erklären. Die Wissenschaftler bestimmten die Zusammensetzung des Kerns aufgrund der Beobachtung, daß ihn zwar P-Wellen, nicht aber S-Wellen durchdringen. Anders als bei den P-Wellen erlauben die Eigenschaften der S-Wellen keine Ausbreitung durch ein flüssiges Medium. Daraus läßt sich schließen, daß ein großer Teil des Erdkerns flüssig ist. (Die Erdkruste, der Mantel und der flüssige Kern haben ein ganz ähnliches Verhältnis zueinander wie die Schale, das Eiweiß und der Dotter eines Eies – aber das ist nur ein interessanter Zufall und nicht mehr.)

Damit ist aber noch nicht geklärt, woraus der Kern zusammengesetzt ist, denn er muß aus Stoffen bestehen, die dichter sind und einen niedrigeren Schmelzpunkt als Gestein haben. Die naheliegendsten Kandidaten dafür sind die verschiedenen Metalle. Deshalb vermutet man, daß die Erde einen flüssigen Metallkern besitzt – aber aus welchem Metall?

Eine wohl zutreffende Antwort wurde bereits gegeben, lange bevor Erdbebendaten die genauen Details des inneren Aufbaus der Erde enthüllten. Gelegentlich stürzen Meteoriten auf die Erdoberfläche (später wird noch mehr über sie zu sagen sein), und obwohl die meisten von ihnen aus Gestein bestehen, sind 10 Prozent metallischer Natur. Diese bestehen immer aus Eisen und dem damit verwandten Metall Nickel, die im Verhältnis von 9 zu 1 vorkommen.

Der französische Geologe Gabriel August Daubrée (1814–1896) stellte deshalb bereits 1886 die Hypothese auf, der Erdkern könne aus einer Eisen-Nickel-Mischung bestehen. Diese Theorie erschien plausibel; heute gehen die meisten Wissenschaftler in der Tat davon aus, daß die Erde zu 90 Prozent aus Eisen und zu 10 Prozent aus Nickel besteht, allerdings ist derzeit noch umstritten, ob auch Sauerstoff oder Schwefel oder beide in größeren Mengen vorhanden sind.

17. Verschieben sich die Kontinente?

Da wir die Erdbeben schon erwähnten, ist es nur logisch, wenn wir uns mögliche Ursachen dafür überlegen. In diesem Zusammenhang sollte man zunächst fragen, ob die Kontinente in Bewegung sind. Natürlich bewegen sie sich in dem Sinne, daß sie als Teil der festen Erdkugel um die Erdachse rotieren, aber bewegen sie sich auch relativ zueinander?

Es könnte den Anschein haben, als sei die Antwort ein klares Nein. Wie können sich die Kontinente bewegen? Aber selbst im Altertum vermutete man bereits, Kontinente oder Teile davon bewegten sich zumindest in dem Sinne, daß sie sich hoben und senkten. Bereits 540 v. Chr. wies der griechische Philosoph Xenophanes (um 560–480 v. Chr.) darauf hin, daß im Felsgestein von Gebirgszügen manchmal eingeschlossene Muscheln gefunden wurden und es deshalb eine Zeit gegeben haben mußte, in der diese Berge unter Wasser lagen. Berge, behauptete er, seien ursprünglich aus Material entstanden, das sich auf Meereshöhe befunden habe und auf irgendeine Weise nach oben geschoben worden sei. Er hatte ziemlich recht mit seiner Annahme, aber damals nahm ihn niemand ernst.

Um 1889 warf der amerikanische Geologe Clarence Edward Dutton (1841–1912) die Theorie in einer viel ausgereifteren Form erneut auf. Nach seiner Ansicht war das Gestein, aus dem die Kontinente bestanden, weniger dicht als das Gestein am Meeresgrund. Aus diesem Grund trieben die Kontinente beträchtlich höher als der Meeresgrund und ragten somit über den Meeresspiegel hinaus. Gebirgsregionen ruhten auf noch weniger dichtem Gestein, so daß sie sich über das allgemeine Niveau des Landes erhoben. Dutton nannte dieses Phänomen *Isostasie*. Aber selbst wenn sich die Kontinente und Teile davon nach oben und unten bewegten, schien es keinen Anhaltspunkt dafür zu geben, daß sie sich jemals *seitwärts* bewegten.

Doch die Weltkarte ist vielsagend. Als der amerikanische Doppelkontinent entdeckt und der Verlauf seiner Atlantikküsten auf Karten festgehalten wurde, offenbarte sich eine bemerkenswerte Tatsache, auf die der britische Philosoph Francis Bacon (1561–1626) im Jahre 1620 erstmals hinwies. Ein Blick auf die Ostküste von Südamerika zeigt, daß sie erstaunlich genau in die Westküste Afrikas paßt. Es ist unmöglich, auf die Karte zu schauen und sich nicht zu fragen, ob Afrika und Südamerika ursprünglich eine einzige Landmasse gewesen seien, die sich irgendwann geteilt habe und deren zwei Hälften sich jetzt auseinanderbewegten.

1912 griff der deutsche Geologe Alfred Lothar Wegener (1880–1930) die Frage im Detail auf und erklärte, daß die beiden Kontinente möglicherweise auseinandergedriftet seien, indem sie sich durch das schwerere Gestein unter den Ozeanen hindurch bewegt hätten. Er stellte sogar die Theorie auf, daß alle Kontinente ursprünglich eine einzige Landmasse gebildet hätten, die in die verschiedenen Kontinente zerbrochen sei; diesen Urkontinent nannte er (nach dem griechischen Wort für »gesamte Erde«) *Pangäa*. Das Phänomen selbst bezeichnet er als *Kontinentalverschiebung*. In gewisser Weise hatte er recht, aber die Vorstellung, daß sich die Kontinente durch den Meeresboden hindurchbewegten, konnte nicht funktionieren; das darunterliegende Gestein war viel zu starr dafür. Die Theorie wurde deshalb erst 1960 als unmöglich aufgegeben. Doch es kam eine neue Theorie auf. In den 50er Jahren des 19. Jahrhunderts wurden Versuche unternommen, ein Kabel auf dem Grund des Atlantischen Ozeans zu verlegen, das eine telegrafische Verbindung zwischen Nordamerika und Europa herstellen sollte. Der amerikanische Ozeanograph Matthew Fontaine Maury (1806–1873) führte Lotungen im Atlantischen Ozean durch, um die beste Strecke für das Kabel herauszufinden. Dabei entdeckte er 1854, daß die Tiefe des Atlantischen Ozeans in der Mitte geringer war als an den beiden Seiten. Er glaubte, in der Mitte des Ozeans gebe es eine Hochfläche, die er *Telegraph Plateau* nannte.

Die Lotung des Meeresbodens gestaltete sich äußerst schwierig. Man mußte dazu ein viele Kilometer langes, mit einem Gewicht beschwertes Kabel hinunterlassen, feststellen, wann es den Grund berührte, es wieder heraufziehen und die abgerollte Länge messen. Es war eine sehr mühsame und auch unsichere Arbeit; zudem konnten auf einer einzigen Fahrt nur wenige Stellen richtig gemessen werden, so daß Maurys Arbeit erst ein Anfang war.

1872 verbrachte eine britische Expedition unter Charles Wyville Thomson (1830–1882) vier Jahre auf See, reiste etwa 125 000 Kilometer und führte mit einem 6,4 Kilometer langen Kabel 372 Tiefseesondierungen durch. Ein halbes Jahrhundert lang wurde nichts weiter unternommen, obwohl die Untersuchung erst ein äußerst dürftiges Bild vom Meeresboden vermittelte. Während des Ersten Weltkriegs wurde dann allerdings die Technik des *Echolots* entwickelt. Dabei werden Ultraschallwellen in einer Tonhöhe ausgesendet, die vom menschlichen Ohr nicht mehr wahrgenommen werden kann; sie dringen bis zum Meeresboden durch und werden innerhalb von Minuten zurückgeworfen. Aus der Zeit, die zwischen dem Aussenden der Wellen und ihrem Empfang vergeht, läßt sich die Tiefe des Meeres bestimmen. Ein deutsches Schiff setzte diese Technik 1922 erstmals zur Erforschung des Meeres ein. So erfuhr man schließlich Einzelheiten über das Aussehen des Meeresbodens.

Der bedeutendste Erforscher des Meeresgrundes war der amerikanische Geologe William Maurice Ewing (1906–1974), der unzählige Messungen durchführte und in den frühen 50er Jahren zeigte, daß das Telegraph Plateau keine Hochfläche, sondern eine lange, zerklüftete Gebirgskette war, die sich in der Mitte des Atlantischen Ozeans hinzog, wobei einige ihrer höchsten Gipfel über die Oberfläche des Meeres ragten und Inseln bildeten. 1956 wies Ewing nach, daß sich diese Gebirgskette um Afrika herum in den Indischen Ozean und um die Antarktis herum in den Pazifischen Ozean erstreckte. Sie war ein weltumspannendes System, das als *Mittelozeanischer Rücken* bezeichnet wird. 1957 legte Ewing dar, daß es eine tiefe Spalte gab, den *Zentralgraben*, der in der Mitte des Rückens verlief und die Vermutung nahelegte, die Kruste der Erde sei in eine Reihe genau ineinander passender Platten zerbrochen. Diese wurden als *tektonische Platten* bezeichnet (nach dem griechischen Wort für »Zimmermann«), weil sie so geschickt zusammengefügt waren wie von einem Zimmermann.

Ein anderer amerikanischer Geologe, Henry Hammond Hess

(1906–1969), machte sich über die tektonischen Platten Gedanken und stellte 1962 die Theorie auf, daß Material aus den tieferen Regionen der Erde durch den Zentralgraben in der Mitte des Atlantiks nach oben steige und die Platten auf beiden Seiten auseinanderdrücke. Die Platte, die Afrika trage, werde ostwärts und die Südamerika tragende Platte westwärts geschoben, wobei sich der dazwischen liegende Ozean verbreitere – ein Vorgang, der als *seafloor spreading* (Meeresbodenspreizung) bezeichnet wird. Diese Theorie wurde von anderen Geologen rasch übernommen. Ursprünglich waren Südamerika und Afrika tatsächlich Teil derselben Landmasse gewesen, wie Wegener gemeint hatte, aber sie waren nicht einfach auseinandergedriftet, sondern gewaltsam auseinandergedrückt worden. Wegener war zwar zum richtigen Ergebnis gekommen, aber der Mechanismus, den er als Ursache dieses Phänomens angenommen hatte, war falsch gewesen. Der neue Mechanismus stimmte jedoch, und mittlerweile deutet man die gesamte Geologie auf der Grundlage der *Plattentektonik* – der Theorie von der langsamen Bewegung der tektonischen Platten.

18. Was verursacht Erdbeben und Vulkanausbrüche?

Erdbeben und Vulkane gibt es bereits seit frühester Zeit. Sie hatten schon immer die Fähigkeit zu großer Zerstörung und vermochten Angst und Schrecken zu verbreiten, denn in wenigen Minuten können ihnen Tausende von Menschen zum Opfer fallen. Der stärkste Vulkanausbruch, der uns überliefert ist, zerstörte um 1500 v. Chr. mit einem Schlag die nördlich von Kreta in der Ägäis gelegene Insel Thera. Solange sich ihre Bewohner erinnerten, hatte die Insel keinerlei Anzeichen vulkanischer Aktivität gezeigt, aber tief unter der Erde hatte sich schließlich genügend Druck angestaut, um die Spitze des Vulkans zu sprengen. Dabei wurde nicht nur Thera zerstört – was vielleicht zur Entstehung der Sage von Atlantis führte –, sondern auch die Insel Kreta wurde durch den Ascheregen und die Flutwellen so stark in Mitleidenschaft gezogen, daß ihre blühende Zivilisation nicht mehr lange überdauerte. Tatsächlich stürzte der gesamte östliche Mittelmeerraum in ein Chaos; auch der Niedergang des ägyptischen Reiches schritt unaufhaltsam voran.

Der Vesuv in der Nähe der italienischen Stadt Neapel war ebenfalls so lange ruhig geblieben, daß die Menschen seine Gefährlichkeit vergaßen. Doch 79 n. Chr. brach er aus und begrub die Städte Pompeji und Herculaneum. Der berühmte römische Schriftsteller Plinius der Ältere (23–79) starb, weil er bei seinem Versuch, den Ausbruch zu beobachten und zu beschreiben, dem Vulkan zu nahe gekommen war. Bei dem Ausbruch kamen 4000 Menschen ums Leben, aber dem Ätna auf Sizilien, dem höchsten und am kontinuierlichsten tätigen Vulkan Europas, fielen bei einem Ausbruch im Jahre 1669 fast 20 000 Menschen zum Opfer. Eine weitere gewaltige Eruption fand 1783 auf Island statt. 1815 explodierte der indonesische Vulkan Tambora auf der Insel Sumbawa, genau wie im Jahre 1883 ein anderer indonesischer Vulkan, der Krakatau. In allen drei Fällen gab es hohe Verluste an Menschenleben. 1902 brach der Mont Pelée auf der westindischen Insel Martinique aus; rotglühende, giftige Dämpfe wälzten sich den Berghang in Martiniques frühere Hauptstadt St. Pierre hinab. Innerhalb von drei Minuten kamen mit einer Ausnahme alle 38 000 Einwohner der Stadt ums Leben. (Die Ausnahme war

ein zum Tode verurteilter Mörder, der in einem unterirdischen Gefängnis auf seine Hinrichtung wartete.)
Erdbeben können sogar noch mehr Opfer fordern. Am 24. Januar 1556 wurde die chinesische Provinz Shaanxi (früher Schensi) von einem Beben erschüttert, das innerhalb weniger Minuten 800 000 Menschen das Leben gekostet haben soll. 1703 kamen in Tokio 200 000 Menschen ums Leben, 1737 waren es in Kalkutta 300 000 Menschen. Das schwerste europäische Erdbeben der Neuzeit fand am 1. November 1755 statt, als ein Beben (auf das eine Flutwelle und ein Feuer folgten) die portugiesische Stadt Lissabon zerstörte und 60 000 Menschen tötete. 1812 gab es ebenfalls ein furchtbares Erdbeben am Mississippi, in der Nähe der heutigen Stadt New Madrid, aber damals lebten dort so wenige Menschen, daß niemand getötet wurde.
Was verursacht diese Erscheinungen? Frühe Theorien von rachsüchtigen Göttern, Feuergeistern und ähnlichem können wir hier beiseite lassen. Aristoteles glaubte, daß die Luft an verschiedenen Stellen unter der Erde eingeschlossen sei und Erdbeben von gelegentlichen Entladungen der entweichenden Luft herrührten. Als sich die Menschen aber mit Erdbeben und Vulkanen befaßten, stellten sie fest, daß die überwiegende Zahl davon in bestimmten Gegenden auftrat. Von den fünfhundert aktiven Vulkanen auf der Erde befinden sich fast dreihundert in einem großen Bogen rund um die Küsten des Pazifischen Ozeans, acht weitere entlang der Kette der Indonesischen Inseln und etwas weniger an den Küsten des Mittelmeers. Auch Erdbeben kommen in diesen Gegenden am häufigsten vor, was darauf hindeutete, daß Erdbeben und Vulkane irgendwie zusammenhingen und für beide die gleichen Ursachen verantwortlich sein mochten.
Das Erdbeben von Lissabon löste eine Welle der wissenschaftlichen Erforschung des Problems aus und führte wie

erwähnt dazu, daß an verschiedenen Stellen Seismographen aufgestellt wurden. Als dann 1906 ein Erdbeben San Francisco zerstörte, stellte der zur Untersuchung der Gegend angereiste amerikanische Geologe Harry Fielding Reid (1859–1944) fest, daß der Boden in der Nähe der Stadt eine Verwerfung aufwies. Eine Seite dessen, was wie ein Spalt aussah, hatte sich gegenüber der anderen Seite nach vorne bewegt. Die meisten nahmen an, daß der Spalt erst durch das Erdbeben entstanden sei, aber Reid hatte eine andere Idee: Ihm schien es so, als sei die Spalte möglicherweise schon immer da gewesen. (Sie wird heute als San-Andreas-Graben bezeichnet.) Mit der Zeit hatte sich ein solcher Druck aufgebaut, daß sich die beiden Seiten der Spalte gegeneinander bewegten. Normalerweise sorgte die Reibung dafür, daß die beiden Seiten an Ort und Stelle blieben, aber mit zunehmendem Druck verschob sich eine Seite und schrammte einige Male ruckartig gegen die andere Seite. Die dadurch ausgelösten Vibrationen waren stark genug, um eine ganze Stadt dem Erdboden gleichzumachen und Tausende von Leben auszulöschen.

Obwohl Reid bereits auf der richtigen Spur war, wurde die Ursache für Erdbeben erst zu dem Zeitpunkt völlig klar, als die tektonischen Platten entdeckt wurden. Nun begriff man, daß sich die Platten als Folge von tief unter der Erdoberfläche liegenden Kräften immerzu sehr langsam bewegten; doch an den Grenzen zwischen den Platten führten diese Kräfte mitunter zu einer seitlichen Bewegung, wie sie Reid im Zusammenhang mit dem Erdbeben von San Francisco bemerkt hatte. Beim San-Andreas-Graben handelt es sich schließlich um einen Abschnitt der Grenze zwischen der Platte, auf der Nordamerika liegt, und der Platte unter dem Pazifischen Ozean.

Zudem gibt es an den Strömungslinien rund um die Erde

Schwächezonen, wo heißes Gestein (Magma) nach oben strömen und zu Vulkanausbrüchen führen kann. Wenn sich zwei Platten frontal treffen, falten sich manchmal die Ränder und bilden Gebirgsketten. Der Himalaja, die derzeit größte aufgeworfene Region der Erde, entstand, als sich die Platte mit Indien langsam in die Platte schob, die das übrige Asien trägt. Manchmal gleitet eine Platte unter eine andere, wodurch der Meeresboden nach unten gezogen wird; dabei entstehen Tiefseegräben, die stellenweise bis zu 11 Kilometer tief sein können.

Vor der Entdeckung der Plattentektonik hatte es sich als unmöglich erwiesen, die verschiedenen Phänomene, die mit der Erdkruste zusammenhängen, vollständig zu verstehen. Die neue Theorie nun machte das scheinbar Unmögliche möglich – was immer das Kennzeichen einer guten Theorie ist.

19. Was ist Wärme?

Es erschiene jetzt angebracht, den Kräften nachzugehen, die tief unter der Erde die Erdbeben und Vulkane schüren. Zuvor müssen wir uns aber fragen: Was ist Wärme?
Wir alle spüren Wärme und betrachten sie als selbstverständlich. Sie erreicht uns in erster Linie von der Sonne, weshalb wir auch im direkten Sonnenlicht mehr Wärme empfangen als im Schatten. In geringerem Umfang können wir spüren, wie Wärme von Feuer, elektrischen Glühbirnen, Heizkörpern oder heißen Wasserkesseln ausgeht. Selbst wenn wir nicht wissen, um was es sich dabei handelt, so wissen wir doch, was es bewirkt: Es fließt von einem Körper zu einem anderen.

Wenn wir frieren und vor einem Feuer stehen, geht Wärme vom Feuer auf uns über. Wenn wir aber zu lange dort stehen, nehmen wir unter Umständen zuviel Wärme auf und fühlen uns zunehmend unbehaglich, so daß wir weiter weggehen müssen. Wenn wir einen Kessel mit kaltem Wasser auf einen Gasherd aufsetzen, fließt Wärme von der Flamme in den Topf; das kalte Wasser wird dabei so heiß, daß es zum Schluß kocht. Man könnte noch viele weitere Beispiele dafür anführen, so daß die Annahme sinnvoll erscheint, es handle sich bei Wärme um eine Art dünner Flüssigkeit, die ähnlich wie Wasser von einem Objekt zu einem anderen fließt. Eine bestimmte Substanz würde dann unter den jeweiligen Bedingungen nur eine begrenzte Menge dieser Hitzeflüssigkeit enthalten. Wenn ein heißer Wasserkessel auf einem kalten Untergrund steht, verliert er allmählich seine Wärme und wird zum Schluß völlig kalt.
Doch 1798 bohrte der amerikanisch-britische Physiker Benjamin Thomson, Lord Rumford (1753–1814), Metallblöcke in lange, dicke Zylinder, um Kanonenrohre herzustellen. Er stellte dabei fest, daß das Metall von dem Bohrgerät so stark erhitzt wurde, daß es ständig mit Wasser gekühlt werden mußte. Nach der gängigen Erklärung wurde bei diesem Vorgang, wenn das Metall von der Bohrvorrichtung abgeschabt wurde, die Hitzeflüssigkeit freigesetzt und floß aus.
Rumford bemerkte aber, daß so lange Hitze erzeugt wurde, wie man weiterbohrte. Es gab auch keinerlei Anzeichen dafür, daß sie aufgebraucht wurde. Es floß genügend Hitze aus, um große Mengen von Wasser zum Kochen zu bringen. Wenn man sich nun vorstellte, daß man die gesamte Hitze in das Metall zurückgegossen hätte, wäre das Metall so heiß geworden, daß es geschmolzen wäre. Kurz gesagt: Aus dem Metall kam mehr Wärme, als darin enthalten sein konnte, während es noch ein fester Block war. Darüber hinaus versuchte Rum-

ford, das Metall mit einem so stumpfen Gerät auszubohren, daß es den Block nicht abschaben konnte und somit eigentlich auch keine Hitzeflüssigkeit hätte freisetzen dürfen. Dies war jedoch nicht der Fall; in Wirklichkeit wurde mit einem stumpfen Bohrgerät *mehr* Hitze erzeugt als mit einem scharfen. Aus diesem einfachen Experiment schloß er, daß Hitze keine Flüssigkeit, sondern eine Form von Bewegung war. Er vermutete, daß die Bewegung des Bohrgeräts irgendwie auf das Metall übertragen wurde und daß winzige Metallstückchen (so klein, daß sie unsichtbar waren) diese Bewegung aufnahmen, die er als Wärme feststellte.

Rumford war damit auf der richtigen Spur. 1803 vertrat der britische Chemiker John Dalton (1766–1844) die Ansicht, die gesamte Materie setze sich aus winzigen Teilchen zusammen, die zu klein seien, als daß man sie sehen könne, den *Atomen*. Schließlich stand fest, daß die Materie aus Atomen bestand, die normalerweise zu Gruppen, den sogenannten Molekülen, zusammengeschlossen waren. Im Laufe der 60er Jahre des 19. Jahrhunderts zeigten der britische Mathematiker James Clerk Maxwell (1831–1879) und der österreichische Physiker Ludwig Eduard Boltzmann (1844–1906) unabhängig voneinander, daß Wärme am ehesten als ziellose Bewegung von Atomen und Molekülen erklärbar war – gleichgültig, ob diese sich nun durch den Raum bewegten, vibrierten oder sich um ihre eigene Achse drehten. Diese Erklärung ist die *kinetische Theorie* der Wärme (von dem griechischen Wort für »Bewegung«).

20. Was ist Temperatur?

Einige Dinge sind wärmer als andere. Während ein bestimmter Wasserkessel vielleicht nur lauwarm ist, kann ein anderer fast kochen. Der Unterschied läßt sich leicht erkennen, wenn wir die beiden Kessel berühren. Ja, wir müssen sie nicht einmal berühren; wenn wir die Hand ein paar Zentimeter von den Kesseln entfernt halten, können wir rasch bestimmen, welcher von beiden fast am Kochen ist.

Warum sind manche Dinge heißer als andere? Enthält etwas Heißes mehr Wärme als etwas Kaltes? Diese Idee machte einen so vernünftigen Eindruck, daß es schien, als könne niemand dagegen argumentieren.

1760 konnte der britische Chemiker Joseph Black (1728–1799) allerdings zeigen, daß es mit der Wärmeenergie alleine nicht getan war, wenn es um Hitze oder – richtig ausgedrückt – um Temperatur ging. Nehmen Sie beispielsweise ein Stück Eisen und ein Stück Blei, die beide gleich viel wiegen und gleich heiß sind. Sie legen sie in zwei verschiedene Behälter mit kaltem Wasser. In beiden Fällen gibt das Metall Hitze ab, die in das Wasser fließt, so daß sich das Metall abkühlt und das Wasser entsprechend so lange erwärmt, bis in beiden Fällen der Wärmeaustausch abgeschlossen ist. Man würde erwarten, daß das Wasser in beiden Fällen gleich schnell erwärmt wird, doch weit gefehlt. Das Wasser, in dem sich das heiße Eisen befindet, ist deutlich wärmer als das Wasser, in dem das heiße Blei liegt. Beide Metalle waren gleich heiß, hatten also die gleiche Temperatur, aber das Eisen enthielt mehr Wärme.

Wenn Sie einen heißen Eisenklumpen in eine Mischung aus Eis und Wasser geben, bringt das heiße Eisen einen Teil des Eises zum Schmelzen, während es abkühlt, aber die Mischung aus Eis und Wasser (mittlerweile mehr Wasser und weniger Eis) hat die gleiche Temperatur wie vorher. Es ist also möglich, einen Stoff zu »erhitzen«, ohne seine Temperatur zu erhöhen. Statt dessen hat die Wärme andere Auswirkungen; so werden beispielsweise die Moleküle von festem Eis auseinandergebrochen und in lockerer verbundene Moleküle von flüssigem Wasser umgewandelt.

Um dies besser zu verstehen, kann man »fließende« Wärme mit fließendem Wasser vergleichen. Auch wenn Wärme eigentlich keine Flüssigkeit wie Wasser ist, hat sie einige ähnliche Eigenschaften; das Verhalten von Wasser kann uns deshalb helfen, das Verhalten von Wärme zu verstehen.

Die Wärmemenge läßt sich mit der Wassermenge vergleichen, während die Temperatur mit dem Wasserdruck vergleichbar ist. Wenn Wasser somit in einen Zylinder geschüttet wird, der eine bestimmte Höhe besitzt, übt es einen bestimmten Druck auf den Zylinderboden aus. Eine bestimmte Wassermenge, die in einen breiten Zylinder gegossen wird, steigt nicht so hoch wie die gleiche Menge Wasser in einem schmalen Zylinder. Wasser in einem dünnen Zylinder übt damit mehr Druck auf den Boden aus als Wasser in einem dicken Zylinder, auch wenn die Gesamtmenge an Wasser in dem breiten Zylinder die gleiche ist wie in dem schmalen. Ebenso benötigt man mehr Wärme, um die Temperatur von Eisen auf einen bestimmten Wert zu erhöhen, als erforderlich ist, um die gleiche Menge Blei auf diese Temperatur zu erwärmen. Das Eisen verhält sich wie der breitere Zylinder; es hat eine größere *Wärmekapazität*.

Wärme fließt nicht zwangsläufig von einem Objekt mit viel Wärme zu einem Stoff mit wenig Wärme, sondern statt dessen von Materie mit hoher Temperatur zu Materie mit niedrigerer Temperatur, und zwar unabhängig von der Gesamtmenge an Wärme, die in den beiden enthalten ist. Ähnlich verhält es sich, wenn man einen mit Wasser gefüllten Zylinder, der an der Unterseite einen Stöpsel besitzt, in eine halbvolle Badewanne setzt, so daß der Wasserspiegel in dem Zylinder um einiges höher ist als in der Wanne. In diesem Fall ist auch der Wasserdruck in dem Zylinder höher als der in der Wanne, obwohl sich in der Wanne viel mehr Wasser befindet als im Zylinder. Wenn man nun den Stöpsel aus dem Zylinderboden zieht, gleicht sich der Druck aus. Wasser strömt aus dem Zylinder in die Wanne – von hohem Druck zu niedrigem Druck. Es fließt nicht vom größeren Wasservorrat zum kleineren, d. h., nicht von der Wanne in den Zylinder.

In gleicher Weise haben ein paar Tropfen heißes Wasser eine höhere Temperatur als eine Badewanne voll lauwarmen Wassers, obwohl die Gesamtwärme in dem lauwarmen Wasser viel größer ist als die Gesamtwärme in dem bißchen heißen Wasser. Wenn man einen Spritzer heißes Wasser in das Bad gibt, strömt die Wärme trotzdem von diesen paar Tropfen heißen Wassers in das lauwarme Wasser der Wanne, und nicht umgekehrt. Weil die Temperatur den Wärmefluß bestimmt, interessieren sich die Wissenschaftler auch mehr für die Temperatur als für die bloße Wärmemenge.

21. Wie mißt man Temperatur?

Man kann leicht feststellen, ob eine Substanz heißer ist als eine andere; man braucht sie nur zu berühren und miteinander zu vergleichen. Allerdings ist unser Tastsinn nicht genau genug, um exakt zu bestimmen, um *wieviel* die Substanz wärmer ist. Das kann man mit Hilfe eines leicht durchführbaren Experiments zeigen: Tauchen Sie eine Hand in recht heißes und die andere in ziemlich kaltes Wasser und lassen Sie die Hände eine Zeitlang darin. Legen Sie anschließend beide Hände in lauwarmes Wasser. An der warmen Hand wird es sich kalt anfühlen und an der kalten Hand warm.

Kurz gesagt: Es ist nicht leichter, eine bestimmte Temperatur durch Fühlen abzuschätzen als eine bestimmte Länge mit dem Auge. Man hätte gerne einen Meßstab, um Längen zu messen, und ein ähnliches Instrument zur Messung von Temperatur. Dazu wünscht man sich ein Phänomen, das sich mit dem Ansteigen und Absinken der Temperatur regelmäßig verändert und diese Veränderungen dann in passenden Einheiten anzeigt. Galilei war der erste, der sich um die Entwicklung eines solchen Hilfsmittels bemühte. 1603 stülpte er eine Glasröhre mit heißer Luft in ein Wassergefäß. Als sich die Luft abkühlte, zog sie sich zusammen und sog Wasser die Röhre hinauf. Solange der Raum wärmer war, dehnte sich die Luft in der Röhre aus, und der Wasserpegel fiel; wenn der Raum dagegen kälter war, zog sich die Luft in der Röhre zusammen, und der Wasserpegel stieg. Durch eine Messung des Wasserstandes ließ sich also die Raumtemperatur bestimmen.

Galileis Meßgerät war das erste einfache *Thermometer* (nach den griechischen Wörtern für »Wärme messen«) und zugleich das erste wissenschaftliche Instrument aus Glas. Es war allerdings kein besonders gutes Thermometer, denn es war nicht luftdicht abgeschlossen; der Wasserspiegel in der Röhre wurde deshalb auch vom Luftdruck beeinflußt, was wiederum die Meßergebnisse beeinträchtigte. Im Jahre 1654 erfand Ferdinand II., Großherzog der Toskana (1610–1670), ein Thermometer, das vom Luftdruck unabhängig war. Dabei wurde eine Flüssigkeit in einen größeren Kolben eingeschlossen, von dem eine Röhre abging; Kolben und Röhre waren beide luftleer. Auch Flüssigkeiten dehnen sich bei Erwärmung aus und ziehen sich wieder zusammen, wenn sie abkühlen. Sie verändern sich dabei nicht so stark wie Luft, aber selbst eine geringe Ausdehnung oder Kontraktion kann zu einer beträchtlichen Veränderung des Flüssigkeitspegels in einer dünnen Röhre führen.

Die ersten zu diesem Zweck verwendeten Flüssigkeiten waren entweder Wasser oder Alkohol, aber beide waren nicht besonders gut geeignet. Wasser gefror und eignete sich nicht für Temperaturen an kalten Wintertagen; Alkohol siedete zu schnell und ließ sich deshalb nicht für die Messung der Temperatur von heißem Wasser verwenden. Um 1695 schlug der französische Physiker Guillaume Amontons (1663–1705) die Verwendung von Quecksilber vor, das für diesen Zweck eine ideale Flüssigkeit darstellte. Es blieb in einem viel größeren Temperaturbereich flüssig als Wasser oder Alkohol und dehnte sich sehr gleichmäßig aus bzw. zog sich zusammen, wenn sich die Temperatur änderte.

Der deutsch-holländische Physiker Gabriel Daniel Fahrenheit (1686–1736) entwickelte 1714 ein Thermometer, in dem sich eine schmale Quecksilbersäule von einem Kolben aus nach oben in eine dünne Vakuumröhre ausdehnte. Er brachte jeweils dort eine Markierung an, wo das Quecksilber stand, als er das Thermometer in schmelzendes Eis und in siedendes Wasser tauchte. Den Abstand teilte er in 180 gleiche Schritte ein, die heute als »Grad Fahrenheit« bezeichnet werden. Die Temperatur von schmelzendem Eis ist 32 °F, die von siedendem Wasser 212 °F. Es ist umstritten, warum Fahrenheit gerade diese Zahlen wählte, aber jedenfalls ging er so vor.

Der schwedische Astronom Anders Celsius (1701–1744) entwickelte 1742 die heute als »Celsiusskala« bekannte Einteilung. Der Gefrierpunkt von Wasser wird bei 0 °C angesetzt, der Siedepunkt bei 100 °C. Die Celsiusskala ist übersichtlicher als die Fahrenheitskala und wird heute in der ganzen Welt verwendet – außer in den Vereinigten Staaten, wo man sich verstockt an das alte System klammert. Allerdings ist es nicht schwierig, Temperaturen von einem System in das andere umzurechnen.

22. Was ist Energie?

Wärme ist nur eine Form dessen, was die Wissenschaftler *Energie* nennen – eine Bezeichnung, die allem zugeschrieben wird, was Arbeit verrichtet. Das Wort *Energie* selbst ist von griechischen Wörtern abgeleitet, die etwa »Arbeit enthaltend« bedeuten. Wir müssen aber vorsichtig sein, denn Wissenschaftler verwenden den Begriff »Arbeit« in einer ganz spezifischen Weise, die sich nicht mit der Verwendung dieses Begriffs im Alltag deckt. Für sie handelt es sich dann um Arbeit, wenn man über eine bestimmte Strecke hinweg und gegen einen Widerstand Kraft ausübt.

Wenn wir ein Masse besitzendes Objekt gegen den Widerstand der Schwerkraft einen Meter senkrecht in die Höhe heben, üben wir im wissenschaftlichen Sinne Arbeit an der Masse aus. Halten wir ihn bewegungslos auf einem Meter Höhe, verrichten wir keine Arbeit mehr. Wir glauben vielleicht, wir würden weiter Arbeit verrichten, weil wir müde werden, aber das rührt nur daher, daß unsere Muskeln Energie aufwenden, wenn sie gespannt bleiben; sie verrichten jedoch keine Arbeit an der Masse. Wenn man die Masse auf einen 1 m hohen Absatz legt, hält dieser die Masse unendlich lange in derselben Höhe, ohne dabei zu ermüden und verrichtet ebenfalls keine Arbeit. Ebensowenig verrichte ich Arbeit, wenn ich mir die Anordnung der Wörter überlege, die zu diesem Buch zusammengesetzt werden, aber nach einer Weile ist es gewiß trotzdem ermüdend.

Auch Wärme verrichtet Arbeit im wissenschaftlichen Sinne. Beispielsweise dehnt sich Quecksilber aus und läßt einen Teil davon gegen die Schwerkraft aufsteigen. Muskeln heben eine Masse hoch. Ein Magnet zieht einen Eisennagel nach oben. Elektrizität, Licht, Schall und Chemikalien können unter geeigneten Bedingungen dazu gebracht werden, Arbeit zu verrichten. Genauso verhält es sich mit jedem Objekt, das bereits in Bewegung ist und aus diesem Grund *kinetische Energie* besitzt (griechisch für »Bewegungsenergie«) oder sich in einer bestimmten Höhe befindet und Arbeit verrichten kann, wenn es herunterfällt. Das ist beispielsweise bei den Gewichten einer Uhr der Fall, die auf ihrem Weg nach unten die Zeiger weiterdrehen. (Einem Objekt in einer bestimmten Höhe wird eine *potentielle Energie* zugeschrieben.)

Sind all diese verschiedenen Arten von Energie voneinander unabhängig, oder stehen sie in Beziehung zueinander? Elektrischer Strom erzeugt eine magnetische Wirkung, während Magnetismus elektrischen Strom erzeugen kann. Elektrischer Strom kann Schall in einer Glocke, Licht und Wärme in einer Glühbirne und Bewegung in einem Motor produzieren. Jede Energieform läßt sich tatsächlich in jede beliebige andere umwandeln; es handelt sich um ein einziges Phänomen, das eine Vielzahl von Erscheinungsformen annehmen kann.

Wenn aber eine Energieform in eine andere umgewandelt wird, geht dann dabei ein Teil verloren? Oder gibt es Verluste, wenn die Energie in einer einzigen Form verbleibt? Früher glaubte man, diese Fragen mit einem klaren Ja beantworten zu können. Die bekannteste und am häufigsten untersuchte Energieform war die kinetische Energie. Eine schwere Kanonenkugel, die schnell genug ist, um eine Burgmauer zu zertrümmern, ist zweifellos eine eindrucksvolle Demonstration von Energie. Aber wenn man die Kanonenkugel über den Boden rollen läßt, bleibt sie irgendwann liegen. Sie wird allmählich langsamer und kommt schließlich ganz zum Stillstand, und während sich die Bewegung verlangsamt, nimmt auch der Energiegehalt der Kanonenkugel ab. Was ist damit geschehen? Soweit man das überhaupt erklären konnte, verschwand die Energie ganz einfach.

Die Wissenschaftler entdeckten erst später, daß Energie, immer wenn sie zu verschwinden scheint, in Wärme umgewandelt wird. Die Energie der rollenden Kanonenkugel wird beim Rollen in Wärme umgewandelt, aber die Wärme verteilt sich am Boden auf eine so lange Strecke, daß man sie nicht bemerkt. Gibt es auch dann noch Energieverluste bei der Umwandlung von einer Energieform in eine andere, wenn man diese Wärme berücksichtigt?

Der erste, der sich mit diesem Problem gewissenhaft und in langen Testreihen auseinandersetzte, war der britische Physiker James Prescott Joule (1818–1889). In den 40er Jahren des 19. Jahrhunderts führte er zahllose Versuche durch, in denen er jeweils eine Energieform in eine andere umwandelte. Er maß den ursprünglichen Energiegehalt sowie die Energie, die einschließlich der Wärme erzeugt wurde, und kam zu dem Schluß, daß bei diesen Vorgängen Energie weder verlorenging noch hinzukam. 1847 beschrieb er seine Experimente und Schlußfolgerungen, aber da er ein Amateurforscher war (von Beruf war er Brauer), wurde er nicht ernst genug genommen.

Doch im selben Jahr verkündete auch der deutsche Physiker Hermann L. F. von Helmholtz (1821–1894) die gleiche Schlußfolgerung. Er war Professor; seine Analyse der Theorie war außerdem mit solcher Sorgfalt durchgeführt, daß sie Aufmerksamkeit erweckte. Aus diesem Grund wird er gewöhnlich als derjenige betrachtet, der als erster den *Energieerhal-*

tungssatz formulierte. Dieser besagt, daß Energie weder erzeugt noch vernichtet werden kann, auch wenn sie ihre Form verändert. Man kann es auch so ausdrücken, daß der Gesamtgehalt der Energie im Universum konstant ist. Manche halten diesen Satz für das grundlegendste Naturgesetz überhaupt.

Da Studien zur Energie gewöhnlich auf die Untersuchung des Wärmeflusses beschränkt sind, wird die Wissenschaft von den Wechselbeziehungen zwischen Arbeit und Energie als *Thermodynamik* bezeichnet (nach griechischen Wörtern für »Wärmebewegung«). Der Energieerhaltungssatz wird auch als *Erster Hauptsatz der Thermodynamik* bezeichnet.

Die Bedeutung dieses Satzes (und aller ähnlicher Gesetze) liegt darin, daß sie dem Grenzen setzt, was möglich ist. Unabhängig davon, welches Phänomen beobachtet oder angenommen wird, muß man sich fragen: »Woher kommt die Energie, und wohin geht sie?« Läßt sich diese Frage nicht beantworten, so stimmt etwas nicht; dann ist entweder eine Annahme ungerechtfertigt, eine Beobachtung fehlerhaft oder eine Information unvollständig.

Andererseits lassen sich der Energieerhaltungssatz und andere ähnliche umfassende Verallgemeinerungen nicht beweisen. Wir können nur festhalten, daß bis jetzt noch keine Ausnahmen gefunden wurden. Vielleicht treten einmal ganz plötzlich und unerwartet Ausnahmen auf, die uns zwingen, dieses Gesetz zu überdenken, zu ändern, zu erweitern oder zu ersetzen. Aber auch nach eineinhalb Jahrhunderten ist der Energieerhaltungssatz bislang nicht ins Wanken geraten.

Trotz alledem sind selbst die unerschütterlichsten Gesetze der Naturwissenschaft korrekturbedürftig. Noch um 1900 wurde die Bedeutung der Kernenergie nicht entsprechend beachtet, so daß alle Überlegungen zur Energieerhaltung ohne sie lückenhaft waren. Da man zudem noch nicht verstand, daß Masse selbst eine sehr konzentrierte Form von

Energie ist, war das Wissen über die Energieerhaltung auch unter diesem Aspekt unvollständig. Die Physiker empfanden dies aber nicht als Mangel, denn in den wissenschaftlichen Studien des 19. Jahrhunderts spielten die Kernenergie und die Entsprechung von Energie und Masse noch keine bedeutende Rolle. Wir müssen deshalb begreifen, daß es auch heute noch entscheidende Aspekte des Universums geben könnte, über die wir nichts wissen, und die uns nach ihrer Entdeckung zwingen würden, unsere Vorstellungen neu zu überdenken. In der Wissenschaft gibt es nichts, was nicht weiter verbessert oder abgewandelt werden könnte – nicht einmal den Energieerhaltungssatz. Und dies ist eine der Eigenschaften, die das Spiel der Wissenschaft so ungeheuer interessant machen.

23. Ist es möglich, daß uns die Energie ausgeht?

Der Energieerhaltungssatz stellt klar, daß Energie nicht vernichtet werden kann. Das klingt so, als hätten wir immer genügend Energie zur Verfügung, um jede gewünschte Arbeit verrichten zu lassen. Da der Gebrauch von Energie diese schließlich nicht vernichtet, sondern höchstens umwandelt, sind wir in der Lage (so könnte man annehmen), sie in ihrer neuen Erscheinungsform einzusetzen und unendlich lange immer wieder umzuwandeln.
Leider funktioniert das nicht in dieser Weise. Nach wissenschaftlicher Erfahrung wird jedesmal, wenn man Energie zum Verrichten von Arbeit einsetzt, nur ein Teil der Energie dafür aufgewendet; der Rest wird in Wärme umgewandelt. Man kann die Wärme anschließend zwar für weitere Arbeit einset-

zen, aber nur, wenn sie ungleich verteilt ist, d. h., wenn es einen kalten und einen heißen Bereich gibt. Wenn dieser Unterschied genutzt wird, um Arbeit zu verrichten, verwandelt sich wiederum nur ein Teil der Energie in Arbeit; der Rest geht in Form von Wärme verloren, die nun gleichmäßiger verteilt ist als vorher. Sobald eine Wärmemenge absolut gleichmäßig verteilt ist, kann man keine weitere Arbeit mehr von ihr erhalten. Die Folge ist, daß wir bei jeder Energienutzung für Arbeit zum Schluß Energie vorfinden, die weniger nutzbar ist für weitere Arbeit. Energie insgesamt kann nicht vernichtet werden, aber die *freie Energie* – der Teil der Energie, der zum Verrichten von Arbeit verwendet werden kann – nimmt beständig ab.

Ein anderer Ansatzpunkt ist die Überlegung, daß die gesamte Energie – und nicht nur Wärme – ausschließlich dann Arbeit verrichten kann, wenn sie ungleich verteilt ist. Jedesmal, wenn wir Arbeit verrichten, verteilen wir die Energie ein wenig gleichmäßiger. Das Maß der gleichmäßigen Verteilung von Energie (das auch als *Unordnung* eines Systems definiert werden kann – je gleichmäßiger es verteilt ist, desto »unordentlicher« ist es) wird als *Entropie* bezeichnet. Je größer die Entropie ist, desto weniger Arbeit kann aus der Energie gewonnen werden. Man kann sich also ausmalen, wie die Welt sich langsam, aber unausweichlich erschöpft.

Alles, was wir tun, erhöht die Entropie des Universums. Tatsächlich wird die Entropie durch alle Vorgänge im Universum erhöht, selbst wenn Menschen nichts damit zu tun haben. Dieser kontinuierliche und unvermeidliche Anstieg der Entropie wird gewöhnlich als *Zweiter Hauptsatz der Thermodynamik* bezeichnet.

Der erste, der eine Ahnung von der Existenz dieses Gesetzes hatte, war der französische Physiker Nicholas L. S. Carnot (1796–1832), der 1824 ein Büchlein veröffentlichte, das seine Untersuchungen über die Fähigkeit von Dampfmaschinen zur Umwandlung der ungleichmäßigen Verteilung von Wärme in Arbeit enthielt. Im Detail untersucht wurde diese Frage aber erst ab 1850, als der deutsche Physiker Rudolf J. E. Clausius (1822–1888) als erster davon ausging, daß sich der Kosmos erschöpft.

Wenn aber die freie Energie ständig abnimmt und die Entropie immer weiter zunimmt, wie kommt es dann, daß sich das Universum auch nach Milliarden von Jahren seiner Existenz noch nicht erschöpft hat? Die Antwort lautet, daß das Universum mit einem so gewaltigen Vorrat an freier Energie ausgestattet wurde, daß auch nach Milliarden von Jahren nur ein Bruchteil davon aufgebraucht ist. Vielleicht wird das Universum irgendwann erschöpft sein, aber bis dahin sind es noch viele Milliarden Jahre, so daß wir uns noch keine unmittelbaren Sorgen zu machen brauchen – zumindest darüber. Obwohl wir heute viel mehr über das definitive Ende des Universums wissen als vor eineinhalb Jahrhunderten Clausius, wissen wir immer noch nicht so viel, wie wir gerne möchten. Wir haben heute weniger Gewißheit über den Wärmetod des Universums als damals Clausius und seine Anhänger.

24. Wie hoch ist die Temperatur im Erdinnern?

Nun können wir zur Erde zurückkehren und weitere Fragen stellen – beispielsweise nach der Temperatur, die tief unter der Erdoberfläche herrscht.

Man neigte schon immer zu der Vorstellung, daß die Erde unter ihrer Oberfläche heiß sei. Schließlich gibt es an verschiedenen Stellen auf der Erde heiße Quellen und die in ihrer Wildheit unübersehbaren Hinweise von Vulkanausbrüchen. Vielleicht waren es die Vulkane, die den Menschen in der Frühzeit die Vorstellung vermittelten, daß sich im Inneren der Erde die Hölle befinde, ein Ort immerwährenden Feuers, an dem die Seelen der Menschen, die man nicht mag, von einer rächenden und niemals vergebenden Gottheit in alle Ewigkeit gequält werden.

Es gibt zwar keine Hinweise auf die Existenz einer Hölle in den Tiefen der Erde, wohl aber darauf, daß der Mittelpunkt der Erde eine Region von großer und anscheinend ewigwährender Hitze ist. Als die Menschen anfingen, nach Dingen wie Gold und Diamanten zu graben, wurde schnell deutlich, daß die Temperatur anstieg, je weiter man in die Tiefe vordrang. In den tiefsten Minen ist die Temperatur selbst mit dem Einsatz von Klimaanlagen beinahe unerträglich.

Wenn man zur Grundlage nimmt, wie stark die Temperatur mit zunehmender Tiefe ansteigt, kann man davon ausgehen, daß im Inneren der Erde eine Temperatur von 5000 °C herrscht.

Da wir nun aber den Energieerhaltungssatz kennen, müssen wir auch fragen: Woher kommt die Energie, die diese Wärme erzeugt? Diese Frage wird noch beantwortet, allerdings erst später in diesem Buch, wenn ich zur Entstehung der Erde komme.

25. Warum kühlt die Erde nicht ab?

Selbst wenn wir uns einig sind, das Problem des Ursprungs der Hitze im Erdinneren zurückzustellen, können wir doch fragen, warum die Erde immer noch über diese Hitze verfügt. Nachdem sie bereits 4,6 Milliarden Jahre alt ist, warum ist sie dann nicht schon lange abgekühlt?

Nach den Gesetzen der Thermodynamik sollte Hitze immer von einer Zone mit hoher Temperatur in eine Zone mit niedriger Temperatur fließen. Sie sollte also vom heißen Zentrum der Erde zu deren kühler Oberfläche und von dort aus in den Weltraum strömen.

Nun empfängt die Erde zwar von der Sonne Wärme, die den Wärmeverlust an der Erdoberfläche ausgleicht, aber selbst mit der zusätzlichen Sonnenwärme beträgt die Durchschnittstemperatur auf der Erde nur 14 °C – und was ist das schon verglichen mit 5000 °C? Hitze sollte also immer noch vom superheißen Zentrum nach außen abfließen, bis der gesamte Planet die gleiche Temperatur wie die Oberfläche besitzt. Obwohl die Gesteinskruste der Erde ein guter Wärmeisolator ist – d. h., es fließt nur langsam Wärme hindurch, was den Prozeß der Abkühlung im Erdinneren beträchtlich verzögert –, reduziert sie den Wärmefluß nicht auf Null. Es sieht wahrlich so aus, als sei in 4,6 Milliarden Jahren mehr als genug Zeit zur Abkühlung gewesen, und dennoch bleibt die Erde ein sehr heißer Körper. Warum?

Es könnte sein, daß die Gesetze der Thermodynamik falsch sind, aber die Wissenschaftler wollen dies nur als allerletzten Ausweg annehmen. Zunächst mußten sie davon ausgehen, daß der Erde möglicherweise eine Energiequelle zur Verfügung stand, die sie nicht bedacht hatten. Dies stellte sich auch als zutreffend heraus.

Nach der Entdeckung der Radioaktivität bemerkte der französische Chemiker Pierre Curie (1859–1906), der Ehemann von Madame Curie, daß radioaktive Atome bei ihrem Zerfall Energie freisetzen müssen. Im Jahre 1901 maß er als erster diese Energie und stellte im wesentlichen fest, daß beim Zerfall eines Atoms von radioaktivem Material mehr Energie abgegeben wird als beim Verbrennen eines Benzin- oder bei der Explosion eines TNT-Moleküls. Damit hatte man eine

gewaltige neue Energieform entdeckt, die Kernenergie, deren Existenz die Wissenschaftler zuvor nicht einmal vermutet hätten.
Radioaktive Materialien geben ihre Energie so langsam ab, daß sie beim normalen Verlauf der Dinge nie bemerkt wird, aber dies geschieht über einen unglaublich langen Zeitraum. In den 4,6 Milliarden Jahren, seitdem die Erde besteht, sind erst die Hälfte des ursprünglichen Uranvorrats und nur ein Fünftel des ursprünglichen Thoriumvorrats zerfallen. Bei diesem Zerfallsprozeß haben das in den Gesteinsschichten der Erde enthaltene Uran und Thorium Wärme erzeugt, die zum Vorrat der Erde hinzugekommen ist und so deren Abkühlung verhindert hat. Wenn überhaupt, hat sich die Erde leicht erwärmt – ein Vorgang, der sich in den nächsten Milliarden Jahren weiter fortsetzen wird, obwohl er sich sehr langsam abschwächt.

26. Dreht sich der Himmel in einem Stück?

Es wird Zeit, daß wir uns dem Rest des Universums zuwenden, denn das wird uns helfen, noch ein paar weitere Fragen über die Erde zu stellen.
Im Altertum hielt man die Erde für das gesamte Universum (wenn man Himmel, Hölle und andere übernatürliche Bereiche beiseite läßt, die wissenschaftlich nicht beweisbar sind). Alles, was neben der Erde existierte, war der Himmel – blau am Tag, wenn die Sonne schien, und schwarz in der Nacht, wenn der Mond und eine Vielzahl von Sternen leuchteten. (Der Mond steht manchmal auch am Taghimmel und ist trotz des Sonnenscheins schwach zu sehen.)

Der Himmel sah aus wie ein festes Gewölbe, das die Erde einschloß, und wurde deshalb auch für ein solches gehalten. Für die Urmenschen, die glaubten, die Erde sei flach, war der Himmel eine abgeflachte, halbrunde Haube, die an allen Rändern zum Horizont hinunterreichte. Für diejenigen, die der Ansicht waren, die Erde sei eine Kugel, war der Himmel dagegen eine größere Kugel, die die Erde einschloß; ein dünnes, festes Gewölbe blieb der Himmel in dieser Vorstellung gleichwohl. Der biblische Ausdruck dafür ist *Firmament*, wobei die Vorsilbe *firm-* zeigt, daß man es für fest hielt; es ist nämlich die Übersetzung eines hebräischen Wortes, das eine dünne Metallplatte bezeichnet.

Ob nun metallisch oder nicht: Wenn der Himmel ein fester Körper wäre, müßte er sich mit allem, was sich darauf befindet, in einem Stück drehen. Aber ist das auch der Fall?

Heutzutage beobachten die Menschen den Himmel nur selten, denn die Großstädte, in denen viele von uns wohnen, sind nachts so hell erleuchtet, daß der Blick auf den Himmel weitgehend überdeckt wird. In früheren Zeiten war die Welt nachts aber richtig dunkel; bei klarem Nachthimmel, besonders dann, wenn der Mond nicht am Himmel stand, hatte man deshalb einen herrlichen Blick auf die funkelnden Sterne. Seeleute beobachteten den Nachthimmel, um ihre Schiffe nach den Sternen zu steuern. Astrologen beobachteten ihn, weil sie glaubten, sie könnten aus bestimmten Einzelheiten Schlüsse über die Zukunft von Nationen und einzelnen Menschen ziehen. Und manche beobachteten ihn einfach wegen seiner Schönheit. Wer die Sterne von Ländern wie Griechenland, Babylonien oder Ägypten aus beobachtete, der bemerkte, wie sich alle Sterne in einem Kreis rund um den Polarstern drehten. Sterne in der Nähe des Polarsterns zogen kleine Kreise und blieben jedesmal die ganze Nacht über am Himmel. Vom Polarstern weiter entfernte Sterne sanken auf ihrer

Kreisbahn unter den Horizont, tauchten anschließend aber wieder auf. Der entscheidende Punkt war, daß sie sich alle gemeinsam zu bewegen schienen. Die Sterne ergaben Muster, in denen phantasievolle Menschen etwa Tiere und andere Figuren (die *Sternbilder*) erkennen konnten und die Nacht für Nacht unverändert blieben, solange die Menschen auch hinaufschauten. Es schien, als seien die Sterne kleine glänzende Pailletten, die an den festen Himmel geheftet waren, so daß sie sich alle gemeinsam drehten und dabei an ihrem Platz »fixiert« blieben.

Aus diesem Grund werden sie als *Fixsterne* bezeichnet. Wer gute Augen hat, kann im Laufe der Nacht ungefähr 6000 davon erkennen. Ein paar sind recht hell, die meisten leuchten aber ziemlich schwach. Doch warum hat man sie Fixsterne genannt? Wenn alle Himmelskörper ihren festen Platz haben, warum soll man dann nicht selbstverständlich davon ausgehen und sie nur Sterne nennen? Das Problem dabei ist, daß einige Objekte keinen festen Platz am Himmel haben.

Eines davon ist der Mond. Er ist das auffälligste Objekt am Nachthimmel und muß bereits von prähistorischen Völkern genau studiert worden sein. Der Mond geht wie die Sterne im Osten auf und im Westen unter, aber er hängt ihnen gegenüber zurück. Man muß einfach bemerken, daß er seine Position im Verhältnis zu den Sternen verändert, sich dabei kontinuierlich von West nach Ost verschiebt und in $29^{1}/_{4}$ Tagen eine vollständige West-Ost-Drehung um den Himmel ausführt.

Die Sonne tut das gleiche, wenn auch langsamer. Natürlich kann man nicht ihre Position zwischen den Sternen sehen, wenn sie am Himmel steht, weil dann der Himmel blau ist und keine Sterne zu erkennen sind. Sobald die Sonne aber untergeht, erscheinen die Sterne, und wenn man den Himmel Nacht für Nacht beobachtet, stellt man fest, daß sich die

Sternbilder bei jedem neuen Sonnenaufgang ein wenig nach Westen verschieben. Die einfachste Möglichkeit, dieses Phänomen zu erklären, ist die Annahme, daß sich die Sonne wie der Mond von West nach Ost gegen die Sterne verschiebt und in 365 1/4 Tagen einen kompletten Kreis um den Himmel beschreibt.

Die Sonne und der Mond sind besondere Himmelskörper; sie sehen nicht aus wie die anderen Objekte am Himmel, sondern sind eher leuchtende Scheiben als Lichtpunkte. Es gibt jedoch fünf Objekte, die zwar wie (ungewöhnlich helle) Sterne aussehen, aber ihre Position gegenüber den übrigen Sternen verändern. Diese fünf Himmelskörper wurden erstmals um 3000 v. Chr. von den alten Sumerern studiert; sie erschienen so ungewöhnlich, daß sie die Namen von Göttern erhielten. Dieser Brauch hielt sich und wurde zuerst von den Griechen, dann von den Römern übernommen. Wir benutzen die römischen Götternamen noch immer und nennen diese fünf sternartigen Objekte Merkur, Venus, Mars, Jupiter und Saturn. Zusammen mit der Sonne und dem Mond stellen sie die Wandelsterne dar und wurden (nach dem griechischen Wort für »umherziehen«) als *Planeten* bezeichnet. (Heute gelten Sonne und Mond nicht mehr als Planeten; den Grund hierfür werde ich später noch erklären.)

Die sieben Planeten haben die Menschen schon immer gefesselt, weil ihre Bahnen von schlichten Gemütern als eine Art Code mit göttlichen Botschaften über die Zukunft angesehen wurden (was von skrupellosen Astrologen ausgenutzt wird, die gegen Geld wertlose Mitteilungen erstellen). Die Siebentagewoche wurde von den Babyloniern eingeführt, um an die sieben Planeten zu erinnern, und bis zum heutigen Tage sind in vielen europäischen Sprachen die Wochentage nach den einzelnen Planeten benannt. Im Englischen gibt es *sunday* (nach der Sonne), *monday* (nach dem Mond) und *saturday* (nach Saturn). Die anderen vier Tage sind nach nordischen Göttern benannt. Im Französischen sind die anderen vier Tage dagegen *mardi* (Mars), *mercredi* (Merkur), *jeudi* (Jupiter) und *vendredi* (Venus). Die Juden übernahmen die babylonische Woche und versuchten, ihr in den ersten zwei Kapiteln des Buches Genesis ein religiöses Gepräge zu geben; die Namen verweisen aber noch auf ihren heidnischen Ursprung. Da die sieben Planeten frei über den Himmel ziehen und sich nicht an seinem festen Gewölbe fixieren lassen, folgerten die alten Griechen, jeder der sieben Planeten müsse an einer eigenen Kugel befestigt sein, die sich zwischen dem Himmel (der äußersten Kugel mit den Sternen) und der Erde drehe. Da diese inneren Sphären nicht sichtbar waren, nahm man an, sie seien vollkommen durchsichtig, und bezeichnete sie (nach dem griechischen Wort für »durchsichtig«) als *kristalline Sphären*. Im Altertum lautete die Antwort auf die Frage, ob sich der Himmel in einem Stück drehe: Ja, aber mit ganz wenigen Ausnahmen. Wie wir beizeiten aber noch sehen werden, lagen sie damit völlig falsch.

27. Ist die Erde der Mittelpunkt des Universums?

Dies ist eine weitere Frage, die manch einem unsinnig erscheint. Für die Menschen des Altertums und des Mittelalters verstand es sich von selbst, daß die Erde der Mittelpunkt des Universums war. Schließlich bestand nach ihrem Verständnis die gesamte Welt nur aus der Erde und dem Himmel. Es schien, als sei der Himmel schon immer über uns gewesen, überall im gleichen Abstand, und wölbe sich über die Erde, wie sich deren Oberfläche krümmte. Der Himmel schloß die Erde ein, die sich im Zentrum befand. Wo also lag das Problem?

Der einzige Unsicherheitsfaktor waren die Planeten. Wo genau befinden sie sich zwischen Himmel und Erde? Da sie mit unterschiedlicher Geschwindigkeit auf ihren Bahnen ziehen, gelangten die Griechen zu folgender Annahme: Je schneller sich ein Planet gegen den Hintergrund der Sterne zu bewegen scheint, desto näher muß er an der Erde sein. Das entspricht auch der allgemeinen Erfahrung: Bei einem Pferderennen wirken die Pferde auf der Gegengerade der Rennbahn relativ langsam, aber wenn sie direkt an uns vorbeigaloppieren, sausen sie scheinbar schnell wie der Wind vorüber. Der gleiche Effekt läßt sich bei einem Autorennen beobachten. Ebenso scheint ein niedrig fliegendes Düsenflugzeug schnell voranzukommen, auch wenn dasselbe Flugzeug sehr langsam wirkt, wenn es mit der gleichen Geschwindigkeit viel höher fliegt.

Ausgehend von der Geschwindigkeit der Bewegung nahmen die Griechen also an, daß von allen Planeten der Mond der Erde am nächsten sei. Danach folgten – in dieser Reihenfolge – Merkur, Venus, die Sonne, Mars, Jupiter und Saturn. Jeder von ihnen hatte seine eigene kristalline Sphäre, so daß es insgesamt sieben waren; dahinter gab es eine achte, an der die Fixsterne befestigt waren.

Dies war zwar ein sehr hübsches Bild, konnte das Problem mit den Planeten aber nicht völlig lösen. Die Menschen im Altertum mußten die genaue Bahn der Planeten kennen, wenn die Astrologie funktionieren sollte. Die Astrologen (von denen im Altertum die meisten auch hinter ihren Überzeugungen standen) mußten diese Bahnen sehr sorgfältig untersuchen und begründeten dabei die wirkliche Wissenschaft von den Sternen, die *Astronomie*.

Selbst in vorgeschichtlicher Zeit studierten die Menschen den Himmel genau. So war das heute als Stonehenge bekannte steinerne Bauwerk im Südwesten Englands, das um 1500 v. Chr. errichtet wurde, möglicherweise ein Hilfsmittel, um die zukünftige Bahn der Sonne und des Mondes zu bestimmen.
Die Sterne bewegen sich kontinuierlich und gleichmäßig. Wenn dies auch auf die Planeten zuträfe, wäre es kein Problem, ihre künftige Position herauszufinden (und es gäbe keine Astrologie, denn der durch ihre Bahn dargestellte Code wäre zu einfach, um sich darüber Gedanken zu machen). Aber die Planeten bewegen sich nicht kontinuierlich und gleichmäßig. Der Mond zieht die eine Hälfte seiner Himmelsbahn etwas langsamer als die andere Hälfte, und das gleiche gilt, wenn auch in geringem Maße, für die Sonne.
Mit den anderen Planeten verhält es sich noch komplizierter. Im allgemeinen wandern sie gegenüber den Fixsternen von West nach Ost (was als *Rechtläufigkeit* bezeichnet wird). Doch immer wieder einmal stockt ihre Bewegung, und ihre Richtung kehrt sich dann tatsächlich um, von Ost nach West (was als *Rückläufigkeit* bezeichnet wird), bevor sie sich wieder rechtläufig bewegen. Jeder Planet hat seinen eigenen Ablauf von rechtläufiger und rückläufiger Bewegung, und jeder hat auch hellere und dunklere Phasen.
Die Methoden, mit denen man berechnete, wo sich bestimmte Planeten zu einem bestimmten Zeitpunkt befinden würden, wurden durch diese Abläufe erheblich kompliziert. Eine Reihe von griechischen Astronomen entwickelte ein System der Planetenbahnen, wobei sie davon ausgingen, daß sich verschiedene Planeten auf kleinen Sphären bewegten, deren Mittelpunkte sich zwar wiederum auf größeren Sphären bewegten, zum Teil aber etwas verschoben waren, und so weiter. Es war tatsächlich alles sehr kompliziert. Das System wurde um 150 n. Chr. von dem griechischen Astronomen Claudius

Ptolemäus (um 100–170) in einem Buch zusammengefaßt. Der mathematische Aufbau des Universums, mit der Erde in der Mitte und verschiedenen Sphärensystemen um sie herum, wird ihm zu Ehren als *ptolemäisches* oder als *geozentrisches* Weltbild bezeichnet (griechisch für »Erde als Mittelpunkt«). 1700 Jahre lang wurde es praktisch ausnahmslos akzeptiert, und kaum jemand hätte auch nur im Traum daran gedacht, es in Frage zu stellen. Falsch war es allerdings trotzdem.

28. Also noch einmal: Ist die Erde der Mittelpunkt des Universums?

Ein paar mutige Denker gab es doch, die die allgemein anerkannte Theorie von der Erde als Mittelpunkt des Universums anzweifelten. Der erste namentlich bekannte Mensch, der vermutete, daß sich die Erde nicht selbst im Zentrum des Universums befand, sondern um ein anderes Objekt herum – das den Mittelpunkt darstellte – durch den Weltraum bewegte, war der griechische Philosoph Philolaos (480–? v. Chr.). Um 450 v. Chr. stellte er die Hypothese auf, daß sich die Erde, zusammen mit allen Planeten und der Sonne, um ein unsichtbares zentrales Feuer bewege, das man nur aufgrund seiner Widerspiegelung in der Sonne erkennen könne. Diese Theorie wurde weder durch Beweise noch durch logische Schlüsse untermauert, so daß niemand sie ernst nahm.

Ein Jahrhundert später, um 350 v. Chr., stellte der griechische Astronom Herakleides Pontikos (388–310 v. Chr.) eine vernünftigere Theorie auf. Er bemerkte, daß sich die Planeten nie sehr weit von der Sonne entfernten, sondern sich erst ein Stück wegbewegten, dann umkehrten, wieder ein Stück in die andere

Richtung wanderten, erneut umkehrten und diesen Vorgang ständig wiederholten. Er glaubte daher, daß sich Merkur und Venus um die Sonne drehten und die Sonne ihrerseits mit Merkur und Venus im Schlepptau um die Erde kreiste. Diese Theorie hatte zwar einiges für sich, aber sie war für die meisten griechischen Astronomen nicht akzeptabel, die den Grundsatz festgelegt hatten, daß sich die Erde im Zentrum des Universums befand und alles andere ausnahmslos um sie kreiste.
Um 260 v. Chr. stellte der griechische Astronom Aristarch (um 310 – um 230 v. Chr.) eine noch radikalere These auf. Sie entsprang seinem Versuch, die Entfernung von der Sonne zu messen. Bei Halbmond befinden sich Mond, Erde und Sonne an den Endpunkten eines rechtwinkligen Dreiecks (ich werde ein wenig später noch mehr darüber zu sagen haben). Es ist genau die Art von Dreieck, mit der sich die Trigonometrie befaßt; wenn man die genaue Größe der Winkel des Dreiecks kennt, kann man mit Hilfe trigonometrischer Methoden bestimmen, um wieviel die Sonne weiter als der Mond entfernt ist. Leider hatte Aristarch keine Instrumente zur Verfügung, die es ihm erlaubt hätten, die Winkel genau zu messen, und so lagen seine Schätzungen weit daneben. Trotzdem gelangte er zu dem Schluß, die Sonne müsse zwanzigmal so weit von der Erde entfernt sein wie der Mond. Da die Sonne am Himmel genauso wie der Mond erschien, obwohl sie zwanzigmal so weit entfernt war, mußte sie auch zwanzigmal größer sein.
Aufgrund dieser Ergebnisse schätzte er, daß der Durchmesser der Sonne siebenmal so groß sei wie der Erddurchmesser. Das war eine viel zu geringe Schätzung, aber sie genügte, um Aristarch von der Lächerlichkeit der Annahme zu überzeugen, daß eine riesige Sonne eine kleine Erde umkreise. Statt dessen nahm er an, daß sich die Erde und alle anderen Planeten um die Sonne drehten.

Aristarch war der erste Mensch, von dem wir wissen, daß er die Sonne und nicht die Erde für den Mittelpunkt des Universums hielt (diese Vorstellung wird, nach den griechischen Wörtern für »Sonne als Mittelpunkt« als *heliozentrisches* Weltbild bezeichnet), aber es brachte ihm keinen Vorteil ein. Kaum ein Astronom nahm diesen Gedanken ernst.

Im Laufe der Jahrhunderte wurden die Astronomen trotzdem ein wenig entmutigt durch die komplexe Mathematik, die zum Verständnis des geozentrischen Weltbilds notwendig war. 1252 ordnete König Alfons X. von Kastilien die Erstellung neuer Planetentafeln an, die ihm zu Ehren *Alfonsinische Tafeln* genannt wurden. Verärgert sagte er: »Wenn der liebe Gott mich bei der Schöpfung um Rat gefragt hätte, hätte ich ein einfacheres System des Universums vorgeschlagen.« Im 16. Jahrhundert kam der deutsch-polnische Astronom Nikolaus Kopernikus (1473–1543) auf den Gedanken, daß es in der Tat ein einfacheres Modell des Universums gab – das von Aristarch vorgeschlagene heliozentrische Weltbild.

Aristarch hatte die Idee nur formuliert, aber keine Folgerungen daraus gezogen. Kopernikus dagegen verfolgte sie weiter und zeigte, daß ein heliozentrisches System die Rückläufigkeit der Planeten genauso problemlos erklären konnte wie die Tatsache, daß diese periodisch heller und dunkler wurden. Was aber noch entscheidender war: Das heliozentrische System machte es bedeutend einfacher, Planetentafeln zu berechnen.

Kopernikus zögerte mit der Veröffentlichung seiner Arbeit, weil er wußte, daß er mit der kirchlichen Obrigkeit in Konflikt geraten würde, die dem geozentrischen Weltbild verhaftet war und glaubte, auch die Bibel stütze diese Theorie. Sein handgeschriebenes Manuskript machte jedoch unter Astronomen die Runde und wurde 1543, in seinem Todesjahr, veröffentlicht. (Selbst in einem heliozentrischen Weltbild ist die

Erde nicht ganz als Mittelpunkt entthront; wenigstens der Mond umkreist nämlich die Erde.)

Der erste, der Planetentafeln anhand des heliozentrischen Modells berechnete, war der deutsche Astronom Erasmus Reinhold (1511–1553). Die Tafeln wurden 1551 unter der Schirmherrschaft des Herzogs Albert von Preußen veröffentlicht und deshalb *Tabulae Prutenciae* (Preußische Tafeln) genannt. Doch obwohl sie viel besser als die damals schon drei Jahrhunderte alten Alfonsinischen Tafeln waren, gab die alte Garde nicht auf. Die meisten Astronomen wollten am geozentrischen Weltbild festhalten, weil sie nicht glauben konnten, daß die Erde durch den Weltraum flog. Einige vertraten die Auffassung, daß das heliozentrische Weltbild zwar zu besseren Planetentafeln führe, aber trotzdem nur ein schlaues mathematisches Hilfsmittel sei, was nicht bedeute, daß sich die Erde *wirklich* um die Sonne drehe.

Der Streit ging noch ein halbes Jahrhundert lang weiter, bis ihn Galilei und sein Teleskop beilegten. 1610 betrachtete er den Planeten Jupiter und bemerkte, daß dieser vom Teleskop zu einer kleinen Lichtscheibe erweitert wurde. Dieser Anblick war der erste Hinweis darauf, daß der Jupiter tatsächlich eine Welt sein konnte. Zudem besaß er vier kleinere Welten, die ihn eindeutig so umkreisten wie der Mond die Erde. Solche Nebenwelten wurden (nach einem lateinischen Wort für »Leibwächter, Begleiter«) *Satelliten* getauft. Der Mond ist der Satellit der Erde, und Galilei hatte vier Satelliten des Jupiters entdeckt.

Die Bedeutung dieser Entdeckung lag seinerzeit darin, daß zumindest vier Himmelskörper offenbar *nicht* die Erde, sondern statt dessen den Jupiter umkreisten. Das bedeutete, daß die Erde mit Sicherheit nicht der Mittelpunkt von *allem* war.

Natürlich konnte man einwenden, daß der Jupiter die Erde umkreise und dabei seine vier Satelliten mit sich führe, doch dann studierte Galilei den Planeten Venus. Wenn die Venus – nach der alten geozentrischen Theorie – ein dunkler Himmelskörper war, der nur durch reflektiertes Licht erstrahlte, so mußte sie in einer Position zwischen Sonne und Erde stehen, daß sie immer als Sichel zu sehen war. Falls die heliozentrische Theorie stimmte, mußte die Venus wie unser Mond alle Phasen von der Sichel bis zur runden Scheibe durchlaufen. Und genau dies tat die Venus, wie Galilei herausfand.

Durch diese Entdeckung wurde das heliozentrische Weltbild nun im wesentlichen etabliert. Die Planeten einschließlich der Erde umkreisen die Sonne, und die Bezeichnung *Planeten* war ausschließlich für solche Himmelskörper reserviert. Mit anderen Worten: Die Sonne war kein Planet; sie war der Mittelpunkt. Der Mond war kein Planet, weil er die Erde umkreiste. Die Erde hingegen *war* ein Planet. Mit der Sonne als Mittelpunkt gab es damit nun sechs bekannte Planeten, die in dieser Reihenfolge um sie kreisten: Merkur, Venus, Erde (mit dem Mond), Mars, Jupiter (zusammen mit vier Satelliten) und Saturn. Für all diese Himmelskörper zusammen sollte sich der Ausdruck *Sonnensystem* einbürgern.

Die Anhänger des alten Systems versuchten dagegen einzuwenden, daß alles, was man durch das Teleskop sah, eine optische Täuschung sei, aber das rief nur Gelächter hervor. 1633 griff die katholische Kirche zu Zwangsmaßnahmen und ließ Galilei (unter Androhung von Folter) erklären, daß sich die Erde nicht drehe, doch ein Beweis war dies nicht. Die Vorstellung von einem Sonnensystem, das aus Planeten (darunter die Erde) besteht, die um die Sonne kreisen, ist seit der Zeit Galileis von allen gebildeten Menschen akzeptiert worden.

Natürlich warf das heliozentrische Weltbild einige Fragen auf. Die Sonne scheint einer Kreisbahn über den Himmel zu folgen, die in einem Winkel zum Äquator der Erde verläuft und auf diese Weise die Jahreszeiten mit sich bringt. Wie funktioniert das in einem heliozentrischen System? Wenn die Erdachse senkrecht zu der Ebene stünde, auf der die Erde um die Sonne kreist, müßte die Sonne scheinbar direkt über dem Äquator über den Himmel wandern. Aber die Erdachse ist gegenüber der Senkrechten um 23,5° geneigt – ein Neigungswinkel, der während des gesamten Umlaufs des Planeten um die Sonne konstant bleibt. Dies bedeutet, daß während einer Hälfte des Umlaufs das Nordende der Erdachse zur Sonne hin geneigt ist und die Mittagssonne damit nördlich des Äquators scheint. Während der anderen Hälfte neigt sich das Nordende von der Sonne weg, so daß die Mittagssonne südlich des Äquators scheint. Dies erklärt genau das scheinbare Ansteigen und Absinken der Mittagssonne und den Zyklus der Jahreszeiten. Die wichtigen Abschnitte der Zeitmessung lassen sich nun als astronomische Erscheinung erkennen: Ein Tag ist der Zeitraum, in dem sich die Erde einmal um ihre eigene Achse dreht; ein Monat ist die Periode, in der sich der Mond um die Erde dreht, und ein Jahr ist der Zeitabschnitt, den die Erde für einen Umlauf um die Sonne benötigt.

29. Läßt sich das kopernikanische Weltbild noch verbessern?

Jede wissenschaftliche Auffassung oder Theorie kann verbessert werden; in der Wissenschaft hört das Streben nach Vervollkommnung niemals auf. Das kopernikanische Weltbild unterscheidet sich nicht sehr vom ptolemäischen. Es verlagert lediglich den Mittelpunkt des Universums von der Erde zur Sonne; um die Sonne herum befinden sich aber immer noch die alten kristallinen Sphären. Nun ist die Erde nicht mehr von sieben planetarischen Sphären umgeben, um die sich die achte und äußerste Sphäre mit den Sternen schließt, sondern die Sonne befindet sich im Mittelpunkt von sechs kristallinen Sphären und einer siebten und äußersten für die Sterne, während der Mond eine eigene, zusätzliche Sphäre besitzt, mit der er die Erde umschließt. Die Berechnung der Tafeln blieb recht kompliziert; obwohl die Ergebnisse leichter zu erhalten und genauer als vorher waren, gab es weiterhin viele Schwierigkeiten.

Der dänische Astronom Tycho Brahe (1546–1601) verbrachte viel Zeit damit, die Positionen der Planeten zu studieren. Er baute das erste bedeutende astronomische Observatorium der Neuzeit und entwarf Instrumente für die Bestimmung der Planetenpositionen. Er besaß jedoch keine Teleskope, die noch nicht erfunden waren. Trotzdem bestimmte er die Position von Planeten, besonders diejenigen des Mars, genauer, als es jemals zuvor gelungen war. Er glaubte, seine Berechnungen könnten die Erstellung genauerer Planetentafeln ermöglichen. Auch wenn er starb, bevor er diese Tafeln erstellen konnte, so hinterließ er die Zahlen doch seinem Schüler, dem deutschen Astronomen Johannes Kepler (1571–1630).

Kepler arbeitete jahrelang mit diesen Zahlen und fand keine Kreisbahnen, die mit der Position der Planeten genau übereinstimmten. Dann fiel ihm plötzlich auf, daß er die Positionen des Mars bemerkenswert gut traf, wenn er statt dessen eine Ellipse (eine Art gedehnten Kreis) verwendete. Die Ellipse hat wie der Kreis einen Mittelpunkt, besitzt aber zusätzlich zwei Punkte, die sogenannten *Brennpunkte*, die sich beiderseits des Mittelpunkts auf dem größten Durchmesser befinden. Diese Brennpunkte liegen so, daß die Summe der beiden Abstände zwischen jedem beliebigen Punkt auf der Ellipse und den beiden Brennpunkten jeweils die gleiche Länge ergibt. Je länglicher die Ellipse ist, desto weiter sind die beiden Brennpunkte vom Mittelpunkt entfernt. Kepler konnte 1609 zeigen, daß sich jeder Planet auf einer elliptischen Bahn um die Sonne bewegt, wobei die Sonne in einem der Brennpunkte der Ellipse steht. Ebenso bewegt sich der Mond auf einer Ellipse um die Erde, wobei sich die Erde in einem der Brennpunkte befindet. Dies wird als das Erste Keplersche Gesetz bezeichnet. Es besagt, daß sich ein Planet an einem Ende seiner Umlaufbahn (oder seinem *Orbit* nach dem lateinischen Wort für »Kreis«, auch wenn es sich um keine Kreisbahn handelt) näher an der Sonne befindet als am anderen Ende und daß der Mond an einem Ende seiner Umlaufbahn näher an der Erde ist als am anderen Ende. Das Erste Keplersche Gesetz räumte endlich mit der Vorstellung von den kristallinen Sphären auf, die zweitausend Jahre lang ein Bestandteil der Astronomie gewesen waren.

Kepler entwickelte auch ein Verfahren, um zu berechnen, wie sich die Geschwindigkeit eines Planeten mit seiner Entfernung von der Sonne verändert. Je näher sich der Planet bei der Sonne befindet, desto schneller bewegt er sich laut einer speziellen mathematischen Relation (Zweites Keplersches Gesetz). Im Jahre 1619 erstellte Kepler dann eine Formel, die angibt, wie lange es dauert, bis ein Planet einmal die Sonne umkreist, wenn er sich in einem bestimmten Abstand von der Sonne befindet (Drittes Keplersches Gesetz). Die Keplerschen Gesetze der Planetenbewegung eröffneten die Möglichkeit, ein Modell des Sonnensystems zu entwickeln, das genau zeigte, welche Ellipse jeder Planet hat und wie die Entfernungen der Planeten zur Sonne miteinander in Beziehung stehen.

Wenn die kristallinen Sphären nicht existierten, mußten sich die Menschen natürlich fragen, was die Planeten auf ihrer

Bahn hielt. Warum zogen sie nicht einfach in den Weltraum davon? Dieses Dilemma wurde von dem englischen Wissenschaftler Isaac Newton (1642–1727) gelöst, der die Bewegungsgesetze und eine allgemeine Gravitationstheorie entwickelte. Er erklärte, daß jeder Himmelskörper jedes andere Objekt nach einer einfachen mathematischen Formel anzieht. Diese Formel untermauerte eindrucksvoll die Keplerschen Gesetze und erklärte, was die Planeten auf ihrer Umlaufbahn hielt. Das von Kepler skizzierte Bild des Sonnensystems wird im Grundsatz heute noch verwendet; die Wissenschaftler sind auch recht zufrieden damit, daß in Zukunft keine größeren Veränderungen mehr nötig sein werden.

30. Wie entstand die Erde?

Nachdem wir nun eine genaue Vorstellung vom Sonnensystem haben, können wir auch fragen, wie die Erde entstanden ist. Es ist nicht möglich, die Entstehung der Erde isoliert zu betrachten, denn wie wir noch sehen werden, muß sie als Teil von etwas Größerem entstanden sein, nämlich als Teil des Sonnensystems insgesamt. Was geschah also vor 4,6 Milliarden Jahren, das zur Entstehung der Erde – und des Sonnensystems überhaupt – führte?
Einer, der diese Frage aufgriff, ohne sich dabei auf die alte biblische Legende zu beziehen (für die es selbstverständlich keine wissenschaftlichen Beweise gibt), war der französische Naturforscher Georges Louis de Buffon (1707–1788), der das Alter der Erde auf 75 000 Jahre schätzte. 1749 überlegte Buffon, daß die Planeten, einschließlich der Erde, zur riesigen Sonne etwa in der gleichen Beziehung stünden wie Küken zur

Mutterhenne. Vielleicht, so spekulierte er, war dann die Erde aus der Sonne geboren worden.

Buffon ging von einem Zusammenstoß der Sonne mit einem anderen großen Himmelskörper aus und stellte sich vor, der Einschlag habe ein großes Stück der Sonne herausgelöst, das daraufhin abgekühlt und zur Erde geworden sei. Die Hypothese war interessant, erklärte aber weder die Existenz der anderen Planeten noch die Entstehung der Sonne; sie nahm einfach an, daß die Sonne schon da war.

Eine bessere Erklärung war notwendig. Nachdem Kepler sein Modell vom Sonnensystem entworfen hatte, war klar, daß es irgendwie eine Einheit darstellte. Alle Planeten bewegen sich fast in der gleichen Ebene (so daß das gesamte Modell des Sonnensystems in eine riesige Pizza-Schachtel passen würde), und sie kreisen alle in der gleichen Richtung um die Sonne, nicht anders als der Mond um die Erde und die Jupitermonde um den Jupiter. Außerdem drehen sie sich wie die Sonne alle in der gleichen Richtung um ihre eigene Achse. Die Astronomen vertraten die Ansicht, das Sonnensystem würde nicht diese Ähnlichkeiten aufweisen, wenn es nicht sozusagen in einem Stück entstanden wäre.

Die erste Theorie, die sich mit der Entstehung des Sonnensystems und nicht nur mit der Entstehung der Erde befaßte, war eine Folge der Erkenntnis, daß der Sternenhimmel mehr enthielt als nur Sterne. Im Jahre 1611, als das Teleskop gerade erst erfunden worden war, entdeckte der deutsche Astronom Simon Marius (1573–1624) einen leuchtenden Nebelfleck im Sternbild Andromeda, der als *Andromedanebel* bezeichnet wurde. 1694 entdeckte Huygens (der Erfinder der Pendeluhr) einen leuchtenden Nebelfleck im Sternbild Orion, den *Orionnebel*. Man fand auch noch weitere Nebel.

Es schien möglich, daß es sich bei solchen leuchtenden Wolken um riesige Zusammenballungen von Staub und Gas handelte, die sich noch nicht zu Sternen verdichtet hatten, und daß vielleicht alle Sterne aus Nebeln hervorgegangen waren. 1755 veröffentlichte der deutsche Philosoph Immanuel Kant (1724–1804) ein Buch, in dem er genau diese Theorie vertrat. Er glaubte, daß ein Nebel durch seine eigene Gravitationskraft langsam und spiralförmig zusammengezogen werde. Der zentrale Bereich werde zu einem Stern, während sich die äußeren Bereiche zu dessen Planeten entwickelten. Diese Theorie schien zu erklären, warum sich alle Planeten in der gleichen Ebene bewegen und sich in der gleichen Richtung drehen.

Im Jahre 1798 beschrieb der französische Astronom Pierre Simon de Laplace (1749–1827), der die früher entstandene Arbeit Kants möglicherweise gar nicht gelesen hatte, denselben Gedanken, ging in seinem Buch aber weiter ins Detail. Er stellte sich vor, daß sich der Nebel langsam zusammenzog, wobei der Wirbel allmählich schneller wurde. Diesen Gedanken mußte Laplace nicht erst selbst entwickeln; die Kontraktion ist die Folge der Anziehungskraft, von der wir wissen, daß sie innerhalb des Sonnensystems wirkt. Die beschleunigte Rotation der Nebel beim Zusammenziehen ergibt sich aus dem *Drehimpulserhaltungssatz*, einem Effekt, den jeder Schlittschuhläufer kennt, der eine Pirouette dreht und dann schneller wird, wenn er seine Arme näher an den Körper heranzieht. Als sich die Nebel zusammenzogen und der Strudel immer schneller wurde, bauchten sich ihre zentralen Bereiche aus und lösten sich ab. Auch dieser Vorgang muß nicht erst theoretisch postuliert werden; er ist das Ergebnis der *Zentrifugalkraft*, die aus Beobachtungen und Experimenten auf der Erde recht gut bekannt ist. Laplace nahm an, daß sich der abgelöste Teil zusammenzog und einen Planeten bildete. Die inneren Teile verdichteten sich weiter, so daß ein anderer Planet entstand, dann ein weiterer – und bald drehten sich alle in der gleichen Richtung. Was von dem inneren Bereich zuletzt noch übrig war, wurde zur Sonne. Da Kant und Laplace eine sich zusammenziehende Wolke als Ausgangspunkt gewählt hatten, wird diese Idee von der Entstehung des Sonnensystems als *Nebularhypothese* (nach dem lateinischen Wort *nebula* für Wolke) bezeichnet. (Eine Hypothese ist eine Annahme, die nicht die gleiche Beweiskraft hat wie eine Theorie.)

Ein Jahrhundert lang waren die Astronomen mit der Nebularhypothese mehr oder weniger zufrieden, doch leider hielt sich diese Zufriedenheit nicht. Die Schwierigkeiten ergaben sich aus dem *Drehimpuls*. Der Drehimpuls bezeichnet die Größe des Spins eines Körpers, der einerseits von der Drehung des Körpers um seine eigene Achse und andererseits von seiner Drehung um einen anderen Körper abhängt. Der Planet Jupiter, der sich sowohl um seine eigene Achse als auch um die Sonne dreht, hat den dreißigfachen Drehimpuls der Sonne, die ein viel größerer Himmelskörper ist. Alle Planeten zusammen haben fast den fünfzigfachen Drehimpuls der Sonne. Wenn aber das Sonnensystem ursprünglich eine einzige Wolke mit einem bestimmten Drehimpuls war, wie konzentrierte sich fast der gesamte Impuls in den kleinen Materiestückchen, die sich ablösten und zu den Planeten wurden? Die Astronomen fanden keine Antwort darauf und machten sich deshalb auf die Suche nach anderen Erklärungen.

Im Jahre 1900 kehrten zwei amerikanische Wissenschaftler, Thomas Chrowder Chamberlin (1843–1928) und Forest Ray Moulton (1872–1952), zu einer Variante von Buffons Idee zur Entstehung der Erde zurück. Sie erklärten, ein anderer Stern habe vor langer Zeit die Sonne passiert; die Anziehungskraft zwischen den beiden habe dabei aus jedem Stern Materie herausgezogen. Als sich die Sterne wieder trennten, habe diese Materie durch die Anziehungskraft eine Drehbewegung erhalten und sei in Schwung gekommen, so daß den Planeten ein kräftiger Drehimpuls mitgegeben wurde. Nach der endgültigen Trennung habe sich die Materie zu kleinen, festen Körpern verdichtet, die noch weiter miteinander kollidierten und sich zu Planeten zusammenschlossen. Die beiden Sterne, die ohne Begleiter zusammengetroffen seien, entfernten sich wieder mit je einer ganzen Familie von Planeten. Diese Erklärung wurde als *Planetesimalhypothese* bezeichnet.

Ein Unterschied zwischen den beiden Theorien ist von besonderer Bedeutung. Wenn die Nebularhypothese zutrifft, kann jeder Stern zusammen mit Planeten entstehen. Wenn die Planetesimalhypothese zutrifft, hätten nur diejenigen Sterne Planeten, die vorher an einem Beinahezusammenstoß beteiligt waren, aber die Sterne sind so weit voneinander entfernt und bewegen sich im Verhältnis zu den Abständen zwischen ihnen so langsam, daß Beinahezusammenstöße äußerst selten sein dürften. Die Frage lautet also, ob es sehr viele Planetensysteme gibt, die für die Nebularhypothese sprechen, oder nur sehr wenige, die die Planetesimalhypothese stützen.

Auch die Planetesimalhypothese wurde schließlich unhaltbar. In den 20er Jahren dieses Jahrhunderts zeigte der britische Astronom Arthur Stanley Eddington (1882–1944), daß das Innere der Sonne viel heißer war, als man vermutet hatte. (Darüber wird später noch mehr zu sagen sein.) Der Sonne (oder einem anderen Stern) entzogenes Material wäre so heiß, daß es sich nicht zu Planeten verdichten, sondern über den Weltraum verteilen würde. Der amerikanische Astronom Lyman Spitzer jr. (geb. 1914) konnte dies 1939 überzeugend nachweisen.

Im Jahre 1944 kehrte der deutsche Physiker Carl Friedrich von Weizsäcker (geb. 1912) zur Nebularhypothese zurück, verbesserte sie aber. Er nahm an, daß die Spiralnebel kleinere Wirbel ausbildeten, die zunächst Planetesimale und später

Planeten erzeugten. Astronomen konnten damals bereits elektromagnetische Effekte in den Nebeln (die zu Laplaces Zeit noch nicht bekannt waren) berücksichtigen, um zu erklären, wie Drehimpuls von der Sonne auf die Planeten übertragen wurde.

Die Entstehung der Planeten aus kleinen Himmelskörpern erklärt übrigens die Hitze im Erdinneren. Die kleinen Körper bewegen sich schnell und haben eine enorme kinetische Energie, aber wenn sie zusammenprallen, kommen sie abrupt zum Stillstand, wobei die kinetische Energie zu Hitze wird. Bei der Entstehung eines Planeten ist die Hitze gewaltig, die durch all das Abbremsen der Bewegung erzeugt wird, weshalb der Erdkern bis zu 5000 °C heiß sein könnte. Je größer ein Planet ist, desto mehr kinetische Energie ist bei seiner Entstehung naturgemäß in Wärme umgewandelt worden, und desto heißer muß es in seinem Inneren sein. Je kleiner ein Planet ist, desto weniger kinetische Energie war ursprünglich in den Ausgangskörpern enthalten, und desto kühler muß er in seinem Inneren sein. So ist der Mond in seinem Kern zweifellos viel kälter als 5000 °C, denn er ist auch kleiner als die Erde. Dagegen muß Jupiter, der viel größer als die Erde und der größte Planet im Sonnensystem überhaupt ist, um einiges heißer sein. Einige Schätzungen siedeln die Temperatur im Inneren des Jupiters bei 50 000 °C an. Vorläufig ist die neue Variante der Nebularhypothese also recht zufriedenstellend.

31. Ist die Erde ein Magnet?

Da wir elektromagnetische Erscheinungen im Zusammenhang mit der Entstehung des Sonnensystems erwähnt haben, könnte es so aussehen, als besäßen die einzelnen Körper dieses Systems magnetische Eigenschaften. Wäre es somit möglich, daß die Erde ein Magnet ist? Über diese Frage haben sich die Gelehrten in der Tat jahrhundertelang den Kopf zerbrochen.

Die Eigenschaft verschiedener Stoffe, Eisen anzuziehen, wurde nachweislich erstmals um 550 v. Chr. von Thales (um 636 – um 546 v. Chr.) beschrieben. Er schilderte sie im Zusammenhang mit einem Stein, der in der Nähe der Stadt Magnesia in Kleinasien gefunden worden war; hieraus leitete sich die Bezeichnung *Magnet* ab. Magneten blieben so lange eine bloße Kuriosität, bis die Chinesen entdeckten, daß sich magnetisierte Nadeln, wenn sie sich frei drehen können, immer in Nord-Süd-Richtung ausrichteten. Im Jahre 1180 wurde ein solcher magnetischer Kompaß von dem englischen Gelehrten Alexander Neckam (1157–1217) erwähnt. Er wurde schließlich dazu verwendet, Schiffe über den Ozean zu steuern, und führte zum Zeitalter der großen Entdeckungen, das um 1420 einsetzte.

Der französische Gelehrte Petrus Peregrinus (um 1240–?) war 1269 der erste, der Magneten systematisch untersuchte. Er fand unter anderem heraus, daß jeder Magnet Pole mit gegensätzlichen magnetischen Eigenschaften besitzt; diese werden gewöhnlich als *magnetischer Nordpol* und *magnetischer Südpol* bezeichnet. Der Nordpol eines Magneten zieht den Südpol eines anderen Magneten an, während sich zwei Nord- oder Südpole gegenseitig abstoßen. Aber warum sollte ein magnetischer Nordpol nach Norden zeigen? War die Erde selbst ein riesiger Magnet? Diese Möglichkeit wurde von dem englischen Wissenschaftler William Gilbert (1544–1603) unter die Lupe genommen, der aus einem Magneteisenstein – die magnetische Substanz, die Thales als erster untersuchte – eine Kugel formte. 1600 veröffentlichte er ein Buch, in dem er beschrieb, wie ein Magnetkompaß in der Umgebung dieser magnetisierten Kugel reagierte. Er zeigte auf, daß sich der Kompaß hier nicht anders verhielt als im Zusammenhang mit der Erde. Es schien also tatsächlich, als müsse die Erde ein Magnet sein.

Aber warum? Eine Möglichkeit war, daß es ein riesiges Stück aus einer magnetischen Substanz im Erdinneren gab, das nach Norden und Süden zeigt. Dies schien die Lösung zu sein, nachdem man vermutete, die Erde könne einen Eisenkern haben. Doch 1895 entdeckte Pierre Curie, daß Eisen bei Temperaturen von mehr als 760 °C seine magnetischen Eigenschaften verlor. Da die Temperatur im Erdinneren mit großer Wahrscheinlichkeit deutlich über diesem Wert liegt, kann der Erdkern offensichtlich kein Magnet im herkömmlichen Sinne sein.

Trotzdem kann heißes, flüssiges Eisen elektrischen Strom leiten, und wenn es Eisenwirbel gibt, würde der sich mitdrehende Strom ein Magnetfeld erzeugen. Die Erde wäre dann kein normaler Magnet, sondern ein *Elektromagnet*. 1939 stellte der deutsch-amerikanische Geophysiker Walter Maurice Elsässer (geb. 1904) die Hypothese auf, daß die Erdrotation in der Erde Wirbel verursachen könne, die ein Magnetfeld erzeugten.

Auch wenn diese Auffassung heute weitgehend akzeptiert wird, bleiben doch Probleme. Der magnetische Nord- und Südpol der Erde befinden sich nicht an den geographischen Polen, sondern jeweils etwa 1600 Kilometer davon entfernt. Wenn man durch den Erdball eine Linie vom magnetischen

Nordpol zum magnetischen Südpol zieht, führt sie *nicht* durch den Mittelpunkt der Erde. Außerdem verschieben sich die magnetischen Pole langsam, und das Magnetfeld wird mit der Zeit stärker oder schwächer. Zu bestimmten Zeiten sinkt das Feld sogar auf Null ab, kehrt sich um und gewinnt wieder an Stärke. Es gibt noch immer viele Details, wie das Magnetfeld der Erde funktioniert, die wir nicht kennen.

32. Ist die Erde eine vollkommene Kugel?

In dem Maße, wie wir immer mehr über die Erde erfahren, können wir auch detailliertere Fragen stellen. So ist z. B. den Wissenschaftlern schon seit fast 2500 Jahren bekannt, daß die Erde eine Kugel ist, aber hat sie auch eine vollkommene Kugelgestalt?
Warum sollte dies nicht der Fall sein? Wenn die Erde eine Kugel ist, weil die Schwerkraft ihre Materie möglichst nahe zum Mittelpunkt hinzieht, sollte sie tatsächlich eine vollkommene Kugel sein. Außerdem beschreibt die Sonne – genau wie der Mond – stets einen exakten Kreis am Himmel, was bedeutet, daß die beiden Himmelskörper perfekte Kugeln sind.
Diese Vorstellung wurde zum ersten Mal erschüttert, als man zu Beginn des 17. Jahrhunderts Jupiter und Saturn durch ein Teleskop sah. Beide wirkten eher elliptisch als rund und behielten diese Form auch während ihrer Rotation bei. Zudem schien der größte Durchmesser der Ellipse in beiden Fällen am Äquator dieser Planeten zu verlaufen, so daß es sich um Kugeln handeln mußte, die am Äquator ausgebaucht und an den Polen abgeplattet waren. Ein solcher Körper wird als *Sphäroid* oder abgeflachtes *Rotationsellipsoid* bezeichnet.

Warum sollten Jupiter und Saturn Rotationsellipsoiden sein? Eine Antwort darauf wurde erst gefunden, als Newton seine Bewegungsgesetze entwickelte und sich 1687 mit diesem Problem befaßte. Jedes Teilchen eines Planeten muß sich mitdrehen, wenn der Planet um seine Achse rotiert, obwohl es der natürlichen Neigung eines Körpers entspricht, sich in gerader Linie fortzubewegen. Es gibt also einen Kompromiß: Der Planet dreht sich, aber die Oberfläche baucht sich dabei leicht aus, als ob sie die Neigung verspüre, sich nicht zu drehen, sondern geradeaus zu bewegen. Dies ist die Wirkung der *Zentrifugal-* oder *Fliehkraft* (nach lateinischen Wörtern für »von der Mitte fliehen«), eine Erscheinung, die man hier auf der Erde genau studiert hat. Je schneller ein Körper rotiert, desto stärker baucht er sich aus.

Wenn sich ein Planet dreht, beschreiben die Bereiche in der Nähe des Pols nur sehr kleine Kreise. Solche Punkte bewegen sich nicht schnell und bauchen sich daher auch nicht stark aus. Bei größerer Entfernung vom Pol beschreibt die Oberfläche einen weiteren Kreis, muß die Drehung aber innerhalb derselben Zeit absolvieren. Die Punkte an der Oberfläche müssen sich deshalb schneller bewegen und stärker ausbauchen – ein Effekt, der am deutlichsten am Äquator spürbar wird. Somit gibt es bei einem rotierenden Planeten eine zentrale Ausbauchung, die am Äquator am stärksten ausgeprägt ist.

Die Größe der äquatorialen Ausbauchung eines Planeten hängt davon ab, wie schnell sich die Oberfläche bewegt und wie stark die Gravitationskraft dem Entstehen dieser Ausbauchung entgegenwirkt. Der Mond, Venus und Merkur rotieren so langsam, daß die äquatoriale Ausbauchung bei allen nicht der Rede wert ist. Auf der anderen Seite dreht sich die Sonne sehr schnell; ein Punkt an ihrem Äquator bewegt sich mit einer Geschwindigkeit von 13 600 km/h, aber ihre Gravitationskraft ist so stark, daß auch hier keine nennenswerte äquatoriale Ausbauchung vorhanden ist.

Jupiter und Saturn sind im Vergleich zur Erde sehr groß und drehen sich dennoch schneller um ihre eigene Achse. Jupiter benötigt für eine Umdrehung etwas weniger als 10 Stunden, Saturn trotz seiner geringeren Größe etwas mehr als 10 Stunden. Ein Punkt am Äquator des Jupiters bewegt sich mit einer Geschwindigkeit von 45 765 km/h, ein Punkt am Äquator des Saturns mit 36 850 km/h. Ihre Geschwindigkeit ist höher als die von Punkten am Äquator der Sonne, und da sowohl Jupiter als auch Saturn eine weit geringere Gravitationskraft als die Sonne haben, reicht diese nicht aus, um der Zentrifugalkraft Widerstand zu leisten. Beide Planeten haben deshalb ausgeprägte äquatoriale Ausbauchungen. Die Oberfläche des Saturns bewegt sich langsamer als die des Jupiters, aber der Saturn besitzt auch eine geringere Gravitationskraft und hat damit eine größere Ausbauchung des Äquators.

Aber wenn dies alles für Jupiter und Saturn gilt, könnte es dann nicht auch auf die Erde zutreffen? Die Erde dreht sich schneller um ihre Achse als der Mond, der Merkur oder die Venus. Ein Punkt am Äquator der Erde bewegt sich mit einer Geschwindigkeit von 1670 km/h, was viel langsamer ist als die Äquatorialgeschwindigkeit der Sonne, des Jupiters und des Saturns, aber die Anziehungskraft der Erde ist ebenfalls viel geringer. Newton schien es, als sei die äquatoriale Ausbauchung der Erde groß genug, um sie messen zu können.

Um diese Theorie zu überprüfen, müsse man – so Newton – zu verschiedenen Stellen der Erde reisen und genaue Messungen von Strecken und Winkeln vornehmen, so daß man angeben könne, wie stark die Erde gekrümmt sei. Wenn die Erde eine vollkommene Kugel sei, würde sich ihre Oberfläche überall gleich stark krümmen; sei sie aber ein Rotationsellipsoid, so müsse sie um den Äquator herum stärker ge-

krümmt sein als an den Polen. Im Jahre 1736 begab sich eine französische Expedition unter der Leitung von Pierre Louis de Maupertius (1698–1759) nach Lappland, in die Nähe des Nordpols, um dort die Erdkrümmung zu messen. Zur selben Zeit reiste eine andere französische Expedition unter Führung von Charles de La Condamine (1701–1774) zum gleichen Zweck nach Peru, in die Nähe des Äquators.
Newton sollte recht behalten. Die Erde hatte eine äquatoriale Ausbauchung, wenn auch keine sehr ausgeprägte. Ihr Äquatorialdurchmesser beträgt 12 756 Kilometer, während sie von Pol zu Pol 12 713 Kilometer durchmißt. Der Unterschied macht damit 43 Kilometer aus. Mit anderen Worten: Die Erde hat *fast* eine vollkommene Kugelgestalt.
1959 schossen die Vereinigten Staaten den Satelliten Vanguard in eine Umlaufbahn um die Erde. Aufgrund einer genauen Beobachtung der Art, wie er die Erde umkreiste, konnte man berechnen, daß die äquatoriale Ausbauchung südlich des Äquators um 7,6 Meter stärker war als nördlich davon. Dies wurde als Beweis dafür genommen, daß die Erde »birnenförmig«, d. h., ihre Südhalbkugel dicker als ihre Nordhalbkugel ist. Es war eine unglückliche Bezeichnung, denn der Unterschied in der Ausbauchung ist nur unter den günstigsten Bedingungen meßbar. Die gesamte Ausbauchung ist nämlich so gering, daß sie mit dem bloßen Auge überhaupt nicht sichtbar ist, und jedem, der die Erde vom Weltraum aus betrachtet, würde sie als vollkommene Kugel erscheinen. Die Bezeichnung »birnenförmig« ließ manche Menschen glauben, daß die Erde vom Weltraum aus gesehen wie eine Birne geformt sei, was ein völlig falsches Bild von der Situation ergibt. Zum Glück wurde der Ausdruck rasch wieder aufgegeben.

33. Warum verändert der Mond seine Form?

Es ist nun an der Zeit, unsere Aufmerksamkeit anderen Teilen des Kosmos zuzuwenden. Die alten Griechen glaubten durchaus zutreffend, daß der Mond von allen Himmelskörpern der Erde am nächsten sei. Es erscheint also folgerichtig, ihn als nächsten zu betrachten.

Der Mond ist das einzige Objekt, das immerzu am Himmel steht, gleichzeitig aber seine Form von Nacht zu Nacht sichtbar verändert. Die Sonne ist immer eine blendend helle Lichtscheibe, während die anderen Planeten und Sterne stets Lichtpunkte bleiben. Einige Kometen haben eine besondere, veränderliche Form, aber sie sind nicht ständig am Nachthimmel zu sehen. (Von ihnen wird später noch die Rede sein.)

Dagegen durchläuft der Mond eine Reihe kontinuierlicher, allmählicher Veränderungen, die sich immerzu wiederholen. In einer bestimmten Nacht erscheint er direkt nach Sonnenuntergang als hauchdünne Sichel tief am westlichen Abendhimmel. Nacht um Nacht wandert er ostwärts, während die Sichel dicker wird. Nach ungefähr einer Woche ist er eine Halbscheibe aus Licht und wird noch größer, bis nach einer weiteren Woche eine volle Lichtscheibe aus ihm geworden ist. Dann schrumpft er langsam wieder. Eine Woche später wird er wieder zur Halbscheibe (doch nun ist die andere Hälfte erleuchtet), und nach einer weiteren Woche steht er schließlich kurz vor Sonnenaufgang als hauchdünne Sichel am östlichen Nachthimmel. Danach bleibt er ein paar Nächte lang verschwunden, und der gesamte Zyklus beginnt von vorne.

Bei alledem könnte man leicht auf den Gedanken kommen, daß sich der Mond wie ein lebendes Wesen verhält. Er wird geboren, wächst, erreicht seine volle Größe, wird schwächer und stirbt, wobei er all diese Stufen innerhalb eines Monats durchläuft. Noch heute sprechen wir von der dünnen Sichel am westlichen Himmel als *Neumond*. Wie ich weiter vorne erklärt habe, führte dieser Zyklus der Mondphasen den »Mond« als Zeiteinheit an, auf der die ersten Kalender basierten. Aber warum gab es diese Phasen? Wurde wirklich jeden Monat ein völlig neuer Mond geboren? Der griechische Philosoph Thales glaubte dies nicht; auch die babylonischen Astronomen vor ihm waren wahrscheinlich nicht dieser Auffassung. Seine Skepsis entsprang der Überlegung, wie sich im Laufe eines Monats die Position des Mondes im Verhältnis zur Sonne veränderte. Zunächst einmal erschien die Annahme naheliegend, daß sich die Gesetze der Erde von den Gesetzen des Himmels unterschieden: Auf der Erde fiel alles nach unten; am Himmel drehte sich alles im Kreis. Auf der Erde herrschten Veränderung und Verfall; am Himmel schien alles dauerhaft und unveränderlich zu sein. Die Materie der Erde war dunkel, während am Himmel jeder Körper unaufhörlich leuchtete. Wenn das Material, aus dem der Mond bestand, unendlich lange leuchtete, genau wie die Sonne, die Planeten und die Sterne, dann wäre der Mond immerzu eine unveränderliche Lichtscheibe. Da dies aber nicht der Fall war, mußte er im Laufe eines Monats entweder wachsen und schrumpfen, oder er leuchtete nicht beständig. Wenn der Mond tatsächlich so dunkel war wie die Erde und nur leuchtete, weil er Sonnenlicht reflektierte, dann mußten verschiedene Bereiche von ihm Sonnenlicht widerspiegeln, je nachdem, wie der Mond und die Sonne im Verhältnis zueinander standen.

Wenn der Mond z. B. fast genau zwischen der Erde und der Sonne steht, scheint die Sonne auf die uns abgewandte Seite des Mondes, so daß wir vom Mond überhaupt nichts sehen.

Da sich der Mond jedoch zwölfmal so schnell wie die Sonne von West nach Ost bewegt, steht er in der folgenden Nacht ein wenig weiter östlich der Sonne, und wir können ein winziges Stück seiner beleuchteten Seite am westlichen Rand erkennen, das als dünne Sichel erscheint. Während sich der Mond weiter ostwärts bewegt, sehen wir einen immer größeren Teil seines erleuchteten Bereichs, und die Sichel wird langsam dicker.

Wenn er im Verhältnis zur Sonne ein Viertel seiner Bahn am Himmel zurückgelegt hat, ist seine westliche Seite erleuchtet. Man sieht dann eine Halbscheibe aus Licht, den sogenannten *Halbmond*. Dieser wächst weiter an, bis sich der Mond auf der zur Sonne entgegengesetzten Seite des Himmels befindet. Dann scheint die Sonne der Erde sozusagen über die Schulter und erleuchtet die ganze uns zugewandte Seite des Mondes: Wir haben *Vollmond*.

Anschließend macht sich der Mond wieder an die Aufholjagd gegenüber der Sonne, so daß sich der für uns sichtbare helle Teil verkleinert. Nach einer Woche ist nur noch die östliche Hälfte erleuchtet, die weiter zu einer Sichel schrumpft. Danach passiert der Mond die Sonne, und der gesamte Zyklus beginnt erneut. Jeder, der sich diese Situation gründlich durch den Kopf gehen läßt, muß zu dem Schluß kommen, daß der Mond ähnlich wie die Erde ein dunkler Körper ist, der nur durch die Rückstrahlung von Sonnenlicht scheint.

34. Leuchtet die Erde?

Wenn der Mond ein dunkler Körper ist, der nur dadurch leuchtet, daß er das Sonnenlicht zurückwirft, könnte dann nicht auch das gleiche für die Erde zutreffen, die ja ebenfalls ein dunkler Körper ist? Diese Annahme erscheint plausibel, aber da man glaubte, auf der Erde sei alles ganz anders beschaffen als am Himmel, wollte man diesen Gedanken nicht akzeptieren. Wie konnte die Erde wie ein Himmelskörper leuchten, wenn sie doch in Wirklichkeit keiner war?

Um herauszufinden, ob die Erde ähnlich wie der Mond leuchtet, wäre es natürlich am günstigsten, wenn man sich weit in den Weltraum hinausbegeben und aus großer Entfernung auf die Erde zurückblicken würde. Dies wurde allerdings erst in den 60er Jahren dieses Jahrhunderts möglich; bis dahin mußte man die Frage hier auf der Erde lösen.

Und merkwürdigerweise gelang es auch. Wenn der Mond eine dünne Sichel ist, kann man schwach die rötliche Gestalt des übrigen Mondes erkennen, die den Kreis ausfüllt. Es *ist* der Rest des Mondes und nicht ein anderer Körper, denn der Mond besitzt bestimmte mit den Augen erkennbare Muster, und die blasse, rötliche Struktur weist dieselbe Musterung auf. Man könnte davon sprechen, daß der Neumond den Rest der Mondscheibe »umarme«, aber dafür hatte lange Zeit niemand eine befriedigende Erklärung. Um 100 v. Chr. glaubte der griechische Philosoph Posidonius (um 135–50 v. Chr.), der Mond sei teilweise durchsichtig, so daß ein wenig Sonnenlicht durchschimmere. Um 1550 vertrat der deutsche Mathematiker Erasmus Reinhold die Auffassung, der Mond sei nicht völlig dunkel, sondern leuchte selbst dann schwach, wenn die Sonne nicht darauf scheine.

Aber nehmen Sie einmal an, die Erde reflektiere Sonnenlicht in der gleichen Weise wie der Mond.

Wenn der Mond gerade als dünne Sichel zu sehen ist, befindet er sich fast genau zwischen uns und der Sonne, so daß wir nur am Rand ein wenig von seiner beschienenen Oberfläche sehen. Wenn Sie jedoch zu dieser Zeit auf dem Mond wären, sähen Sie, wie die Sonne sozusagen über die Schulter des Mondes scheint und dabei die gesamte Vorderseite der Erde beleuchtet, die dem Mond zugewandt ist. Kurz gesagt: Wenn Sie von der Erde aus einen Neumond sehen, beobachten Sie vom Mond aus eine »Vollerde«. (Falls die Erde aufgrund von reflektiertem Licht so leuchtet wie der Mond, dann wäre die Erdphase vom Mond aus betrachtet genau umgekehrt, wie zur selben Zeit die Mondphase von der Erde aus gesehen.)

Bei Neumond erhält die uns zugewandte Seite kein Sonnenlicht, aber am Himmel des Mondes steht eine Erde als Vollscheibe. Die Erde ist größer als der Mond und strahlt aufgrund ihrer wolkenverhangenen Atmosphäre mehr vom einfallenden Sonnenlicht zurück als der Mond. Insgesamt leuchtet die Vollerde vom Mond aus gesehen ungefähr siebzigmal so hell wie der Vollmond von der Erde aus gesehen.

Die unbeleuchtete Seite des Mondes erhält daher das Licht der »vollen Erde«. *Erdlicht* ist zwar weit schwächer als Sonnenlicht, aber es reicht aus, um die dunkle Seite des Mondes meßbar aufzuhellen. Aus diesem Grund können wir die dunkle Seite des Mondes bei Neumond ganz schwach erkennen. Galilei war der erste, der diese Erklärung für »den alten Mond in den Armen des neuen« vorbrachte, und sie war so plausibel, daß seither kaum mehr Zweifel daran laut geworden sind.

35. Wie kommt es zu Sonnen- und Mondfinsternissen?

Immer wieder in langen Zeitabständen schiebt sich etwas Dunkles vor die Sonne. Die Sonne wird dann immer schmäler; manchmal schrumpft sie sogar zu einer dünnen Sichel zusammen und verschwindet ganz. Wo nur Augenblicke vorher noch die Sonne gewesen war, steht jetzt eine dunkle Scheibe am Himmel, die ein matter, perlmuttartiger Glanz umgibt. Das Land verfinstert sich, ein kalter Wind frischt auf, Vögel legen sich zum Schlafen, und manche Menschen sind wie von Sinnen vor Angst. Was ist geschehen? Der naheliegendste Gedanke ist, daß ein kosmischer Wolf oder Drache die Sonne verschlungen hat, daß sie nie mehr scheinen wird, daß sich eine dauerhafte Kälte und Finsternis über die Erde legt und daß alle Lebewesen, auch die Menschen, sterben werden. Dies tritt aber nie ein; nach ein paar Minuten erscheint die Sonne wieder auf der Seite, die zuerst verschwunden war. Sie wird immer größer, und wenig später scheint sie in vollem Glanz.

Was ist wirklich geschehen?

Der entscheidende Punkt wurde wahrscheinlich erstmals von den babylonischen Astronomen bemerkt: Bei einer Sonnenfinsternis verdunkelt sich der Himmel; dann tauchen die Sterne auf, niemals aber der Mond. Dies liegt anscheinend daran, daß die Sonnenfinsternis immer bei Neumond stattfindet, wenn der Mond von West nach Ost an der Sonne vorbeizieht. Das ist die Antwort. Der Mond schiebt sich vor die Sonne und verdeckt sie, so daß sie nicht mehr sichtbar ist. Dann bewegt er sich weiter, und die Sonne erscheint wieder.

Warum gibt es dann nicht bei jedem Neumond eine Sonnenfinsternis? Warum nicht eine Finsternis pro Monat? Dies liegt daran, daß sich die Sonne und der Mond nicht genau auf derselben Bahn über den Himmel bewegen. Die beiden Bahnen verlaufen in einem kleinen Winkel zueinander; wenn der Mond an der Sonne vorbeizieht, befindet er sich normalerweise ein wenig oberhalb oder unterhalb von ihr. Nur wenn der Mond die Sonne zu einem Zeitpunkt passiert, an dem sich beide in dem Bereich befinden, wo sich ihre Bahnen überschneiden, schiebt sich der Mond tatsächlich vor die Sonne. Es gibt zwei solche Schnittpunkte oder *Knoten* an entgegengesetzten Seiten des Himmels, und manchmal findet eine Überschneidung statt, die eine Sonnenfinsternis verursacht.

Wenn sich der Mond vor die Sonne schiebt, fällt der Schatten des Mondes auf die Erde. (Genau wie jeder andere Festkörper, der von Licht angestrahlt wird und nicht selbst leuchtet, wirft auch der Mond einen Schatten.) Der Schatten, der die Erde erreicht, hat sich soweit verjüngt, daß er nur einen kleinen Teil der Erdoberfläche bedeckt. Er ist nur mehr 160 Kilometer breit, manchmal noch viel weniger. Dies bedeutet, daß man zwar selbst möglicherweise beobachtet, wie die gesamte Sonne verschwindet, daß Menschen in ein paar Kilometer Entfernung aber nur sehen, wie der Mond einen Teil der Sonnenscheibe verdeckt (eine partielle Sonnenfinsternis) und man noch weiter entfernt überhaupt keine Finsternis wahrnimmt. Der Schatten wandert mit dem Mond über die Erdoberfläche, aber insgesamt bedeckt er nur einen kleinen Teil der Erde, so daß die Finsternis an jedem Ort höchstens sieben Minuten dauert.

Sonne und Mond scheinen an verschiedenen Teilen des Himmels auch verschieden groß zu sein. Da der Mond im Durchschnitt etwas kleiner aussieht als die Sonne, verdeckt er manchmal nicht die gesamte Sonne, wenn er sich direkt davor schiebt. Rund um den dunklen Mond ist ein dünner Ring aus strahlendem Sonnenlicht zu sehen. Diese Erscheinung wird als *ringförmige Sonnenfinsternis* bezeichnet.

Wenn Astronomen die Bahn von Sonne und Mond kennen, können sie auch vorhersagen, wann eine Verfinsterung eintritt. Im Altertum war dies eine wichtige Aufgabe für die Astronomen, da die Menschen auf eine Finsternis vorbereitet sein mußten, die man in der Regel als göttliche Botschaft interpretierte. Die genaue Vorhersage einer Finsternis war damals ein gutes Geschäft, denn es ließ die Astronomen als kundige Interpreten des Willens jener Götter erscheinen.

Die Babylonier lernten, die Verfinsterungen im voraus zu berechnen, und in Griechenland schaute ihnen Thales diesen Trick ab. Er soll vorhergesagt haben, 585 v. Chr. werde in Kleinasien eine Sonnenfinsternis stattfinden, die auch tatsächlich eintrat. Damals bereiteten sich die Armeen zweier in dieser Region beheimateter Völker, der Meder und der Lydier, gerade auf eine Schlacht vor, als die Sonnenverfinsterung einsetzte. Die beiden Armeen wurden durch dieses schlechte Vorzeichen so eingeschüchtert, daß sie schnell um Frieden baten und heimkehrten, ohne zu kämpfen. In der Neuzeit haben Astronomen dann zurückgerechnet, um den genauen Tag dieser Sonnenfinsternis zu erhalten: den 28. Mai 585 v. Chr. Die abgeblasene Schlacht ist damit das erste Ereignis in der Menschheitsgeschichte, das auf den Tag genau datierbar ist.

Manchmal verfinstert sich auch der Mond. Dies geschieht nur bei Vollmond, wenn die Sonne auf der einen und der Mond auf der gegenüberliegenden Seite der Erde steht. Wenn wir die Sonnenfinsternis begreifen, gibt es auch keine Probleme mit der Mondfinsternis; sie kommt dadurch zustande, daß der Mond durch den Erdschatten wandert.

Die Erde ist beträchtlich größer als der Mond, so daß auch ihr Schatten größer ist. Der Erdschatten kann sogar den ganzen Mond bedecken und bewirkt damit eine Mondfinsternis, die von allen gesehen werden kann, die sich gerade auf der mondzugewandten Seite der Erde befinden. Eine Mondfinsternis dauert länger als eine Sonnenfinsternis.

Auch hier gilt, daß es nicht bei jedem Vollmond zu einer Mondfinsternis kommt, weil sich der Mond und die Sonne auf leicht unterschiedlichen Bahnen bewegen. Normalerweise zieht der Erdschatten bei Vollmond über oder unter dem Mond vorbei. Nur wenn sich die Sonne am einen und der Mond am anderen Knoten befindet, kommt es tatsächlich zu einer Verfinsterung. Auch Mondfinsternisse sind vorhersagbar. Tatsächlich glauben manche Forscher, die Steine von Stonehenge seien so angeordnet worden, daß sich daraus vorhersagen ließ, wann eine Sonnen- oder Mondfinsternis eintreten würde.

36. Dreht sich der Mond?

Im Zusammenhang mit »dem alten Mond in den Armen des neuen« habe ich die schemenhaft erkennbaren Muster auf der Vorderseite des Mondes erwähnt, die am deutlichsten bei Vollmond zu sehen sind. Diese Musterung hat oft die Phantasie der Menschen beflügelt, und so malten sich manche ein menschliches Wesen aus, den berühmten »Mann im Mond«, während andere darin Hasen oder Krebse oder andere Gestalten sehen wollten.

Den Gelehrten des Altertums, die die Himmelskörper für unveränderlich und makellos hielten, waren die Muster auf dem Mond ein Rätsel. Eigentlich durfte es sie gar nicht geben; der Mond sollte gleich der Sonne ein vollkommenes Lichtfeld sein. Eine naive Erklärung lautete, daß der Mond einige Flecken und Makel der Erde übernommen habe, weil er ihr von allen Himmelskörpern am nächsten sei.

Doch worum es sich bei den Mustern auch handelte, sie blieben immer sichtbar und veränderten niemals ihre Position. Dies schien zu bedeuten, daß der Mond der Erde immer dieselbe Seite zuwandte und sich daher nicht um seine eigene Achse drehte. Natürlich stimmt dies nicht. Zwar weist der Mond tatsächlich immer mit derselben Seite zur Erde, aber er dreht sich dabei trotzdem um seine Achse.

Aber nehmen wir einmal an, er würde nicht rotieren. Nehmen wir an, er würde so um die Erde kreisen, daß eine Seite immer auf einen bestimmten, weit entfernten Stern zeigen würde. Dies hieße, daß sich dieser Stern an einem bestimmten Punkt der Umlaufbahn des Mondes in der gleichen Richtung wie die Erde, aber natürlich weit jenseits von ihr befände und der Mond ihnen beiden zugewandt wäre. Wenn sich der Mond weiter um die Erde drehte, bis er auf der anderen Seite des Planeten wäre, würde die gleiche Seite noch immer zum Stern hin und von uns weg zeigen. Der Mond würde uns sozusagen den Rücken zuwenden, und wir könnten seine andere Seite sehen. Kurz gesagt: Wenn der Mond auf seiner Bahn um die Erde wirklich nicht rotierte, könnten wir nach und nach jeden Teil von ihm sehen. Er muß sich also um seine Achse drehen, um der Erde nur eine Seite zuwenden zu können.

Er muß sogar in einer ganz bestimmten Weise rotieren: Eine Umdrehung darf genau so lange dauern, wie der Mond für eine Umrundung der Erde braucht. Da sich der Mond in der beschriebenen Weise dreht, sehen wir nur eine Seite von ihm, während er der Sonne verschiedene Seiten zeigt. Wenn Sie auf dem Mond wären, sähen Sie, wie die Erde fast genau an derselben Stelle des Himmels bleibt (falls Sie sich auf der Seite befänden, die der Erde immer zugewandt ist). Die

Sonne würde dort allerdings ihre Bahn über den Himmel ziehen und in 29½ Tagen eine volle Umdrehung durchführen. Tag und Nacht wären jeweils gut zwei Wochen lang. Der erste, der dies der Öffentlichkeit klarmachte, war Kepler in seiner 1634 posthum erschienenen Science-fiction-Erzählung *Somnium*.

37. Wie weit ist der Mond entfernt?

Schon die alten Griechen kamen zu dem Schluß, daß der Mond der uns nächste Himmelskörper sei, aber wie weit ist er genau entfernt?

Zwei Dinge über den Mond waren im Altertum unbekannt: seine Größe und seine Entfernung. Die beiden hängen miteinander zusammen. Wenn seine Größe bekannt wäre, könnte man mit Hilfe trigonometrischer Verfahren leicht ausrechnen, wie weit er entfernt sein muß, um in seiner sichtbaren Größe am Himmel zu stehen. Wenn umgekehrt der Abstand des Mondes zur Erde bekannt wäre, würde uns die Trigonometrie verraten, wie groß er in Wirklichkeit sein muß, um für uns so groß zu erscheinen. Wenn keine der beiden Größen bekannt ist, sitzt man in der Klemme.

Was ist zu tun? Man könnte zunächst nach dem Aussehen gehen. Wie groß wirkt der Mond? Wenn sie die Größe des Mondes schätzen sollten, würden manche Leute angeben, er habe einen Durchmesser von vielleicht 30 Zentimetern, was natürlich nicht stimmen kann. Wenn er wirklich nur so groß wäre, dürfte er sich nur 17 Meter über dem Boden befinden und wäre nicht einmal hinter einem hohen Gebäude, geschweige denn einem Berg zu sehen. Wenn der Mond die

Berge der Erde unter sich lassen will, muß er wenigstens 9 Kilometer über dem Boden sein – und in diesem Fall muß sein Durchmesser mindestens 90 m betragen.

Es ist gut möglich, daß er noch weiter von der Erde entfernt und deshalb noch größer ist. Um 460 v. Chr. vertrat der griechische Philosoph Anaxagoras (um 500–428 v. Chr.) die Ansicht, die Sonne sei ein lodernder Felsblock von ungefähr 160 Kilometern Durchmesser (und in diesem Fall sei auch der Mond recht groß). Diese Vorstellung erweckte in Athen nicht nur Feindseligkeit, sondern auch den Vorwurf der Gottlosigkeit und mangelnder Frömmigkeit, so daß Anaxagoras überstürzt die Stadt verlassen mußte, um sein Leben zu retten.

Was kann man also tun? Es hat keinen Sinn, zu raten. Gibt es irgendeine Möglichkeit, die Entfernung von etwas zu bestimmen, das man nicht erreichen kann? Eine solche gibt es tatsächlich. Halten Sie einen Finger vor das Gesicht und schließen Sie nur das linke Auge. Sie sehen den Finger dann mit dem rechten Auge, und es sieht so aus, als befinde er sich direkt vor Ihnen an der Wand. Bewegen Sie den Finger nicht, aber öffnen Sie das linke und schließen Sie das rechte Auge. Jetzt sehen Sie den Finger mit dem linken Auge, und seine Position an der Wand scheint sich verändert zu haben. Sie beobachten den Finger mit dem linken und dem rechten Auge aus verschiedenen Winkeln.

Diese Verschiebung eines Gegenstands, der aus zwei verschiedenen Blickwinkeln beobachtet wird, nimmt zu, je weiter Sie sich dem Gegenstand nähern, und nimmt ab, je weiter Sie sich von ihm entfernen. Sie wird als *Parallaxe* bezeichnet. Falls Sie ein fernes Objekt von zwei verschiedenen Positionen aus beobachten und wissen, wie groß der Abstand zwischen den beiden Positionen ist, und falls Sie dann unter Zuhilfenahme der Trigonometrie noch die Größe der Parallaxe messen können, sind Sie selbst dann imstande, die Entfernung des Objekts zu messen, wenn Sie es nicht erreichen können. Landvermesser (Geometer) können die Parallaxe beispielsweise dazu einsetzen, die Entfernung zu einem Objekt auf der anderen Seite eines Flusses zu bestimmen.

Kann man das Verfahren der Parallaxe auch auf den Mond anwenden? Natürlich, denn alles verschiebt sich und zeigt eine Parallaxe, wenn man seinen Standort verändert, aber bei fernen Objekten ist die parallaktische Verschiebung so gering, daß man genausogut sagen könnte, sie würden sich überhaupt nicht verschieben. Wenn der Mond also von zwei Orten aus beobachtet wird, die mehrere hundert Kilometer auseinanderliegen, wird er seine Position im Vergleich zu den weit entfernten Sternen leicht verändern.

Dies bedeutet, daß ein Astronom messen könnte, wie weit der Mond zu einem bestimmten Zeitpunkt in einer Nacht von einem bestimmten Stern entfernt ist. (Der Abstand wird in Winkeln gemessen. Eine Linie, die in einem großen Kreis um den Himmel gezogen wird, läßt sich in 360 gleiche *Grad* einteilen. Ein Grad besteht aus 60 gleichen *Bogenminuten*, von denen jede wiederum in 60 gleiche *Bogensekunden* unterteilt ist.) Weit davon entfernt mißt ein anderer Astronom um dieselbe Uhrzeit in der gleichen Nacht den Abstand zwischen dem Mond und diesem Stern. Die beiden Abstände werden verglichen, und wenn es einen Unterschied gibt, handelt es sich dabei um die Parallaxe, so daß sich die Entfernung zum Mond bestimmen läßt.

Dies wurde erstmals um 150 v. Chr. von dem griechischen Astronomen Hipparch (um 190 – um 120 v. Chr.) durchgeführt, der herausfand, daß die Entfernung zum Mond dem dreißigfachen Erddurchmesser entsprach. Demnach wäre der Mond etwa 385 000 Kilometer von uns entfernt, was sich ziemlich genau mit dem tatsächlichen Wert deckt.

Es muß eine verblüffende Zahl gewesen sein, und ich habe

Zweifel, daß sie irgend jemand glauben konnte, der damals von Hipparchs Messungen hörte. Wenn der Mond 385 000 Kilometer entfernt war, mußte er schließlich einen Durchmesser von fast 3500 Kilometer haben. Da dies ein wenig mehr als ein Viertel des Erddurchmessers ist, konnte man den Mond nicht mehr einfach als Silberscheibe am Himmel akzeptieren, sondern mußte ihn als eine eigene Welt ansehen.

Die Messung der Entfernung vom Mond konnte von den alten Griechen gerade noch bewältigt werden; die Parallaxen aller anderer Himmelskörper waren aber zu klein, um noch meßbar zu sein. Trotzdem war die Entfernung des Mondes groß genug, um der Menschheit eine erste Vorstellung davon zu geben, daß das Universum riesig ist und noch andere Welten als die Erde enthält.

Wenn es noch Zweifel daran gab, wurden sie 1609 ausgeräumt, als Galilei sein Teleskop auf den Mond richtete. Er sah Gebirgsketten, Ebenen und Formationen, die wie Vulkankrater aussahen. Genau diese Erscheinungen waren auch für die Musterung des Mondes verantwortlich, die man sogar ohne Teleskop von der Erde aus erkennen konnte. Der Mond war also ganz bestimmt eine Welt.

38. Wie groß ist die Masse des Mondes?

Selbst wenn ein Astronom des Altertums bereit war, Hipparchs Vorstellung vom Mond zu teilen, und diesen für eine gewaltige Welt hielt, konnte er anführen, daß Himmelskörper aus reinem Licht zusammengesetzt und materielos seien. Sie mochten deshalb nicht größer als beispielsweise eine Wolke oder ein Schatten sein.

Es kam somit darauf an, die *Masse* des Mondes zu bestimmen – wieviel Materie er sozusagen enthält. Aber wie läßt sich das schaffen? Man kann ihn nicht wiegen oder Kraft auf ihn ausüben, um seine Richtung zu ändern. Ebensowenig konnte man (jedenfalls bis 1969) zum Mond fliegen, um die Anziehungskraft an seiner Oberfläche zu messen und die Masse auf diese Weise zu bestimmen.

Was man aber tun kann, ist, die Anziehungskraft des Mondes (sofern vorhanden) auf die Erde zu messen. Um eine Antwort zu erhalten, denken wir uns eine Wippe, die sich ja leicht vorstellen läßt. Man nehme ein langes, flaches Brett, das drehbar über einer Achse liegt und auf dessen Enden jeweils ein Kind sitzt. Ein Kind befindet sich unten, mit den Füßen auf dem Boden. Es stößt sich ab, so daß sein Brettende nach oben steigt und sich das andere nach unten senkt. Sobald das andere Kind den Boden erreicht, stößt es sich ab, und die Bewegung kehrt sich um. Das kann so lange weitergehen, wie es den Kindern gefällt.

Aber nehmen wir einmal an, ein Kind sei viel schwerer als das andere. Das schwere Kind kann sich an seinem Ende der Wippe zwar abstoßen, doch dieses stiege nur ein bißchen nach oben und käme gleich wieder herunter, denn das Gewicht des leichten Kindes würde nicht ausreichen, um das Brett auf dessen Seite nach unten zu drücken und das schwere Kind in der Luft zu halten. Die Wippe würde in diesem Fall nicht funktionieren.

Der Ausweg bestünde darin, die Wippe näher am schweren Kind auszubalancieren. Je näher sich der Drehpunkt am schweren Kind befindet, desto schwerer fällt es diesem, das Ende unten zu halten, und desto leichter ist es gleichzeitig dem leichten Spielkameraden, der weiter vom Drehpunkt entfernt ist. Schließlich findet man eine Stelle für den Drehpunkt, die es beiden Kindern gleich schwer macht, ihre Seite hinunterzudrücken – und die Wippe befindet sich wieder im Gleichgewicht.

Wiegen Sie nun die Kinder und messen ihren jeweiligen Abstand zum Drehpunkt. Wenn sich die Wippe im Gleichgewicht befindet, so zeigt sich folgendes: Falls das schwere Kind doppelt so viel wiegt wie das andere Kind, muß das leichte doppelt so weit vom Drehpunkt entfernt sitzen. Wenn man also nur das Gewicht des einen Kindes kennt und dann den jeweiligen Abstand der beiden zum Drehpunkt mißt, wobei die Wippe im Gleichgewicht ist, kann man auch das Gewicht des anderen Kindes bestimmen, ohne es direkt wiegen zu müssen. Dies ist das *Hebelgesetz*, das erstmals um 250 v. Chr. von dem griechischen Mathematiker Archimedes (287–212 v. Chr.) aufgestellt und mathematisch in allen Einzelheiten ausgearbeitet wurde.

Die Beziehung zwischen Erde und Mond ist so ähnlich wie die zwischen den beiden Kindern auf der Wippe. Die Schwerkraft der Erde zieht am Mond, so daß sich der Mond um die Erde dreht; gleichzeitig zieht aber die Schwerkraft des Mondes die Erde an, so daß auch bei der Erde die Neigung vorhanden ist, sich um den Mond zu drehen.

Wenn die Erde und der Mond genau die gleiche Masse hätten, wäre die Neigung bei beiden gleich stark, und die Erde wie der Mond würden um einen Punkt rotieren, der genau in der Mitte zwischen dem Mittelpunkt der Erde und dem Mittelpunkt des Mondes liegt, wobei sich die beiden Körper auf ihrer Umlaufbahn genau gegenüber stünden.

Falls aber die Erde schwerer als der Mond ist, muß der *Schwerpunkt*, um den sich beide drehen, näher beim Erdmittelpunkt liegen, genau wie sich der Drehpunkt der Wippe näher beim schweren Kind befinden muß. Die Erde besitzt eine erheblich größere Masse als der Mond, so daß der Schwerpunkt recht nahe beim Erdmittelpunkt liegt, so nahe, daß wir einfach davon ausgehen können, daß sich der Mond um die Erde dreht und die Erde an Ort und Stelle bleibt.

Dennoch steht die Erde *nicht* still. Sie vollführt jeden Monat einen kleinen Kreis um den Schwerpunkt, und der Mittelpunkt der Erde befindet sich von diesem Punkt aus gesehen jeweils auf der anderen Seite als der Mond. Man kann die Größe dieses kleinen Kreises bestimmen, indem man die Bewegung der Sterne im Laufe eines Monats beobachtet. Da die Erde jeden Monat einen kleinen Kreis ausführt, scheinen die Sterne in umgekehrter Richtung ebenfalls einen kleinen Kreis zu beschreiben.

Der Schwerpunkt des Erde-Mond-Systems ist 81,3mal näher am Erdmittelpunkt als am Mittelpunkt des Mondes. Das Zentrum des Erde-Mond-Systems ist etwa 4700 Kilometer vom Erdmittelpunkt entfernt; das sind 1600 Kilometer unterhalb der Erdoberfläche. Es sieht also offensichtlich so aus, als drehe sich nur der Mond.

Dies bedeutet auch, daß die Masse des Mondes $1/81{,}3$ (oder 1,2 Prozent) der Masse der Erde beträgt. Das klingt nach nicht besonders viel, bedeutet aber immerhin, daß der Mond eine Masse von 740 000 Milliarden Milliarden Kilogramm besitzt.

Da der Mond eine geringere Masse besitzt, hat er auch eine geringere Anziehungskraft. Sie glauben nun vielleicht, wir hätten auf dem Mond nur das $1/81{,}3$fache Gewicht wie auf der Erde, aber dabei ist zu beachten, daß man sich auf dem Mond, der ja kleiner ist als die Erde, entsprechend näher beim Mittelpunkt des Körpers befindet. Man hätte dort also ein Sechstel des Gewichts, das man auf der Erde hat.

Nachdem wir nun die Masse und die Größe des Mondes kennen, können wir auch seine Dichte errechnen. Sie beträgt 3,34 g/cm^3 und beläuft sich damit auf nur drei Fünftel der Erddichte. Daraus läßt sich sofort ableiten, daß der Mond nicht wie die Erde einen Eisenkern hat, sondern durch und durch aus Gestein bestehen muß. Da der Mond außerdem kleiner ist als die Erde, liegt die Temperatur in seinem Inneren niedriger als im Erdinneren. Und da Gestein nicht so leicht schmilzt wie Eisen, können wir mit Sicherheit annehmen, daß der Mond keinen wie auch immer gearteten flüssigen Kern besitzt.

Ohne flüssigen Kern gibt es im Mondinneren aber nichts, was sich drehen könnte, und selbst wenn es einen solchen Kern gäbe, würde der Mond viel zu langsam rotieren, um diese Wirbel in Bewegung zu setzen. Wir können also folgern, daß der Mond kein Magnetfeld hat. Als Sonden zum Mond geschickt wurden, um seine magnetischen Eigenschaften zu untersuchen, entdeckte man, daß diese Annahme stimmte: Im Gegensatz zur Erde ist der Mond kein Magnet.

Von den anderen Planeten rotiert der Mars recht schnell, aber auch er hat keinen Eisenkern. Merkur und Venus haben zwar beide einen Eisenkern, rotieren aber sehr langsam. Folglich sind auch diese Welten keine Magneten. (Merkur weist einen ganz geringen Magnetismus auf, was rätselhaft ist.)

39. Was sind die Gezeiten?

Die dem Mond zugewandte Seite der Erde befindet sich stets um 7 Prozent näher am Mond als die von ihm abgewandte Seite. Dies bedeutet, daß erstere einer etwas stärkeren Anziehungskraft durch den Mond ausgesetzt ist als letztere. Die Erde streckt sich daher leicht entlang einer Linie, die ihren Mittelpunkt mit dem Mittelpunkt des Mondes verbindet, und es kommt auf beiden Seiten zu einer Ausbauchung.

Die feste Oberfläche der Erde gibt kaum nach, aber die Ozeane sind weniger kompakt und wölben sich erheblich stärker als das Festland. Das Meer schwillt also an zwei Stellen an: Die eine weist zum Mond hin, die andere von ihm weg. Während sich die Erde dreht, bewegt sich ihre gesamte Landfläche erst in die Ausbauchung des Meeres hinein und anschließend wieder aus ihr heraus.

Vom Land aus gesehen, scheint der Meeresspiegel zweimal am Tag zunächst bis zum höchsten Punkt der Flut (*Hochwasser*) anzusteigen, bevor er dann zum niedrigsten Punkt der Ebbe (*Niedrigwasser*) absinkt. Da sich der Mond zwischen einer Flut und der nächsten auf seiner Umlaufbahn bewegt, wäre ein bestimmter Punkt auf dem Festland der Erde alle $12^1/_2$ Stunden der Flut ausgesetzt.

Wenn das schon alles wäre, hätten die Menschen bereits von prähistorischer Zeit an die Gezeiten mit dem Mond in Zusammenhang gebracht. Es gibt jedoch Komplikationen dabei. Auch die Sonne erzeugt Gezeiten, selbst wenn diese nur ein Drittel so hoch sind wie die des Mondes. Und wenn sich Sonne und Mond bei Vollmond und Neumond auf derselben geraden Linie befinden, steigen die Gezeiten höher an und fallen tiefer ab als gewöhnlich. Wenn Sonne und Mond im rechten Winkel an der Erde ziehen, wie es bei Halbmond der Fall ist, sind die Gezeiten schwächer ausgeprägt als normal. Bei Voraussagen, wann eine Flut einsetzt und wie hoch sie steigt, muß auch die Küstenform berücksichtigt werden.

Die frühesten Zivilisationen des Abendlandes siedelten an den Küsten des Mittelmeeres, das fast völlig von Land umschlossen ist. Bei Flut strömt Wasser vom Atlantik durch die enge Straße von Gibraltar in das Mittelmeer, aber lange, bevor der Vorgang abgeschlossen ist, setzt bereits die Ebbe ein, so daß das Wasser wieder hinausfließt. Umgekehrt kommt lange vor dem Abschluß dieses Vorgangs schon wieder die Flut, weshalb die Veränderung des Wasserstandes im Mittelmeer letztlich nur sehr gering ausfällt.

Um 300 v. Chr. segelte der griechische Entdecker Pytheas (etwa 300–? v. Chr.) zum ersten Mal aus dem Mittelmeer hinaus. Er fuhr über den Atlantik zu den Britischen Inseln und weiter nach Skandinavien und stieß dabei auf das Phänomen der Gezeiten. In seinem Bericht darüber stellte er sogar die Vermutung auf, daß es etwas mit dem Mond zu tun habe, doch man schenkte ihm kaum Beachtung. Als Julius Cäsar einen Feldzug nach Britannien führte, ließ er seine Schiffe ziemlich weit unten am Strand liegen und verlor sie beinahe an eine unerwartet hohe Flut. Da er aber Cäsar war, korrigierte er seinen Fehler schnell.

Der Zusammenhang mit dem Mond war nicht leicht zu akzeptieren, solange man das Phänomen der Schwerkraft noch nicht verstanden hatte. Galilei beispielsweise, der sonst ein so unfehlbarer Denker war, lachte über jede Vermutung, daß der Mond einen Einfluß auf die Erde haben könne; er hielt die Gezeiten einfach für das Schwappen des Ozeans, wenn sich die Erde drehte. Erst nachdem Newton 1687 die allgemeine Gravitationstheorie aufgestellt hatte, konnte man die Gezeiten völlig verstehen.

40. Wie wird die Erde von den Gezeiten beeinflußt?

Die Gezeiten sind von großer Bedeutung für die Schiffahrt. Wenn die Flut einsetzt, ist das Wasser im Hafen tiefer, so daß ein schwer beladenes Schiff weniger leicht auf Grund läuft oder mit Sandbänken, Riffen und Felsen Probleme bekommt. Schiffe laufen deshalb bevorzugt mit der Flut aus. Wenn sie aus irgendeinem Grund nicht zu diesem Zeitpunkt abfahren können, müssen sie selbst bei größter Eile auf die nächste Flut warten.

Doch es gibt noch eine nachhaltigere, wenn auch weniger unmittelbar spürbare Wirkung der Gezeiten. Während sich die Erde unter den beiden Ausbauchungen des Meeres hindurchdreht, ist das Wasser an manchen Stellen seicht genug, um eine beträchtliche Reibung zwischen Wasser und Land zu erzeugen, wenn sich beide gegeneinander bewegen. Das Wasser »schabt« über weite Flächen am Meeresgrund, wenn es bei Flut vordringt und sich bei Ebbe wieder zurückzieht.

Diese Reibung wirkt genauso wie die Reibung der Bremsbeläge beim Auto. Ein Teil der Drehbewegung der Erde wird durch das Schaben der Gezeiten aufgebraucht; der Planet wird abgebremst. Die Drehung der Erde ist aber so stark, daß die Bremswirkung nur minimal zu Buche schlägt. Tatsächlich verlängert sich der Tag durch die Wirkung der Gezeiten in 62 500 Jahren nur um eine Sekunde.

Obwohl die Verkürzung insgesamt sehr langsam vor sich geht, summiert sie sich trotzdem. Selbst ein paar zusätzliche Zehntausendstelsekunden pro Jahr bedeuten, daß der von einer totalen Sonnenfinsternis verursachte Schatten gegenüber dem Schatten der vorigen Sonnenfinsternis um 100 Kilometer verschoben ist; wenn der Tag auf den Bruchteil einer Sekunde immer genau die gleiche Länge hätte, würde der Schatten dagegen immer auf dieselbe Stelle fallen. Diese Verschiebung der frühen Sonnenfinsternisse erlaubt es, die langsame Verlängerung des Tages zu berechnen.

Die Erddrehung kann aber nicht abgebremst werden, ohne daß dies an anderer Stelle zu einer Auswirkung führt. Die Erde besitzt aufgrund ihres Spins ein Drehmoment, das nicht völlig vernichtet werden kann. Wenn der Spin der Erde abnimmt, nimmt der Spin des Mondes zu, so daß sich der Mond bei einem länger werdenden Tag etwas von der Erde entfernt und einen größeren Bogen um sie beschreibt.

Natürlich hat die Erde auch einen Gezeiteneffekt auf den Mond. Da die Erde 81,3mal so massereich wie der Mond ist, erzeugt sie eine weit größere Gezeitenwirkung (auch wenn die geringere Größe des Mondes den Effekt ein wenig vermindert). Der Mond hat ein geringeres Drehmoment als die Erde; seine Rotation wird deshalb leichter abgebremst, wenn die Gesteinsschichten an der Oberfläche aufgrund des Gezeiteneffekts gegen die darunter liegenden Schichten gedrückt werden. Als Folge davon hat sich die Rotation des Mondes soweit verlangsamt, daß sich der Mond während eines Umlaufs um die Erde nur einmal dreht. Er wendet also der Erde nur eine einzige Seite zu, so daß die gezeitenbedingte Ausbauchung sowohl auf der erdzugewandten als auch auf der gegenüberliegenden Seite unveränderlich ist und der Mond durch den Gezeiteneffekt der Erde keine weitere Verlangsamung mehr erfährt. So ist es kein Zufall, daß die Drehung des Mondes um seine eigene Achse und sein Umlauf um die Erde dieselbe Zeit in Anspruch nehmen; es ist eine Folge der Gezeitenwirkung.

41. Gibt es Leben auf dem Mond?

Wenn wir diese Frage betrachten, müssen wir uns zunächst darüber klar werden, was wir mit Leben meinen. Auf der Erde sind alle Lebensformen, wie unterschiedlich sie auch erscheinen mögen, aus den gleichen chemischen Stoffen aufgebaut und haben dieselben grundlegenden Lebensbedingungen. Sie ergeben zusammen »unsere Art von Leben« oder »Leben, wie wir es kennen«.
Es könnte sein, daß es andere, von Grund auf verschiedene Formen des Lebens gibt, mit einem anderen chemischen Aufbau, anderen Grundbedingungen und einer Natur, die sich in jeder Hinsicht so stark vom Leben auf der Erde unterscheidet, daß wir es bei einer Begegnung vielleicht nicht einmal als Leben erkennen würden.
Wir wissen nichts über solche anderen Lebensformen, ja nicht einmal, ob ihre Existenz überhaupt möglich ist, und so ist es eigentlich auch nicht sinnvoll, über sie sprechen. Die entscheidende Frage lautet für uns also nicht: »Gibt es Leben auf dem Mond?«, sondern: »Gibt es Leben auf dem Mond, so wie wir es kennen?«
Seit man erkannt hatte, daß der Mond eine Welt war, ging man mehr oder weniger davon aus, daß es auf ihm Leben gebe, sogar intelligentes Leben. Dasselbe galt für alle anderen Himmelskörper, die sich als Welten herausstellten. In früheren Zeiten war man allgemein davon überzeugt, daß der ganze Zweck von Welten darin bestehe, Träger von Leben zu sein, daß eine Welt ohne Leben eine verschwendete Welt sei und daß es solche verschwendeten Welten nicht gäbe. Dabei ging es aber nur darum, was unserer Überzeugung nach gelten *sollte*. Können wir beurteilen, ob es Leben auf dem Mond gibt, ohne dabei unsere persönliche Meinung darüber einfließen

zu lassen, was sein sollte und was nicht? Vergessen Sie nicht, daß es bis in die 60er Jahre hinein nicht möglich war, auf den Mond zu fliegen und nachzusehen.

Das war aber auch nicht nötig, denn man konnte es aus der Ferne erkennen. Denken Sie an die Muster auf dem Mond, die Galilei mit seinem Teleskop als Berge, Krater und Ebenen identifizierte; sie veränderten sich nie. Zwar versteckte sich der Mond mitunter hinter den Wolken auf der Erde, aber in einer klaren Nacht waren die dunklen Flecken niemals durch Wolken auf dem Mond verdeckt. Auch wenn der Mond eine Welt wie die Erde sein mochte, so war er doch niemals bewölkt, was offensichtlich bedeutete, daß es keine Luft auf dem Mond gab, in der sich Wolken bilden konnten.

Die Zweifel waren bald ausgeräumt. Wenn sich der Mond über den Himmel bewegt, schiebt er sich immer wieder einmal vor einen Stern. Wäre der Mond von einer Atmosphäre umgeben, so würde der Stern bei der Annäherung des Mondes noch eine Weile durch sie hindurch scheinen. Sein Licht würde sich langsam verdüstern und schließlich ganz verlöschen, wenn er hinter den festen Mondkörper selbst rückte. Dies trat nicht ein. Statt dessen schien der Stern so lange mit voller Leuchtkraft, bis er hinter dem Mondkörper verschwunden war; es gab keine Atmosphäre, die sein Leuchten abschwächen würde.

Wenn wir einen Teil der sonnenbeschienenen Seite des Mondes sehen, erkennen wir damit zugleich die Grenze zwischen dem hellen und dem dunklen Bereich. Mit einer Atmosphäre wäre diese Grenze durch das verschwommen, was wir auf der Erde als Dämmerung oder Zwielicht kennen. Auf dem Mond ist die Grenze jedoch scharf; es gibt kein Zwielicht und deshalb auch keine Atmosphäre.

Warum gibt es keine Atmosphäre? Der Mond besitzt eine geringere Masse als die Erde und hat daher eine schwächere

Gravitationskraft. Die Schwerkraft auf der Oberfläche des Mondes ist nur ein Sechstel so stark wie die auf der Erde; die Anziehungskraft reicht deshalb nicht aus, um eine Atmosphäre zu halten. Wenn der Mond je eine Atmosphäre hatte, ist sie längst in den Weltraum hinausgetrieben.

Der Mond besitzt auch keine offenen Gewässer – keine Meere, Seen, Teiche oder Flüsse. Wäre dies anders, so würde das Wasser unter der heißen Sonne verdunsten, und der Mond hätte auch keine ausreichende Schwerkraft, um den Wasserdampf zu halten. Wenn auf dem Mond also je Wasser existierte, wäre es inzwischen restlos verschwunden. Als Galilei zum ersten Mal den Mond betrachtete, hielt er die dunklen Gebiete für Meere, wie sie mitunter noch heute bezeichnet werden. Genauere Beobachtungen zeigten jedoch, daß es innerhalb dieser »Meere« Krater und andere Gebilde gab, die dort nicht existieren würden, wenn es sich tatsächlich um Meere handelte. Es schienen statt dessen Lavaströme zu sein, die von einer vulkanischen Tätigkeit in der Frühzeit des Erdtrabanten herrühren. Der Schluß liegt nahe, daß es auf dem Mond weder Luft noch Wasser gibt; damit ist es auch unwahrscheinlich, daß dort Leben existiert, wie wir es kennen. Man wußte also schon damals, im 17. Jahrhundert, daß der Mond eine tote Welt ist.

Dies bedeutet aber nur, daß es auf dem Mond keine großen und komplexen Lebensformen gibt. Möglicherweise sind noch geringe Reste von Luft und Wasser im Mondboden erhalten, so daß darin sehr einfache Lebensformen wie etwa Bakterien, gewiß aber nicht mehr, existieren könnten.

Trotz alledem wollte man nicht von der Vorstellung ablassen, daß Welten belebt sein müssen und daß eine tote Welt eine anormale Verschwendung sei. 1835 schrieb der britische Journalist Richard Adams Locke (1800–1871) eine Artikelserie in der New Yorker *Sun* über die Entdeckung fortgeschrittener

Lebensformen auf dem Mond. Das Ganze war reine Phantasie, aber die Öffentlichkeit glaubte daran, und die *Sun* wurde für kurze Zeit zur meistverkauften Zeitung der Welt. Wenn die Menschen an etwas glauben wollen, so tun sie das, ohne sich um die Fakten zu kümmern. Aber trotz des erfolgreichen »Mondscherzes« stellten schon die ersten Beobachtungen des Mondes durch ein Teleskop klar, daß tote Welten existieren konnten und auch wirklich existierten.

42. Wie sind die Krater auf dem Mond entstanden?

Die eigentümlichsten Muster auf dem Mond sind seine Krater: kreisförmige, von einem Bergrücken umschlossene Vertiefungen auf seiner Oberfläche, die einen Durchmesser von 150 Kilometern oder mehr haben können. Wenn wir sie betrachten, können wir uns leicht zwei verschiedene Möglichkeiten vorstellen, wie sie entstanden sind. Schon die Tatsache, daß wir sie *Krater* nennen (nach dem griechischen Wort für »Weinmischkrug« wegen der Ähnlichkeit der Öffnung), erinnert uns an Vulkankrater. Es könnte sein, daß der Mond in einem frühen Stadium seiner Geschichte vulkanisch aktiv war und all diese Krater Spuren erloschener Vulkane sind. Die andere Möglichkeit ist, daß sich die Krater gebildet haben, als große Meteoriten auf dem Mond einschlugen.

Zur Zeit Galileis (und noch ein paar Jahrhunderte später) hatten die Menschen keine Erfahrung mit dem Meteoritenbombardement aus dem Weltraum, aber sie wußten alle von Vulkanen. Aus diesem Grund ging man einfach davon aus, daß die Mondkrater vulkanischen Ursprungs waren. Sicher waren sie viel größer als die Vulkankrater auf der Erde, aber auf dem Mond war die Schwerkraft auch viel geringer, so daß ein Vulkanausbruch dort viel mehr Material ausstoßen konnte als eine Eruption gleicher Stärke auf der Erde. Selbst nachdem sich die Astronomen der Existenz von Meteoriteneinschlägen bewußt geworden waren, schien es noch immer nicht so, als könnten die Krater auf Meteoriten zurückgehen. Wenn Meteoriten auf dem Mond einschlugen, dann geschah das aus allen Richtungen. Und wenn sie ihn in einem schrägen Winkel trafen, was fast für alle gelten würde, so mußten sie eigentlich einen elliptischen Krater schlagen. Vulkankrater dagegen waren immer kreisförmig – und genau das waren die Krater auf dem Mond.

Der erste, der den vulkanischen Ursprung der Mondkrater ernsthaft in Frage stellte, war der amerikanische Geologe Grove Karl Gilbert (1843–1918). In der 90er Jahren des 19. Jahrhunderts wandte er ein, daß sich die Mondkrater in ihrer Form grundsätzlich von den Vulkankratern auf der Erde unterschieden. Zudem waren die irdischen Vulkankrater fast ausschließlich auf Berggipfeln zu finden, während die Mondkrater am Boden auftraten. Er konnte jedoch nicht erklären, warum die Krater rund und nicht elliptisch waren.

Der amerikanische Astronom Forest Ray Moulton (1872–1952) wies 1929 schließlich einen Weg aus diesem Dilemma. Er erklärte, Meteoriten würden den Mond mit einer Geschwindigkeit von 30 km/s treffen, und die Wucht eines solchen Aufschlags verursache auf der Mondoberfläche so etwas wie eine Explosion. Es sei die Explosion und nicht der Einschlag selbst, die den Krater bilde, und wie ein Vulkanausbruch führe die Explosion immer zu einem runden Krater. Seit damals wird Meteoriteneinschlag allgemein als Ursache der Kraterbildung auf dem Mond angesehen. Außerdem gehen die Wissenschaftler heute davon aus, daß die Planeten

des Sonnensystems durch den Zusammenschluß kleinerer Stücke entstanden. Die Teile, die als letzte auftrafen, hinterließen die Krater, die heute auf dem Mond zu sehen sind.
Es gibt keinen Grund, warum nur der Mond Schrammen von dem Beschuß davongetragen haben sollte. Seit den 60er Jahren haben Raumsonden auch gezeigt, daß sie auf jeder atmosphärelosen Welt vorkommen. Welten mit einer Atmosphäre können die Auswirkungen dieser Krater durch Erosion beseitigen; das gleiche ist der Fall auf Welten, wo Wasser fließt, wo sich Gletscher bewegen, wo sich Lava ergießt, wo sich Leben rührt usw. Dies ist auch der Grund dafür, warum die Erde selbst keinen solchen Krater zu haben scheint, obwohl es – wie ich später erklären werde – selbst auf dieser Welt viele Anzeichen für Meteoritenbeschuß gibt.

43. Wie ist der Mond entstanden?

Weiter vorne habe ich beschrieben, wie man sich heute die Entstehung des Sonnensystems vorstellt. Doch diese Beschreibung löst nicht alle Probleme, von denen eines mit unserem Mond zu tun hat. Wie ist er entstanden?
In der Regel sind Satelliten viel kleiner als die Planeten, die sie umkreisen, so daß kleine Planeten überhaupt keine oder nur ganz winzige Satelliten haben. Merkur und Venus besitzen keine Satelliten, während der Mars zwei hat, auch wenn diese mit einem Durchmesser von wenigen Kilometern nur sehr klein sind.
Im Jahre 1978 fand der amerikanische Astronom James Christy heraus, daß Pluto, der am weitesten entfernte bekannte Planet, mit Charon einen Satelliten hat, der 10 Prozent seiner

eigenen Masse aufweist. Doch Pluto ist eine sehr kleine Welt, kleiner als der Mond, und Charon ist natürlich noch winziger. Jupiter, Saturn, Uranus und Neptun haben jeweils eine Vielzahl von Satelliten, aber diese Planeten sind viel größer als die Erde. Einige Satelliten dieser äußeren Planeten sind große Welten mit einem Durchmesser von 3000 bis 5000 Kilometern, wobei die kleinsten etwas kleiner und die größten beträchtlich größer als der Mond sind. Der Jupiter hat vier solcher großen Satelliten, während Saturn und Neptun jeweils einen besitzen. Verglichen mit den riesigen Planeten, die sie umkreisen, sind diese großen Satelliten trotzdem nur von winziger Größe und geringer Masse.

Obwohl die Erde ein kleiner Planet ist, besitzt sie doch einen großen Satelliten, der im Verhältnis zu ihr selbst weit größer ist als alle Satelliten der Riesenplaneten. Der Mond hat 1,2 Prozent der Masse der Erde, so daß man das Erde-Mond-System fast als einen Doppelplaneten ansehen könnte.

Der erste, der sich wissenschaftlich mit der Entstehung des Mondes auseinandersetzte, war der englische Astronom Georges Howard Darwin (1845–1912), der sich mit dem Problem der Gezeiten befaßte.

Ich erwähnte bereits, daß sich der Mond infolge der Reibung der Gezeiten ganz langsam immer weiter von der Erde entfernt. Dies bedeutet, daß sich der Mond gestern ein Stück näher an der Erde befand als heute, im letzten Jahr noch näher und im letzten Jahrhundert noch viel näher. Wenn wir weit in die Vergangenheit zurückgehen, muß er tatsächlich sehr nahe an der Erde gewesen sein. Unter diesen Umständen, so die Theorie Darwins, seien Erde und Mond vielleicht einmal ein einziger Körper gewesen.

Der vereinte Planet Erde–Mond habe das gesamte Drehmoment gehabt, das die beiden Körper nun getrennt voneinander besäßen, so daß er sich sehr schnell gedreht habe. Es sei daher möglich, daß dieser schnell rotierende Körper einen Teil seines äußeren Materials weggeschleudert habe, das zum Mond geworden sei. Dann habe ihn die Reibung der Gezeiten weiter nach außen getrieben, bis er seine jetzige Position eingenommen habe.

Einige Zeit lang sah diese Theorie sehr gut aus. Zum einen liegt die Dichte des Mondes bei nur 3,34 g/cm^3; er muß also aus festem Gestein bestehen und kann keinen so dichten flüssigen Eisenkern haben wie die Erde. Das klingt plausibel, weil der Mond nach dieser Hypothese ja nur aus den äußeren Gesteinsschichten der Erde und nicht aus dem Kern entstanden sein soll.

Außerdem wies Darwin darauf hin, daß der Mond gerade groß genug sei, um in den Pazifischen Ozean zu passen, so daß er möglicherweise aus diesem Teil der Erde herausgebrochen sei. Die Vulkane und Erdbeben um den Pazifik herum könnten die »Schrammen« sein, die nach der gewaltsamen Abstoßung des Mondes zurückgeblieben sind.

Doch so gut sich Darwins Theorie auch anhört, läßt sie sich leider nicht halten. Heute wissen wir, daß sich die Form des Pazifiks mit der Zeit verändert, und daß weder er selbst noch die Vulkane und Erdbeben an seinem Rand etwas mit dem Mond zu tun haben. Wenn wir außerdem das gesamte Drehmoment des angeblichen Erde-Mond-Körpers berechnen, stellen wir fest, daß er nur ungefähr ein Viertel dessen ausmachen würde, was nötig wäre, um einen Teil der äußeren Kruste abbrechen zu lassen. Aus diesem und auch aus anderen Gründen sind sich die Astronomen heute recht sicher, daß Darwins Theorie, der Mond sei aus der Erde herausgeschleudert worden, falsch ist.

Dies hieße offensichtlich, daß Erde und Mond von Anfang an getrennt entstanden sind, was zwei Möglichkeiten eröffnet. Die erste ist, daß sowohl der Mond als auch die Erde aus demselben Staub- und Gaswirbel hervorgegangen sind, als alle Planeten entstanden, aber aus irgendeinem Grund statt eines einzigen einen Doppelplaneten bildeten. Die zweite Möglichkeit ist, daß sie ursprünglich zwei voneinander unabhängige Planeten waren, die aus zwei verschiedenen Wirbeln entstanden sind. Nach dieser Theorie befand sich der Mond auf einer Bahn, die ihn immer wieder ziemlich nahe an die Erde heranführte; bei einem seiner nahen Vorbeiflüge könnte ihn dann die Schwerkraft der Erde eingefangen haben.

Die Hypothese, daß Erde und Mond aus demselben Wirbel aus Staub und Gas entstanden sind, ist nicht allzu wahrscheinlich, denn beide Welten müßten dann eigentlich sowohl aus Gestein als auch Metall bestehen. Außerdem müßte der Mond wie die Erde einen metallischen Kern haben, was aber nicht zutrifft. Wenn die beiden Welten dagegen in verschiedenen Wirbeln entstanden sind, könnte der Wirbel, aus dem die Erde mit ihrem Metallkern entstand, vielleicht größer und eisenhaltiger gewesen sein, während der andere Wirbel, aus dem der kleinere und vollständig aus Gestein bestehende Mond hervorging, womöglich kleiner und metallarm war. Allerdings sind die Astronomen bisher noch nicht imstande gewesen, ein plausibles Szenario zu entwickeln, wie es der Erde gelingen konnte, einen so großen Körper wie den Mond einzufangen.

Keine der drei Alternativen, die für den Mond vorgeschlagen wurden – Darwins schnelle Rotation, zwei Welten aus einem Wirbel oder zwei Welten aus zwei Wirbeln und ein Einfangen – ist eine zufriedenstellende Erklärung für die Existenz des Mondes. Ein mißmutiger Astronom meinte sogar, nachdem alle Erklärungsversuche fehlgeschlagen seien, könne die einzige Folgerung nur lauten, daß der Mond überhaupt nicht existiert.

Aber der Mond *ist* da, und die Astronomen mußten sich weiter den Kopf zerbrechen. 1974 schlug der amerikanische Astronom William K. Hartmann (geb. 1939) eine vierte Möglichkeit vor. Er kehrte zu Darwins Gedanken eines einzigen Erde-Mond-Körpers zurück, nahm aber nicht an, daß sich der Mond durch die Eigendrehung dieses Körpers abgelöst habe. Statt dessen stellte er eine Hypothese auf, nach der alles viel ungestümer zugegangen sei. In den ersten paar hundert Millionen Jahren der Planetenentstehung muß ein großes Chaos geherrscht haben; Planeten fügten sich aus kleineren Bruchstücken zusammen; für längere Zeit gab es viel mehr kleine Planeten als heute, und Kollisionen zwischen ihnen waren nicht selten. Infolge der Zusammenstöße wuchsen die größeren Himmelskörper auf Kosten der kleineren an, bis schließlich die heutigen Planeten entstanden waren und der Rest des Weltraums weitgehend frei von Materie war. In jener Frühzeit ist vielleicht ein zweiter Himmelskörper auf die Erde aufgeprallt, der unserem Planeten recht ähnlich war, aber nur 10 Prozent seiner Masse hatte. (Dies muß sich vor mehr als 4 Milliarden Jahren abgespielt haben, bevor Leben entstanden war; wenn es nämlich geschehen wäre, nachdem sich bereits Leben entwickelt hatte, wäre dieses durch die Kollision vernichtet worden, und das Leben, wie wir es kennen, hätte noch einmal ganz von vorne anfangen müssen.) Die beiden Objekte, von denen jedes einen Metallkern besaß, wären dann wahrscheinlich miteinander verschmolzen, aber Teile ihrer äußeren Gesteinsschichten könnten dabei in den Weltraum geschleudert und zum Mond geworden sein. Diese vierte Erklärungsmöglichkeit umgeht alle Schwierigkeiten der ersten drei, ohne daß sie selbst ernste Probleme mit sich bringt. Hartmanns Theorie wurde zunächst ignoriert, aber eine 1984 durchgeführte Computersimulation zweier großer Körper, die miteinander kollidierten, ließ den Gedanken durchaus als plausibel erscheinen, so daß er nun immer häufiger akzeptiert wird.

44. Können wir den Mond erreichen?

Da wir es bereits geschafft haben, lautet die Antwort »Ja«, aber schon lange, bevor es technisch möglich war, dorthin zu gelangen, schrieben einfallsreiche Menschen über Reisen zum Mond. Es waren zunächst einfache phantastische Geschichten zur Erheiterung der Leser, wobei häufig nicht einmal der Versuch unternommen wurde, den Mond realistisch zu beschreiben. Schließlich war im Altertum über den wirklichen Mond so gut wie nichts bekannt; er wurde deshalb ähnlich wie Indien oder Äthiopien einfach als ein weiteres fernes Land behandelt.
Die erste bekannte Erzählung einer Reise zum Mond stammt von dem griechischen Schriftsteller Lukian (um 120–180). Der Held seiner um 165 geschriebenen Geschichte schaffte den Flug zum Mond mit Hilfe von Vogelschwingen. Später schrieb er noch eine weitere Geschichte, in der der Held von einem Wirbelsturm zum Mond getragen wurde. Im Jahre 1532 verfaßte der italienische Dichter Ludovico Ariosto ein Epos, *Orlando Furioso* (Der rasende Roland), in dem der Held mit demselben feurigen Wagen den Mond erreichte, der in der Bibel den Propheten Elija gen Himmel davongetragen hatte. Bei Johannes Kepler gelangte der Held im Traum zum Mond. Diese Geschichte versuchte als erste, die wirklichen Eigenheiten des Mondes zu berücksichtigen, denn in ihr wurden erstmals der zweiwöchige Tag und die zweiwöchige Nacht beschrieben.
Reisen zum Mond wurden noch beliebter, seit Galileis Teleskop gezeigt hatte, daß es sich um eine reale Welt handelte. Im Jahre 1638 wurde das von dem englischen Schriftsteller Francis Godwin (1562–1633) verfaßte Buch *Man in the Moone* (Mann im Mond) posthum veröffentlicht. Darin erreichte der

Held den Mond in einem Gefährt, an das große Vögel angebunden waren. All diese Reisen setzten voraus, daß der Raum zwischen Erde und Mond voller Luft war, was damals selbstverständlich erschien; schließlich gab es auf der Erde überall Luft, selbst auf den Berggipfeln. Warum sollte sie sich nicht unendlich weit nach oben erstrecken? Daß dies nicht so war, entdeckte man 1643. Und das geschah folgendermaßen:

Wasser kann aus der Tiefe hochgepumpt werden, allerdings nur etwa 10 Meter und nicht höher. Dies überraschte Galilei, der 1643 einen seiner Schüler, den italienischen Physiker Evangelista Torricelli (1608–1647), mit der Untersuchung des Problems beauftragte.

Torricelli glaubte, daß während des Pumpens Luft aus dem Zylinder der Pumpe gesogen wurde, die bis unter den Grundwasserspiegel reichte. Der Luftdruck, der auf dem Grundwasser lastete, schien das Wasser im Zylinder hochzupressen, sobald die Luft teilweise daraus entfernt war. Wenn die Pumpe weiterarbeitete und immer mehr Luft entzog, wurde das Wasser im Zylinder immer höher gedrückt. Erreichte das Wasser die Grenze von 10 Metern, so schien es, als habe die Wassersäule ebensoviel Druck nach unten erzeugt, wie die Luft selbst ausüben konnte. Beide, der Druck der Luftsäule auf den Grundwasserspiegel und der Druck der Wassersäule im Pumpenzylinder, schienen gleich groß zu sein, so daß das Wasser nicht mehr weiter steigen konnte. Um diese Theorie zu überprüfen, verwendete Torricelli Quecksilber, eine Flüssigkeit mit der fast $13^1/_2$fachen Dichte von Wasser. Eine Quecksilbersäule sollte demnach $13^1/_2$mal so viel Druck ausüben wie eine gleich hohe Wassersäule. Wenn der Luftdruck 10 Meter Wasser tragen konnte, sollte er genau 76 cm Quecksilber halten können. Torricelli füllte ein 1,2 Meter langes Glasrohr mit Quecksilber. Er verstopfte die Öffnung und tauchte das Rohr mit dem verschlossenen Ende nach unten in ein großes Gefäß voller Quecksilber. Als das Rohr wieder geöffnet wurde, entleerte sich das Quecksilber langsam aus der Röhre, aber nicht völlig: Eine 76 Zentimeter hohe Quecksilbersäule blieb im Rohr. Das Quecksilber drückte offenbar genauso stark nach unten wie der Luftdruck (d. h. das Gewicht einer Luftsäule, die genauso dick wie die Quecksilbersäule war und bis zum oberen Ende der Atmosphäre reichte).

Dies zeigte erstens, daß Luft ein Gewicht hatte und somit auch Masse besaß. Sie war kein masseloser Dampf, sondern ein stoffliches Objekt. Auch wenn es sich dabei um fein verteilte Materie handelte, bestand sie trotzdem aus Materie. Die Tatsache, daß eine Luftsäule nur 76 Zentimeter Quecksilber halten konnte, bewies außerdem, daß der Druck und damit zugleich die Höhe begrenzt war. Dies wiederum bedeutete, daß man das Gewicht eines bestimmten Luftvolumens genau messen und seine Dichte bestimmen konnte. Luft hat eine Dichte von 0,0013 g/cm^3 und ist damit nur $1/77$ so dicht wie Wasser. Wenn die Dichte der Atmosphäre also immer unverändert bleibt, kann sie nur 8 Kilometer hoch sein.

Es ist jedoch so, daß die Dichte der Atmosphäre nicht überall gleich ist. Die oberen Schichten lasten schwer auf den unteren Schichten und drücken diese zusammen, und da sich Luft viel leichter zusammendrücken läßt als Wasser, sind die unteren Lagen viel dichter als die oberen. Diese Tatsache wurde von dem französischen Physiker Blaise Pascal (1623–1662) bewiesen, der im Jahre 1648 seinen Schwager mit quecksilbergefüllten Röhren auf einen Berg schickte. Wenn die Luft auf der ganzen Strecke gleich dicht wäre, sollte die Quecksilbersäule in einer Höhe von 1,6 Kilometern nur vier Fünftel so hoch sein wie auf Meereshöhe (d. h. 0,61 Meter). Die Quecksilbersäule wurde tatsächlich niedriger, aber nicht ganz so schnell. Mit zunehmender Höhe verdünnte sich die Luft und breitete sich weiter aus, so daß sich die Atmosphäre höher nach oben erstreckte als erwartet.

Selbst bei einer ausgedehnteren Atmosphäre wäre auf einer Höhe von 160 Kilometern nur noch so wenig Luft vorhanden, daß man sie ganz vernachlässigen könnte. Das bedeutete, daß man bei einem Flug von der Erde zum Mond mehr als 99,95 Prozent der Wegstrecke durch ein Vakuum reisen müßte. Mit Ausnahme von Bereichen in unmittelbarer Nähe großer Himmelskörper ist der Weltraum nämlich ein Vakuum, das nur winzige Spuren von Materie enthält.

Wenn wir einmal darüber nachdenken, erkennen wir, daß dies stimmen muß. Wäre das Universum von Luft erfüllt, wie man in der Zeit vor Torricelli geglaubt hatte, würden sich der Mond und andere Himmelskörper durch Luft hindurch bewegen und stetig an Energie verlieren, wenn sie die Luft auf die Seite drücken. Die Bewegung des Mondes würde sich verlangsamen, bis er schließlich ganz allmählich auf die Erde zu stürzte, während sich gleichzeitig die Bewegung der Erde verlangsamen würde, bis sie ganz allmählich auf die Sonne zu stürzte. Der einzige Grund, weshalb Himmelskörper unbegrenzt auf ihrer Bahn bleiben können, liegt darin, daß sie sich durch ein Vakuum fortbewegen und dabei praktisch keine Energie verlieren.

Die Tatsache, daß der Weltraum ein Vakuum ist, bringt im Hinblick auf Reisen zum Mond einige Probleme mit sich. Der Mond ist weder mit Hilfe von fliegenden Vögeln noch von Wasserspeiern zu erreichen; wir können uns dazu auch nicht irgendwelcher Zauberwagen oder Träume bedienen. Die einzige praktikable Methode für die Fortbewegung durch ein Vakuum basiert auf dem Rückstoßprinzip. Im Jahre 1687 postulierte Newton als eines der Bewegungsgesetze: Wenn ein Teil der Masse eines Objekts in eine Richtung geschleudert wird, muß sich der Rest der Masse in die andere Richtung bewegen (das Gesetz von *actio* = Wirkung und *reactio* = Gegenwirkung). Wenn ein Fahrzeug eine bestimmte Menge Material enthält, das sich in heiße Gase umwandeln läßt, und wenn diese Gase mit hoher Geschwindigkeit durch eine schmale Öffnung nach unten entweichen können, muß sich das Fahrzeug selbst nach oben bewegen. Falls es eine ausreichend hohe Geschwindigkeit erreicht, kann es die Erde sogar für immer verlassen.

Im Jahre 1650 zählte ein von dem französischen Schriftsteller Cyrano de Bergerac (1619–1655) verfaßtes Buch namens *Mondstaaten und Sonnenreiche* sieben verschiedene Arten auf, wie man zum Mond gelangen könne. Sechs davon waren reine Phantasie und konnten nicht wirklich funktionieren. Die siebte war jedoch der Raketenantrieb – 37 Jahre, bevor Newton das Prinzip postulieren sollte. Im Jahre 1926 konstruierte und startete der amerikanische Physiker Robert Hutchings Goddard (1882–1945) die erste moderne Rakete mit flüssigem Treibstoff. Das Ding war winzig, aber wegweisend. Und am 16. Juli 1969 setzte der amerikanische Astronaut Neil Alden Armstrong (geb. 1930) als erster Mensch einen Fuß auf den Mond. Flüge zum Mond zeigten schnell, daß unser Satellit in der Tat eine Welt ohne Luft, Wasser und Leben ist. Es gab keine Anzeichen dafür, daß auf dem Mond jemals auch nur das einfachste mikroskopische Leben vorhanden war.

Außerdem wurde Mondgestein zur Analyse auf die Erde zurückgebracht. Da der Mond kleiner als die Erde ist und in seinem Inneren weniger Wärme besitzt, ist er weniger ungestüm und hat weniger vulkanische Aktivität. Aus diesem Grund könnten die Steine auf der Mondoberfläche länger unverändert geblieben sein als Steine auf der Erde. Einige Mondsteine erwiesen sich tatsächlich als 4,2 Milliarden Jahre alt – vermutlich eine halbe Milliarde Jahre älter als die ältesten unberührten Steine auf der Erde.

45. Was sind Meteoriten?

Wer in einer dunklen Nacht die Sterne am Himmel beobachtet, wird gelegentlich ein sternähnliches Objekt sehen, das über den Himmel zieht und wieder verschwindet. Es sieht so aus, als ob sich ein Stern von seinem Ort am Himmel gelöst habe und nun das Firmament hinuntergleite. Im Volksmund wird diese Erscheinung gewöhnlich auch als »Sternschnuppe« bezeichnet.

Selbst die alten Griechen bemerkten aber schon, daß keiner der bekannten Fixsterne jemals am Himmel fehlte, gleichgültig, wie viele Sternschnuppen zu sehen waren. Was Sternschnuppen auch sein mochten, richtige Sterne waren sie nicht. Die Griechen gingen einer eigentlich notwendigen Erklärung dadurch aus dem Weg, daß sie sie einfach *Meteore* nannten (nach der griechischen Bezeichnung für »Objekte in der Luft«, was ungefähr das gleiche ist wie Unidentifizierte Flugobjekte oder UFOs).

Heute wissen wir, daß es sich bei Meteoren um Materiestückchen handelt, die nur so groß wie ein Stecknadelkopf oder noch kleiner sind. Der Weltraum in unserer Nähe ist mit diesen Teilchen übersät (man könnte von einem »staubigen« Weltraum sprechen). Wenn sich eines davon der Erde nähert, preßt es die Luft vor sich zusammen. Durch die Luftverdichtung erhöht sich die Temperatur des Teilchens, bis es glüht, verdampft und in noch winzigere Staubpartikel zerfällt. Dieser Staub beeinträchtigt uns nicht, sondern ist sogar äußerst nützlich, weil sich um seine Teilchen als Kerne herum Wassertröpfchen bilden. Der Staub trägt auf diese Weise zu Regenfällen bei, die für das Leben auf dem Festland von wesentlicher Bedeutung sind. (Die Frage, woher all dieser Staub kommt, wird später aufgegriffen.)

Es gibt aber auch Bruchstücke, die die Erde treffen und beträchtlich größer als Stecknadelköpfe sind. Manche sind so groß, daß sie den Flug durch die Atmosphäre überstehen und als relativ große Objekte auf der Erdoberfläche auftreffen. Solche größeren Brocken, die durch das Weltall fliegen, werden als *Meteoriten* im weiteren Sinne bezeichnet, während die auf die Erde herabstürzenden Trümmer die Meteoriten im engeren Sinne darstellen. Ungefähr 10 Prozent der Meteoriten bestehen aus Nickel und Eisen, was für die Wissenschaftler der erste Hinweis darauf war, daß der Erdkern aus Nickel und Eisen aufgebaut sein könnte.

Die Völker des Altertums stießen gelegentlich auf Nickel-Eisen-Meteoriten, und das zu einer Zeit, als sie noch nicht gelernt hatten, Eisen aus Eisenerz zu schmelzen. Dieses kostenlose Geschenk einer besonders harten Form von Eisen (mit einem Nickelanteil) war von enormem Wert, denn man konnte daraus bessere, härtere, festere und schärfere Werkzeuge herstellen, als sie ansonsten verfügbar waren. So berichtet die *Ilias* von einem Eisenklumpen, der bei den Spielen zur Bestattung des Patroklos als Preis verliehen wurde und bei dem es sich mit Sicherheit um einen Meteoriten handelte. In den zivilisierten Regionen der Erde sucht man jedoch vergeblich nach solchen Meteoriten, denn sie wurden alle aufgesammelt.

Manchmal sieht man tatsächlich, wie ein Meteorit auf die Erde fällt. Hipparch, der im 2. Jahrhundert v. Chr. lebende griechische Astronom, soll von jemandem erzählt haben, der den Fall eines Meteoriten beobachtete – ein Ereignis, das vielleicht als Zeichen des Himmels angesehen wurde. Im Altertum wurde ein Meteorit im Artemistempel in Ephesos verehrt; wahrscheinlich ist auch der schwarze Stein im Schrein von Kaaba in Mekka ein Meteorit.

Die Berichte von Steinen, die vom Himmel fallen, wurden

von manchen Astronomen der frühen Neuzeit nicht geglaubt. Der amerikanische Chemieprofessor Benjamin Silliman (1779–1864) und ein Kollege teilten 1807 mit, sie seien Augenzeugen eines solchen Falles geworden, aber Thomas Jefferson (1743–1826), damals Präsident der Vereinigten Staaten von Amerika und ein umfassend gebildeter Gelehrter, erklärte, es sei leichter zu glauben, daß zwei Yankee-Professoren lügten, als daß Steine vom Himmel fielen.

(Es ist einfach, Wissenschaftlern vorzuwerfen, sie seien übertrieben skeptisch, aber es ist doch weit sicherer, skeptisch zu bleiben, um es der Zeit und zusätzlichen Indizien zu überlassen, die Wahrheit einer unpopulären Auffassung zu beweisen, als daß man zu sehr darauf erpicht ist, neue Ideen sofort zu akzeptieren und wissenschaftliche Bemühungen an Verrücktheiten der verschiedensten Richtungen zu verschwenden.)

Es gab jedoch auch Wissenschaftler, die eine nur von einer Minderheit vertretene Auffassung aufgriffen. Der deutsche Physiker Ernst F. F. Chladni (1756–1827) veröffentlichte 1794 ein Buch, in dem er die Meinung vertrat, daß Steine tatsächlich vom Himmel fielen. Er sammelte sogar Objekte, die angeblich auf die Erde gefallen waren. Ein neuer Bericht über Einschläge in Frankreich führte 1803 zu einer gründlichen Untersuchung durch den französischen Physiker Jean Baptiste Biot (1774–1862); diese Studie überzeugte die wissenschaftliche Welt schließlich davon, daß Meteoriten wirklich existierten.

Seitdem sind sie sorgfältig untersucht worden, denn bis 1969 waren sie die einzig verfügbaren Proben außerirdischen Materials. Zum anderen waren sie sehr klein und hatten ungeheuer lang im luftleeren Raum existiert; es war deshalb sehr wahrscheinlich, daß sie sich seit ihrer Entstehung nicht verändert hatten oder umgeformt worden waren. Einige Meteoriten erwiesen sich als 4,6 Milliarden Jahre alt, älter als alles, was man unberührt auf der Erde oder auf dem Mond finden konnte. Das besagte Alter von 4,6 Milliarden Jahren wurde auch herangezogen, um zu berechnen, wann das Sonnensystem – einschließlich der Sonne, des Mondes und der Erde – entstanden war.

46. Könnten Meteoriten zu einer Gefahr für den Menschen werden?

Natürlich. Wenn die Erde ziellos mit Stein- und Metallbrocken bombardiert wird, braucht man nicht lange nachzudenken, um zu erkennen, daß eines dieser Geschosse früher oder später jemanden treffen wird. Bislang weiß man zwar von Meteoriten, die Häuser und sogar Autos getroffen haben, doch es gibt keine Zeugnisse darüber, daß auch bereits Menschen zu Schaden gekommen seien. Vermutlich ist es jedoch nur eine Frage der Zeit, bis es soweit sein wird. Die Erde bietet ein riesiges Ziel; es ist deshalb viel wahrscheinlicher, daß ein Meteorit das Meer, eine Wüste oder dünn besiedelte Gebiete mit Wald oder Feldern trifft als einen Menschen oder gar eine Stadt. Da jedoch die Zahl der Menschen weiter zunimmt, sich die Städte immer noch ausbreiten und die Erde immer mehr von Menschenhand gebaute Anlagen besitzt, wird auch das Ziel immer größer; ein herabstürzender Meteorit kann somit einmal eine Katastrophe auslösen.

Je größer ein Meteorit ist, desto mehr Schaden kann er natürlich anrichten, aber große Meteoriten sind weit seltener als kleine. Der größte bekannte Einschlag in historischer Zeit ereignete sich 1908 in Sibirien, als ein großes Objekt in Zentralsibirien einschlug und im Umkreis von 32 Kilometern alle Bäume umknickte. Es löschte ein Rudel von Rentieren aus, aber die Gegend war unbewohnt, so daß keine Menschenleben zu beklagen waren. Vor ungefähr 25 000 Jahren traf ein noch größerer Meteorit das Gebiet des heutigen Arizona und schlug einen 0,8 Kilometer breiten Krater. Da es sich um ein Wüstengebiet handelt, das weitgehend von der Erosionswirkung des Wassers und von menschlichen Eingriffen verschont geblieben ist, kann man den Krater immer noch sehen. Hätte ein solcher Meteorit in der Neuzeit eingeschlagen und eine Stadt getroffen, wäre die gesamte Stadt mit einem einzigen Schlag ausgelöscht worden.

Es gibt Spuren von noch gewaltigeren Einschlägen vor ein paar Millionen Jahren. Sie haben noch größere Krater hinterlassen, die durch die Einwirkung von Wind, Wasser und Pflanzenwuchs zwar beseitigt worden sind, deren Existenz sich aber trotzdem noch nachweisen läßt. Bevor wir jedoch die mächtigsten Einschläge behandeln können, müssen wir ein anderes Thema aufgreifen.

47. Was sind Planetoiden?

Einer der Gründe, warum es den Wissenschaftlern im 18. Jahrhundert so schwerfiel, die Existenz von Meteoriten zu akzeptieren, lag darin, daß man keine Kenntnis von kleinen Himmelskörpern im Sonnensystem hatte. Es schien nur die Planeten und ihre Satelliten zu geben (sowie geheimnisvolle Kometen, über die ich später noch sprechen werde).

Ein Sinneswandel wurde erst langsam durch den deutschen Astronomen Johann Daniel Titius (1729–1796) eingeleitet. Im

Jahre 1766 entwickelte er eine Formel, um das Verhältnis der mittleren Entfernungen der Planeten von der Sonne zu bestimmen. Sie ergab die folgenden Zahlen: 4, 7, 10, 16, 28, 52, 100, 196, 388 usw. Nehmen wir an, die Entfernung der Erde von der Sonne wird mit 10 angegeben. In diesem Fall hat der Merkur einen Abstand zur Sonne von ungefähr 3,88, die Venus von 7,23, der Mars von 15,23, der Jupiter von 52,0 und der Saturn von 95,5. Im Jahre 1772 veröffentlichte ein anderer, besser bekannter deutscher Astronom, nämlich Johann Elert Bode (1747–1826), die Zahlenreihe, die als *Titius-Bodesche Reihe* bekannt wurde.

Schließlich fiel den Astronomen auf, daß auf Position 28 der Titius-Bodeschen Reihe ein Planet fehlte. Sollte es dort einen Planeten geben? Wenn ja, warum hatte man ihn nie beobachtet? Es wäre von der Erde aus nur doppelt so weit wie der Mars und nur zwei Fünftel so weit wie Jupiter entfernt. Selbst wenn dieser Planet auf Position 28 nicht größer wäre als der Mars (der nur ein wenig mehr als den halben Erddurchmesser hat), sollte er immer noch leicht zu sehen sein. Die einzig mögliche Erklärung dafür, daß sich ein Planet auf Position 28 befand und nicht gesehen wurde, war die, daß er viel kleiner als der Mars war.

Der deutsche Astronom Heinrich W. M. Olbers (1785–1840) begann in den 90er Jahren des 18. Jahrhunderts mit der Organisation eines astronomischen Projekts, bei dem sich eine Reihe von Astronomen verschiedene Teile des Himmels vornehmen und gründlich nach einem möglichen Planeten absuchen sollte, dessen Umlaufbahn sich zwischen Mars und Jupiter befand. Bevor jedoch dieses Vorhaben in die Tat umgesetzt wurde, machte der italienische Astronom Giuseppe Piazzi (1746–1826) die angestrebte Entdeckung am 1. Januar 1801, dem ersten Tag des 19. Jahrhunderts. Er suchte nicht danach; er bemerkte nur zufällig einen »Stern«, der von Abend zu

Abend seinen Standort veränderte und deshalb kein gewöhnlicher Stern sein konnte. Nach seiner Geschwindigkeit schien er der fehlende Planet zwischen Mars und Jupiter zu sein. Da Piazzi Sizilianer war, benannte er den neuen Planeten nach der römischen Fruchtbarkeitsgöttin Ceres, die im alten Sizilien verehrt worden war.

Ceres ist ein kleiner Planet, denn er hat einen Durchmesser von nur 1000 Kilometern, weniger als die Hälfte des Mondes. Olbers konnte allerdings nicht recht glauben, daß dies im Bereich zwischen Mars und Jupiter schon alles sein sollte, und setzte die Suche wie geplant fort. Im Lauf der nächsten paar Jahre wurden zwischen Mars und Jupiter drei weitere Himmelskörper entdeckt, die noch kleiner als Ceres waren; sie wurden Pallas, Vesta und Juno getauft.

Der deutsch-britische Astronom Wilhelm (William) Herschel (1738–1822) wies darauf hin, daß die neuen Körper so klein waren, daß sie wie die Sterne selbst durch das Teleskop nur wie Lichtpunkte aussahen und anders als die größeren Planeten nicht als Scheiben erschienen. Er schlug deshalb vor, sie *Asteroiden* (»Sternähnliche«) zu nennen. Der Name ist erhalten geblieben. (Anm. d. Übers. Neben der Bezeichnung *Asteroiden* haben sich auch die Begriffe *Kleinplaneten* und vor allem *Planetoiden* eingebürgert.)

Seit Piazzis Entdeckung hat man eine riesige Anzahl von Planetoiden gefunden. Über 3000 sind bereits bekannt, und zweifellos gibt es noch viele tausend weitere Planetoiden im Raum zwischen Mars und Jupiter. Ceres ist nach wie vor der größte; er vereinigt fast 10 Prozent der Masse aller Planetoiden. Der Raum zwischen Mars und Jupiter wird daher als *Planetoidengürtel* bezeichnet; es handelt sich dabei um eine Gegend, die entfernt daran erinnert, wie das Sonnensystem vor der Entstehung der Planeten ausgesehen haben muß.

Warum gibt es dort Planetoiden? Olbers vertrat als erster die

Ansicht, es handle sich bei ihnen um die Überreste eines explodierten Planeten. Diese Vorstellung klingt verlockend, aber wir wissen nicht, wie oder warum ein Planet explodieren sollte. Heute gehen die Astronomen davon aus, daß sich das Material im Planetoidengürtel einfach nicht zu einem Planeten verdichten konnte. Der Riesenplanet Jupiter hat möglicherweise so viel von dem Material des Planetengürtels aus dem Weg geräumt, daß aus dem Rest kein halbwegs großer Planet mehr entstehen konnte. Außerdem könnte auch die Anziehungskraft des Jupiters verhindert haben, daß sich die Planetoiden zusammenschlossen.

48. Gibt es Planetoiden nur im Planetoidengürtel?

Es gibt Tausende und Abertausende von Planetoiden, von denen die meisten sehr klein sind – gleichsam zerklüftete Gebirge, die durch den Weltraum fliegen. Selbst wenn sie alle am Anfang im Planetoidengürtel versammelt waren, müssen sie nicht zwangsläufig auch dort geblieben sein. Auf ihrer Bahn um die Sonne werden die Planetoiden von der Schwerkraft der anderen Planeten, insbesondere des Riesenplaneten Jupiter, beeinflußt. Einige werden dabei vielleicht über die Bahn des Jupiter hinaus in das äußere Sonnensystem getrieben, während andere womöglich über die Bahn des Mars in das Innere des Sonnensystems hineindriften. Je weiter hinaus Planetoiden gelangen, desto schwieriger kann man sie entdecken und studieren, so daß über die weiter entfernten Planetoiden nicht viel bekannt ist. Umgekehrt sind diejenigen Planetoiden, die uns näher als der Mars kommen, leichter zu erkennen und zu erforschen, aber auch – wie man nur zu gut verstehen kann – gefährlicher.

Im Jahre 1898 entdeckte der deutsche Astronom Gustav Witt einen Planetoiden, dessen Umlaufbahn innerhalb der Marsbahn lag. Er nannte ihn Eros. (Planetoiden erhalten normalerweise weibliche Namen, wenn sie besondere Umlaufbahnen haben, dagegen männliche.) Wenn sich Eros und die Erde an einem bestimmten Ort ihrer jeweiligen Umlaufbahn befinden, sind sie nur 22,5 Millionen Kilometer voneinander entfernt – nur etwas mehr als die Hälfte der Strecke, die der Planet Venus bei der größten Annäherung an die Erde von uns entfernt ist. Eros kam der Erde damit näher als – vom Mond abgesehen – jeder andere damals bekannte Himmelskörper. 1931 passierte Eros die Erde in einem Abstand von 26 Millionen Kilometer.

Eine solche Entfernung ist sicher genug; es ist extrem unwahrscheinlich, daß sich die Umlaufbahn von Eros jemals so stark verändern wird, daß er mit uns kollidiert. Dies ist auch gut so, denn sein Durchmesser beträgt ungefähr 16 Kilometer. Ein Zusammenstoß mit Eros würde nicht zwangsläufig unseren Planeten selbst in Mitleidenschaft ziehen, aber für das Leben auf der Erde hätte er katastrophale Folgen.

Das Problem ist jedoch, daß Eros nicht der einzige Planetoid dieser Art ist. Seit 1898 hat man eine Reihe von Planetoiden entdeckt, die meist einen Durchmesser von nur 1 oder 2 Kilometern haben und der Erde noch näher kommen können als Eros. Mindestens fünfzig dieser »Erdstreifer« sind heute bekannt, und jedes Jahr werden noch ein paar weitere entdeckt.

Die weiter oben behandelten Meteoriten sind winzige Beispiele vagabundierender Planetoiden. Sie richten keinen großen Schaden an, aber früher oder später wird einer dieser Erdstreifer mit Sicherheit die Erde treffen. Nach verschiedenen Schätzungen kommt es durchschnittlich einmal in 100 Millionen Jahren zu einem derart katastrophalen Zusammenstoß. Wenn dies zutrifft, hätten sich schon mehr als dreißig solcher Kollisionen ereignen können, seitdem es Leben auf der Erde gibt. Fünf oder sechs dieser Zusammenstöße haben möglicherweise stattgefunden, als bereits komplexe Lebensformen auf dem Land und im Meer existierten. Gibt es Spuren dieser Kollisionen?

Vor etwa 65 Millionen Jahren vollzog sich eine Veränderung auf der Erde, die dazu führte, daß die Dinosaurier zusammen mit anderen Arten kleiner und großer Pflanzen und Tiere plötzlich von der Erdoberfläche verschwanden. Bis 1980 wußte niemand genau, was sich dabei ereignet hatte; es kursierte eine Vielzahl von Theorien, von denen aber keine überzeugend war. Doch 1980 analysierte der amerikanische Wissenschaftler Walter Alvarez mit großer Sorgfalt 65 Millionen Jahre alte Gesteinsschichten. Sie hatten einen Anteil an dem seltenen Metall Iridium, der 25mal höher war als in Schichten, die nur etwas älter oder etwas jünger waren. Etwas muß das Gestein mit Iridium gerade damals angereichert haben, als die Dinosaurier verschwanden. Dies galt nicht nur für die eine Stelle, an der Alvarez zufällig arbeitete; eine ähnliche Anreicherung mit Iridium wurde in Gesteinen dieses Alters auf der ganzen Welt festgestellt.

Was war geschehen? Alvarez vertrat die Auffassung, daß Iridium in Meteoriten viel häufiger vorkomme als in der Erdkruste. (Auf der Erde ist der Großteil des Iridiums im Eisenkern konzentriert.) Es schien also, als habe es vor 65 Millionen Jahren einen besonders gewaltigen Einschlag gegeben, bei dem die enorme Hitze der Kollision den Meteoriten zusammen mit Kubikkilometern der Erdkruste verdampfen ließ. Riesige Staubmassen wurden in die obere Atmosphäre hochgeschleudert, wo sie die Erde lange Zeit vom Sonnenlicht abschnitten und so einen künstlich verlängerten Winter hervorriefen, der viele Lebensformen auslöschte. Der Einschlag könnte auch Erdbeben, Vulkanausbrüche, Fluten, riesige Waldbrände und ähnliche Katastrophen verursacht haben. Der größte Teil des Lebens, besonders die großen Tiere, verschwand. Kleinere Lebensformen oder auch solche, die einfach nur Glück hatten, überlebten und konnten von neuem beginnen.

Es gibt Anzeichen dafür, daß sich dies in der Erdgeschichte periodisch wiederholt hat. Immer wieder einmal kommt es zu einer gewaltigen Vernichtungswelle, die einen großen Teil der Lebewesen ausrottet. Möglicherweise handelt es sich dabei um einen wichtigen Bestandteil der Evolution, weil dadurch neue Arten eine Chance erhalten, sich zu entwickeln und auszubreiten. Beispielsweise hatten Säugetiere schon mehrere Zehnmillionen Jahre vor dem »großen Aussterben« existiert, konnten aber nicht mit den riesigen Dinosauriern konkurrieren; sie blieben klein und unbedeutend. Erst nachdem der Meteoreinschlag die Dinosaurier ausgelöscht hatte, besaßen die kleinen Säugetiere die Möglichkeit, sich explosionsartig zu entwickeln und die vielen fortgeschrittenen Arten hervorzubringen, die heute existieren – uns Menschen eingeschlossen.

Falls es in der Zukunft eine weitere derartige Kollision geben sollte und wir es bis dahin noch nicht geschafft haben, uns selbst auszurotten, könnte das gesamte menschliche Leben vernichtet werden. Der Planet bliebe dann vielleicht für eine andere Lebensform übrig, die ein neues Kapitel aufschlagen könnte. Zumindest bis heute ist noch keine Kollision schrecklich genug gewesen, um die Erde vollständig unfruchtbar zu machen, doch absolut auszuschließen ist eine so furchtbare Katastrophe nicht.

49. Was sind Kometen?

Neben den Planetoiden und Meteoriten gibt es eine weitere Art von Objekten, die sich mitunter der Erde nähern – die *Kometen*. Es könnte auch ein Zusammenstoß mit einem Kometen und nicht mit einem Planetoiden gewesen sein, der vor 65 Millionen Jahren für das Aussterben der Dinosaurier verantwortlich war. Möglicherweise war es auch ein Kometensplitter und kein Meteorit, der 1908 die Explosion in Sibirien verursachte. Was also ist ein Komet?

Kometen sind viel auffälliger als Meteoriten. Sie sind nicht einfach Lichtstreifen, die innerhalb von Sekunden auftauchen und wieder verschwinden, sondern verschwommene und mitunter ziemlich große Objekte, die wochenlang am Himmel bleiben. Früher gab es Anlaß zur Angst. Während Sterne und Planeten bekannten Bahnen folgten und ihre Bewegungen vorhersagbar waren, schienen Kometen kurzlebige Objekte zu sein, die aus dem Nichts kamen, Nacht für Nacht über den Himmel zogen und schließlich wieder verschwanden. Wenn die Menschen glaubten, daß die Planeten auf ihrer Bahn über den Himmel bestimmte Muster zeichneten, die die Zukunft voraussagten, mußten sie annehmen, daß ein Komet eine Art Kurzbotschaft war, die von einer zornigen Gottheit als Warnung geschickt wurde.

Der Gedanke, daß ein Komet eher der Überbringer einer schlechten als einer guten Botschaft sei, wurde durch das Erscheinungsbild der Kometen verstärkt. Er bestand aus einer verschwommenen Lichtkugel, hinter der sich ein langer, leuchtender Schweif ausbreitete. Phantasiebegabte Menschen sahen in dieser Form den Kopf einer trauernden Frau, deren offenes Haar nach hinten wehte und die ihre Klagen quer über den Himmel schrie (das Wort »Komet« leitet sich tatsächlich von dem griechischen Wort für »Haar« ab); andere sahen darin ein Schwert. In beiden Fällen bedeutete er Tod und Verderben. Man konnte die Richtigkeit dieser Annahme damit begründen, daß nach jedem Erscheinen eines Kometen eine Katastrophe eintrat. Natürlich kam es auch jedesmal zu einer Katastrophe, wenn ein Komet *nicht* erschien, aber irgendwie bemerkte man das nicht.

Bereits im Altertum wurde versucht, an diese Objekte rational heranzugehen. Da Aristoteles der Meinung war, die Himmelssphären seien vollkommen und unveränderlich, gab es darin keinen Platz für so wandelbare und kurzlebige Dinge wie Kometen. Er glaubte deshalb, daß es sich dabei nur um leuchtende Gase in der oberen Erdatmosphäre handle, vergleichbar den Irrlichtern, die mitunter über sumpfigen Gebieten aufflackern. Diese Theorie war zwar falsch, aber zumindest eine vernünftige Interpretation; sie konnte die breite Öffentlichkeit jedoch nicht dazu bringen, ihre törichten Ängste aufzugeben. (Selbst im 20. Jahrhundert gibt es noch Menschen, die vor Kometen Angst haben, genau wie es noch Menschen gibt, die die Erde tatsächlich für eine Scheibe halten. Im 20. Jahrhundert war aber seit 1910 kein wirklich spektakulärer Komet mehr zu sehen, so daß die Ängste keine Chance zur Entfaltung hatten.)

Der erste Wissenschaftler, der einen Kometen emotionslos studierte, war der deutsche Astronom Regiomontanus (1436–1476), der einen 1473 auftauchenden Kometen beobachtete und Nacht für Nacht seine Position festhielt. Im Jahre 1540 veröffentlichte der deutsche Astronom Peter Apianus (1495–1552) ein Buch, in dem er fünf verschiedene Kometen beschrieb. Darin notierte er, daß der Schweif in allen Fällen von der Sonne weg zeigte: dies war die erste wissenschaftliche Beobachtung eines Kometen, die über die Bestimmung seiner Position am Himmel hinausging.

Im Jahre 1577 versuchte Tycho Brahe vergeblich, die Parallaxe eines hellen Kometen zu bestimmten, der in jenem Jahr erschien; im Gegensatz zur Mondparallaxe war sie nicht groß genug, um sie zu messen. Dies bedeutete, daß der Komet weiter entfernt war als der Mond. Aristoteles hatte also unrecht: Kometen befanden sich nicht in der Erdatmosphäre, sondern weiter draußen im Weltraum.

Seit Newton sein Gravitationsgesetz aufgestellt hatte, durfte man annehmen, daß dieses wie für alles andere im Weltraum auch für Kometen galt. Kometen sollten von der Anziehungskraft der Sonne gehalten werden und um die Sonne kreisen. Das einzige Problem war, daß sich die gewöhnlichen Planeten in Ellipsen bewegten, die fast kreisförmig waren, während Kometen anscheinend sehr langgestreckte Umlaufbahnen hatten. Vielleicht drangen sie auch nur einmal in das Sonnensystem ein, sausten um die Sonne und verschwanden dann auf Nimmerwiedersehen.

Der englische Wissenschaftler Edmund Halley (1656–1742), ein Freund Newtons, befaßte sich ebenfalls mit dem Problem. Er studierte frühere Berichte über Kometen und bemerkte, daß die Kometen von 1456, 1531 und 1607 die gleiche Bahn über den Himmel beschrieben hatten wie der Komet von 1682, den er selbst beobachtet hatte. Das brachte ihn auf den Gedanken, daß es sich immer um denselben Kometen handeln könnte, der zu diesem Teil seiner langgestreckten Umlaufbahn zurückkehrte, die ihn alle 75 bis 76 Jahre in die Nähe der Erde und der Sonne führte.

Halley verkündete, 1758 werde genau dieser Komet zurückkehren. Halley erlebte es nicht mehr, aber Anfang 1759 tauchte der Komet fast wie prophezeit wieder auf und wird seitdem als *Halleyscher Komet* bezeichnet. Seine jüngste Wiederkehr am Himmel der Erde ereignete sich 1986, aber er zog nicht besonders nahe an der Erde vorbei und erweckte deshalb keinen besonders aufsehenerregenden Eindruck. Halleys Entdeckung nahm den Kometen viel von ihrem Geheimnis; einige Jahrzehnte lang war es unter den Astronomen geradezu Mode, neue Kometen zu entdecken und ihre Bahnen zu berechnen.

50. Warum sehen die Kometen verschwommen aus?

Kometen blieben selbst dann noch rätselhaft, als man sie bereits als gewöhnliche, den Gravitationsgesetzen unterliegende Bestandteile des Sonnensystems identifiziert hatte. Die anderen Objekte im Sonnensystem waren feste Körper mit scharfen Rändern und ohne Schweif, Kometen dagegen waren verschwommen und hatten einen Schweif. Die meisten kleinen Körper im Sonnensystem, wie Merkur, der Mond, die Planetoiden und die meisten Satelliten, sind Brocken aus fester Materie ohne eine Atmosphäre; sie besitzen deshalb natürlich auch scharfe Ränder, genau wie Steine oder Metallklumpen auf der Erde. Ähnlich wie die Erde, die Venus, Mars und selbst einige der größeren Satelliten haben die Riesenplaneten eine Atmosphäre. Diese gasförmigen Hüllen werden durch Gravitationskräfte fest an das Objekt gedrückt und überlagern entweder nicht den scharfen Rand des festen Planeten darunter oder bilden Wolkenschichten, die selbst eine scharfe Grenze aufweisen.

Die Kometen ähneln keinem dieser Himmelskörper, weil sie eine andere chemische Zusammensetzung haben. (An dieser Stelle könnten Sie natürlich sofort fragen, wie Astronomen die chemische Zusammensetzung eines entfernten Objekts bestimmen können, aber dieses Thema wird uns erst später beschäftigen.) Obwohl Kometen ähnlich wie Planetoiden kleine Objekte sind, bestehen sie nicht aus Gestein und Metall, sondern aus Stoffen, die *flüchtig* sind (also leicht schmelzen) und auf der Erde normalerweise flüssig oder gasförmig wären, bei niedrigen Temperaturen aber zu fester Form gefroren sind. Der am weitesten verbreitete dieser flüchtigen Stoffe ist Wasser, und zwar sowohl auf der Erde als auch in den Kometen. In den Kometen kommt es als Eis vor. Andere flüchtige Substanzen wie Ammoniak oder Zyan können ebenfalls zu Feststoffen gefrieren und wie Eis aussehen; sie alle klumpen zu *Eispartikeln* zusammen.

Kometen besitzen möglicherweise einen steinernen Kern und bestehen ansonsten aus Eispartikeln, die mit Gesteins- und Metallteilchen vermischt sind. Dieser Aufbau wurde 1949 von dem amerikanischen Astronomen Fred Whipple (geb. 1911) ermittelt, der Kometen als »schmutzige Schneebälle« bezeichnete. Solange diese Objekte weit von der Sonne entfernt sind, bleiben sie gefroren und haben wie Planetoiden einen scharfen Rand, obwohl sie dann zu weit weg sind, um sie noch sehen und erforschen zu können. Wenn sie sich aber der Sonne nähern, läßt diese einen Teil des Eises verdampfen und setzt einen Teil des darin enthaltenen Gesteinsstaubs frei. Der feste Kern des Kometen wird dann von einer Wolke aus Gas und Staub eingehüllt. Die Staubpartikel reflektieren das Sonnenlicht und umgeben den Kometen mit einem leuchtenden Nebel, der *Koma*, die ihm sein verschwommenes Aussehen verleiht. Es gibt ständig elektrisch geladene Teilchen, die von der Sonne aus in alle Richtungen ausströmen; sie werden als *Sonnenwind* bezeichnet. Dieser »Wind« ist eigentlich sehr schwach, aber trotzdem stark genug, um die Wolke aus Staub und Gas vom Kometen wegzutreiben, so daß ein langer, leuchtender Schweif entsteht, der immer von der Sonne wegzeigt.

51. Was geschieht mit den Kometen?

Ein Komet ist kein beständiger Körper im gleichen Sinne wie die Erde oder ein Planetoid. Wenn sich ein Komet um die Sonne bewegt und ein Teil davon verdampft, ist der verdampfte Teil für immer verloren. Das Erstaunliche dabei ist, daß der Komet nicht völlig verdampft und in der feurigen Umarmung der Sonne verschwindet. Genau das träfe aber ein, wenn er sich zu lange in der Nähe der Sonne aufhielte. Statt dessen saust er an ihr vorbei und entfernt sich wieder, bevor sehr viel von ihm verdampfen kann.

Wenn die Eispartikel verdampfen, bleibt ein Teil des Gesteinsstaubs zurück und bildet eine Kruste auf der Oberfläche des Kometen. Raumsonden, die 1986 in die Nähe des Halleyschen Kometen geschickt wurden, zeigten, daß die Oberfläche schwarz vor Gesteinsstaub war. Eine derartige Gesteinskruste wirkt als Isolierung, die das Ausmaß der Verdampfung verringert.

Trotzdem verliert der Komet bei jedem Vorbeiflug an der Sonne einen Teil seiner Substanz, so daß Kometen nur eine begrenzte Zeit lang existieren. Selbst große Kometen lösen sich nach mehreren hundert oder vielleicht auch tausend Vorbeiflügen an der Sonne auf. Astronomen haben beobachtet, wie einige kleine Kometen in die Sonne stürzten und für immer verschwanden, während andere zerfielen und sich auf diese Weise der Beobachtung entzogen. Einige Kometen hinterlassen einen Gesteinskern, der von einem Planetoiden fast nicht zu unterscheiden ist. Bei anderen bleiben nur vage Spuren übrig. Während die Gase verdampfen und sich im Weltraum ausbreiten, bewegt sich der bei der Verdampfung freigesetzte Staub weiterhin auf einer Kometenbahn. Er verteilt sich zwar entlang dieser Bahn und wird dünner, aber dort, wo sich früher einmal der Komet befunden hatte, bleibt die Dichte doch höher.

Am 13. November 1833 kollidierte die Erde mit der zentralen Staubwolke eines früheren Kometen. Der Zusammenstoß richtete keinen Schaden auf der Erde an, sondern gab vielmehr ein prächtiges Schauspiel ab, denn der Himmel über Neuengland (USA) verwandelte sich in ein Feuerwerk. Eine Unzahl von Staubpartikeln sauste durch die Atmosphäre und glühte dabei wie leuchtende Schneeflocken, die jedoch nie den Boden erreichten. Von Furcht ergriffene Beobachter glaubten, daß alle Sterne vom Himmel fielen. Da die biblische Offenbarung des Johannes davon spricht, daß am Tag des Jüngsten Gerichts die Sterne vom Himmel stürzen werden, waren mit Sicherheit viele der Meinung, das Ende der Welt sei gekommen. Am nächsten Tag ging jedoch wie immer die Sonne auf, und in der nächsten Nacht standen noch alle Sterne am Himmel.

Eine erhöhte Zahl von Meteoriten gibt es mehrmals im Jahr, aber das Schauspiel von 1833 hat sich nie mehr wiederholt, auch wenn es die weitere Untersuchung von Meteoriten anregte.

52. Woher kommen die Kometen?

Wenn die Kometen kurzlebig sind, wenn sie leicht auseinanderbrechen, verschwinden und nur einen Gesteinskern oder etwas Staub zurücklassen, warum gibt es sie dann immer noch? Warum sind sie im Verlauf der 4,6 Milliarden Jahre, die das Sonnensystem alt ist, nicht alle verschwunden?

Wenn wir darüber nachdenken, scheint es nur zwei mögliche Antworten zu geben: Entweder entstehen neue Kometen so schnell, wie die alten verschwinden, oder es gibt so viele Kometen, daß auch nach 4,6 Milliarden Jahren noch nicht alle »aufgebraucht« sind. Die erste Möglichkeit ist nicht sehr wahrscheinlich, weil sich die Astronomen nicht vorstellen können, auf welche Weise immer noch Kometen entstehen sollen.

Damit bleibt die zweite Alternative. Im Jahre 1950 stellte der holländische Astronom Jan Hendrik Oort (geb. 1900) die Hypothese auf, daß bei der Entstehung des Sonnensystems die äußersten Bereiche der riesigen Wolke aus Staub und Gas, die sich zum Sonnensystem verdichtete, von der Gravitationskraft des weit entfernten Zentrums nicht stark genug angezogen wurden, um sich selbst zu verdichten. Während sich die inneren Bereiche zusammenzogen, blieben die äußersten Bereiche dort, wo sie waren, und wurden zu mindestens 100 Milliarden kleineren Klumpen aus eisigem Material komprimiert. Diese Wolke, die sich weit außerhalb des Planetensystems, aber noch immer im Einflußbereich der Gravitationskraft der fernen Sonne befindet, wird zu Ehren des Astronomen als *Oortsche Wolke* bezeichnet. Niemand hat die Wolke je gesehen oder sie auf irgendeine Weise nachweisen können, aber sie bietet bislang die einzige Möglichkeit, durch die man sich die gegenwärtige Existenz von Kometen erklären kann.

Anscheinend bewegen sich die Kometen in dieser riesigen Wolke gleichmäßig, aber langsam auf ungeheuer weiten Umlaufbahnen um die Sonne, wobei ein einziger Umlauf viele Millionen Jahre dauert. Doch immer wieder einmal, entweder aufgrund eines Zusammenstoßes zweier Kometen oder wegen der Anziehungskraft näherer Sterne, verändert sich die Bewegung eines Kometen. Sie kann sich beschleunigen, so daß sich die Umlaufbahn noch weiter von der

Sonne entfernt oder den Kometen vollends aus dem Sonnensystem hinausträgt. Sie kann sich auch verlangsamen, wodurch sich der Komet dann auf die inneren Planeten des Sonnensystems zu bewegt und dicht an der Sonne vorbeifliegt. In diesem Falle erscheint er vielleicht als großartiges Schauspiel am Erdhimmel. Da der Komet seine neue Umlaufbahn beibehält (wenn sie nicht durch die Anziehung eines Planeten verändert wird), verdampft er schließlich und erlischt.

Oort vermutet, daß seit der Entstehung des Sonnensystems ein Fünftel aller Kometen entweder aus dem Sonnensystem hinausgetragen wurden oder in Sonnennähe abgedriftet und dort verdampft ist. Damit bleiben aber immer noch vier Fünftel des ursprünglichen Vorrats übrig, der auch weiterhin für Nachschub an Kometen dient.

53. Wie weit ist die Sonne entfernt?

Im Zusammenhang mit der Entdeckung der Planetoiden habe ich auch die Abstände der Planeten erwähnt; diese Entfernungen waren zur Zeit dieser Entdeckung bereits bekannt. Allerdings blieb die Entfernung vom Mond, nachdem Hipparch sie bestimmt hatte, über achtzehn Jahrhunderte lang die einzige bekannte Entfernung; es gab einfach keine Möglichkeit, die Parallaxe eines noch weiter entfernten Objekts zu messen.

Wie ich bereits beschrieben habe, unternahm schon der griechische Astronom Aristarch (um 310 – um 230 v. Chr.) einen Versuch, die Entfernung von der Sonne zu bestimmen, ohne die Parallaxe zu Hilfe zu nehmen. Seine Methode war im

Jahre 270 v. Chr. theoretisch völlig korrekt, aber er besaß keine Möglichkeit, Winkel am Himmel genau zu messen, weshalb seine Schätzungen auch weit daneben lagen. Er kam schließlich zu dem Ergebnis, daß die Sonne etwa 8 Millionen Kilometer von der Erde entfernt sei und den siebenfachen Erddurchmesser habe.

Diese Schätzung war viel zu niedrig gegriffen, aber sie reichte aus, um Aristarch auf den Gedanken zu bringen, daß sich die Erde um die Sonne drehe und nicht umgekehrt. Doch niemand nahm seine Zahlen oder seine Schlußfolgerung ernst.

Im 17. Jahrhundert jedoch, nach der Erfindung des Teleskops, konnte man die Position eines Himmelskörpers viel genauer bestimmen (insbesondere seit man ein Fadenkreuz vor die Linse gesetzt hatte). Dies bedeutete, daß eine geringe Veränderung der Position eines Objekts, die mit dem bloßen Auge nicht wahrnehmbar war, d. h. eine winzige parallaktische Verschiebung, nun mit dem Teleskop gemessen werden konnte. Um die Entfernung zur Sonne zu bestimmen, war es aber nicht notwendig, ihre Parallaxe zu messen. Dies wäre in der Tat eine schwierige Aufgabe, denn es ist insbesondere deshalb fast unmöglich, die Position ihres glühenden Randes festzulegen, weil am Himmel immer dann keine Sterne zu sehen sind, im Verhältnis zu denen man die Position messen könnte, wenn die Sonne scheint.

Statt dessen konnte die Parallaxe für jeden beliebigen Planeten bestimmt werden. Dank Keplers Modell des Sonnensystems, das noch heute als richtig angesehen wird, konnte die Entfernung jedes Planeten in jeder beliebigen Position auf seiner Bahn um die Sonne dazu benutzt werden, um die Entfernungen aller Planeten voneinander, von der Sonne und von der Erde zu berechnen. Mit Hilfe dieser Angaben konnte man dann auch errechnen, wie weit die Erde von der Sonne entfernt ist.

Im Jahre 1672 hielt der italienisch-französische Astronom Gian Domenico Cassini die genaue Position des Mars am Himmel von Paris fest. Zur selben Zeit bestimmte ein anderer französischer Astronom, Jean Richer (1630–1696), im fernen Französisch-Guyana den Standort des Mars am dortigen Himmel. Die beiden Positionen waren im Verhältnis zu den benachbarten Sternen leicht verschoben. Da die Entfernung zwischen Paris und Französisch-Guyana (in einer geraden Linie durch die Erdwölbung hindurch) ebenso bekannt war wie die Größe der Parallaxe, berechneten die Astronomen sowohl den Abstand zwischen dem Mars und der Erde als auch die Entfernung zwischen anderen Körpern im Sonnensystem. Die von Cassini auf diese Weise bestimmten Entfernungen lagen um etwa 7 Prozent zu niedrig, aber für einen ersten Versuch waren es exzellente Ergebnisse, die mit der Zeit natürlich noch verbessert wurden. Heute wissen wir, daß die Sonne nicht weniger als 150 Millionen Kilometer von der Erde entfernt ist, etwa 400mal so weit wie der Mond.

Damit die Sonne trotz ihrer gewaltigen Entfernung so groß am Himmel erscheint, wie sie es tut, muß sie einen Durchmesser von 1,4 Millionen Kilometern haben, was dem 109fachen Erddurchmesser entspricht – fürwahr eine riesige Welt. Dies ließ die Vorstellung, daß sich die Erde um die riesige Sonne drehe und nicht umgekehrt, um so vernünftiger erscheinen.

Zudem zeigten die Messungen Cassinis (mit modernen Verbesserungen), daß der Saturn – damals der fernste bekannte Planet – 1427 Millionen Kilometer von der Sonne entfernt war; das war 9,5mal weiter als die Entfernung zwischen Sonne und Erde. Der Abstand über die volle Ausdehnung der Saturnbahn um die Sonne betrug mehr als 2,8 *Milliarden* Kilometer. So erhielten die Astronomen 1672 erstmals in der Geschichte eine Vorstellung von der Größe des Sonnensystems. Dessen Größe übertraf bei weitem die wildesten Träume Aristarchs und Hipparchs, aber wie wir noch sehen werden, hat sich das bekannte Universum in den drei Jahrhunderten seitdem noch stärker ausgedehnt und das Universum Cassinis zu einem fast unsichtbaren Punkt schrumpfen lassen.

54. Ist die Erde groß?

Bis zum 17. Jahrhundert hätte niemand auch nur im Traum daran gedacht, diese Frage zu stellen, da die Antwort so offensichtlich schien. Natürlich ist die Erde groß. Für die Menschen im Altertum war die Erde bei weitem das größte Objekt der materiellen Welt, denn all die anderen Körper wurden als kleine Dinge betrachtet, die am Himmel oder an der inneren Schale befestigt waren. Selbst als erstmals die Größe des Mondes bestimmt wurde, erwies sich dieser als deutlich kleiner als die Erde. Die vorherrschende Meinung damals war deshalb, daß kein Himmelskörper an die Größe der Erde heranreiche.
Nachdem Cassini zum erstenmal die Größenordnungen im Sonnensystem ermittelt hatte, war der Stolz der Menschen auf die Erde (zumindest was ihre bloße Größe angeht) erschüttert. Zweifellos handelte es sich bei der Erde im Vergleich zur Sonne wirklich um eine äußerst winzige Welt. Aber die Sonne ließ sich als Ausnahme betrachten. Schließlich ist sie der zentrale Körper, den alle Planeten umkreisen; sie muß also groß und eindrucksvoll sein. Die Frage war somit, wie die Erde im Vergleich zu den anderen Planeten des Sonnensystems abschneidet.

Aus der jeweiligen Entfernung der Himmelskörper und ihrem scheinbaren Durchmesser ließ sich der wirkliche Durchmesser abschätzen. Von den sonnennahen Planeten ist die Erde der größte. Die Venus ist schon etwas kleiner als die Erde, während Mars und Merkur sowie der Mond beträchtlich kleiner sind. Alle Satelliten von sämtlichen Planeten sind viel kleiner als die Erde, ebenso alle Planetoiden und Kometen.

Wenn wir im Planetensystem auf etwas Größeres als die Erde stoßen wollen, müssen wir uns schon Jupiter und Saturn zuwenden. An diesem Punkt kam der richtige Schock. Sobald die Entfernungen zu den Planeten bekannt waren, ließ sich der scheinbare Durchmesser des Jupiters in einen gewaltigen tatsächlichen Wert übersetzten; sein Durchmesser betrug 143 200 Kilometer und entsprach damit dem 11,2fachen Erddurchmesser. Der Saturn war mit einem Durchmesser von 120 000 Kilometern beinahe genauso groß. Es waren Riesenplaneten, die die Erde vergleichsweise unbedeutend erscheinen ließen.

Für das Selbstwertgefühl des Menschen war dies ein schwerer Schlag. Nicht nur war die Erde *nicht* der Mittelpunkt des Universums, sondern auch die Sonne war beträchtlich größer als die Erde, sogar zwei der Planeten stellten uns in den Schatten. Natürlich darf man den Wert einer Welt nicht allein nach ihrer Größe beurteilen, aber die Degradierung zur Winzigkeit war nicht leicht zu verschmerzen.

Außerdem können wir nicht einwenden, daß Jupiter und Saturn zwar groß, aber unbedeutend hinsichtlich ihrer Masse seien. Beide besitzen Satelliten, von deren Umlaufbahnen man die Entfernung und die Umlaufzeit kennt. Je schneller ein Satellit in einer bestimmten Entfernung einen Planeten umkreist, desto größer ist dessen Gravitationskraft und demzufolge auch die Masse. Ein Vergleich der Bewegung der

Satelliten um Jupiter und Saturn mit derjenigen des Mondes um die Erde ergibt, daß Jupiter die 317,9fache und Saturn die 95,2fache Erdmasse hat.

Trotzdem ist die Masse von Jupiter und Saturn nicht so hoch, wie man es aufgrund ihrer Größe vermuten würde. Wenn wir die Masse der beiden jeweils durch ihr Volumen teilen, ergibt sich für Jupiter eine mittlere Dichte von 1,33 g/cm^3, was weniger als ein Viertel der Erddichte ist. Der Saturn hat mit 0,71 g/cm^3 sogar eine noch geringere Dichte; sie entspricht etwa einem Achtel der Erddichte und ist sogar niedriger als die Dichte von Wasser. Dies bedeutet, daß sich die Zusammensetzung von Jupiter und Saturn merklich von derjenigen der Erde unterscheiden muß, worauf wir später noch zurückkommen werden.

55. Gibt es Planeten, die im Altertum noch nicht bekannt waren?

Die bereits beschriebenen Planetoiden mögen vielleicht klein sein, aber es sind Planeten, die um die Sonne kreisen, und vor 1801 wußte niemand von ihrer Existenz. Man könnte die Frage also umformulieren: Gibt es irgendwelche *großen* Planeten, die im Altertum nicht bekannt waren?

Bis zum Ende des 18. Jahrhunderts war dies eine weitere Frage, die man keinem vernünftigen Menschen zugetraut hätte. Die sieben »Wandelsterne«, die Sonne, der Mond, Merkur, Venus, Mars, Jupiter und Saturn, waren um 3000 v. Chr. bereits den alten Sumerern bekannt. In den nächsten 4700 Jahren wurden (mit Ausnahme der Kometen) keine weiteren Objekte gesichtet, die sich zwischen den Sternen bewegten.

Wie konnte es dann noch unentdeckte Planeten geben? Da alle bekannten Planeten hell und unverwechselbar waren, galt dies bestimmt auch für die anderen, die somit leicht zu finden gewesen wären. Man konnte also nur zu dem Schluß kommen, daß es keine weiteren mehr gab.

Allerdings sind die Planeten keine leuchtenden Objekte, die ihr eigenes Licht aussenden, wie man seit der Zeit der Sumerer allgemein geglaubt hatte. Zunächst wurde der Mond aufgrund seiner verschiedenen Phasen von den Griechen als dunkler Körper erkannt. Später enthüllte das Teleskop, daß auch Merkur und Venus Phasen zeigten und deshalb dunkle Körper waren. So nahm man schließlich an, daß alle Planeten nur aufgrund des Sonnenlichts leuchteten, das sie reflektierten.

Je weiter ein Planet unter diesen Umständen also von der Sonne entfernt war und je kleiner er war, desto weniger Sonnenlicht empfing und reflektierte er, und desto schwächer leuchtete er auch am Himmel. Wenn es weitere Planeten jenseits des Saturns gab, die beträchtlich kleiner als dieser waren, war das von ihnen reflektierte Licht vielleicht so schwach, daß es leicht von den Astronomen übersehen werden konnte; diese gingen ja davon aus, daß alle Planeten hell waren. Zudem gilt: Je weiter ein Planet von der Sonne entfernt ist, desto langsamer bewegt er sich auf seiner Bahn, so daß ihn der Hintergrund der Sterne noch zusätzlich verschlucken kann.

All dies erscheint im Rückblick vollkommen klar, aber die Astronomen waren auch im Zeitalter des Teleskops noch so sehr von der Vorstellung gefangen, alle Planeten müßten hell sein, daß sie nie auf den Gedanken kamen, nach einem schwächeren zu suchen. Ja, diese Möglichkeit wurde nicht einmal erwogen.

Als 1781 schließlich ein neuer Planet entdeckt wurde, geschah dies durch einen Zufall. Wilhelm Herschel (der die Bezeichnung »Asteroid« einführte) war von Beruf Musiker, interessierte sich in seiner Freizeit aber für Astronomie. Er wollte sich zunächst ein Teleskop kaufen, stellte dann aber fest, daß die Instrumente, die er sich leisten konnte, nicht sehr gut waren. Deshalb konstruierte er sein eigenes, das sich als besser erwies als alle anderen, die damals in Gebrauch waren. Mit diesem selbstgemachten Teleskop fand er ein Objekt am Himmel das – ähnlich wie die Planeten – wie eine kleine Lichtscheibe aussah. Er kam zunächst nicht auf den Gedanken, es könne sich um einen Planeten handeln, und hielt das Objekt für einen Kometen. Doch Kometen sehen verschwommen aus, während diese Scheibe scharfe Ränder hatte. Außerdem bewegte sich das neue Objekt langsamer vor dem Hintergrund der Sterne als der Saturn. Dies konnte als Indiz dafür gelten, daß er sogar noch weiter von der Sonne entfernt war. Es war tatsächlich ein neuer Planet, der Uranus getauft wurde. Er ist doppelt so weit von der Sonne entfernt wie der Saturn – 2,87 Milliarden Kilometer – und leuchtet so schwach, daß er mit bloßem Auge gerade noch zu sehen ist.

Seit damals sind zwei weitere Planeten entdeckt worden, deren Entfernung von der Sonne sogar noch größer ist als diejenige des Uranus. Sie sind so weit entfernt, daß sie für das bloße Auge nicht erkennbar sind und vor der Erfindung des Teleskops unter keinen Umständen aufgespürt werden konnten. Der Planet unmittelbar jenseits von Uranus wurde 1846 entdeckt und Neptun genannt. 1930 machte man einen kleinen Planeten jenseits von Neptun ausfindig und taufte ihn Pluto. Der größte Durchmesser der Umlaufbahn dieses Planeten beträgt fast 12 Milliarden Kilometer; im Vergleich zur Zeit vor Herschel, als man noch Saturn für den fernsten Planeten hielt, haben die neuen Planeten die bekannte Ausdehnung des Planetensystems damit fast vervierfacht.

Uranus und Neptun sind zwar Riesenplaneten, aber nicht so groß wie Jupiter oder Saturn; beide haben einen Durchmesser von ungefähr 50 000 Kilometern, mehr als dreieinhalbmal soviel wie die Erde. Uranus besitzt etwa die 15fache und Neptun die 17fache Masse der Erde; ihre Dichte entspricht etwa der des Jupiters. Daraus ergibt sich also, daß die Erde nur der sechstgrößte Körper im Sonnensystem ist, wie wir es heute kennen; die Sonne und die vier Planeten Jupiter, Saturn, Uranus und Neptun sind alle erheblich größer. Die Astronomen sind immer noch auf der Suche nach einem weiteren großen Planeten jenseits des Neptuns (Pluto ist so klein, daß man ihn kaum zählen kann), aber sie haben noch keinen gefunden.

56. Wodurch unterscheiden sich die Riesenplaneten?

Die vier großen Planeten des äußeren Sonnensystems unterscheiden sich von der Erde und den vertrauteren Welten des inneren Sonnensystems in vielfacher Hinsicht. Da ist z. B. ihre niedrige Dichte, was bedeutet, daß sie aus völlig anderen Materialien aufgebaut sind als die Erde (wie wir später noch sehen werden). Sie alle haben eine große, hohe Atmosphäre mit beständigen Wolkenschichten, die wir als *Oberfläche* dieser Planeten wahrnehmen (wir sehen keine feste Oberfläche).

Jupiter verfügt als sonnennächster Riesenplanet über die meiste Energie, so daß seine Atmosphäre von heftigen Stürmen aufgewühlt wird. Der bedeutendste ist ein anscheinend dauerhafter Wirbelsturm, der größer als die Erde ist und wegen seiner Farbe als *Großer Roter Fleck* bezeichnet wird. Er wurde erstmals 1664 von dem englischen Wissenschaftler Robert Hooke (1635–1703) bemerkt.

Saturn und Uranus sind ruhiger als Jupiter, doch 1989 entdeckte die Sonde *Voyager 2* auf dem Neptun, dem fernsten der vier Riesen, ebenso starke Stürme wie auf dem Jupiter. Die Wissenschaftler sind sich über die Ursache nicht im klaren. Er besitzt ebenfalls einen *Großen Dunklen Fleck*, der in Form und Lage dem Fleck auf dem Jupiter gleicht. (Der wahre Riese ist im übrigen Jupiter, da ganze 70 Prozent der Masse des Sonnensystems außerhalb der Sonne auf sein Konto gehen.)

Die Riesenplaneten haben alle mehrere Satelliten. Die meisten davon sind ziemlich klein, aber Jupiter besitzt vier, die 1610 von Galilei entdeckt wurden und von denen jeder mindestens so groß wie der Mond oder noch größer ist. Saturn hat einen Satelliten, Titan, der 1655 von Huygens entdeckt wurde. Triton, der Satellit des Neptuns, wurde 1846 von dem britischen Astronomen William Lassell (1799–1880) entdeckt.

Von diesen vier Planeten hat Uranus die merkwürdigste Rotation. Alle Planeten besitzen eine Achse, die mehr oder weniger stark gegen die Bahnebene geneigt ist, auf der sie um die Sonne kreisen. Die Erde ist beispielsweise ebenso wie Saturn und Neptun um ein Viertel geneigt. Die Jupiterachse neigt sich dagegen nur ganz wenig. Die Achse des Uranus jedoch ist so stark geneigt, daß er auf der Seite zu rotieren scheint. Für eine Umdrehung um die Sonne benötigt Uranus 84 Jahre, so daß sein Nordpol an einem bestimmten Punkt der Umlaufbahn fast direkt auf die Sonne zeigt, während 42 Jahre später der Südpol zur Sonne hin weist. Vermutlich wurden die Planeten bei ihrer Entstehung aus Planetesimalen in alle Richtungen gestoßen und aus reinem Zufall stärker in eine bestimmte Richtung gedrückt, so daß sich ihre Rotationsachsen neigten. Beim Uranus muß das Zusammentreffen der letzten Planetesimale besonders ungleichmäßig erfolgt sein, was zur Folge hatte, daß er sich auf die Seite legte.

Der Star unter den Riesenplaneten ist jedoch Saturn. Als Galilei erstmals sein kleines Fernrohr auf ihn richtete, war er der am weitesten entfernte Planet, den man kannte, und Galilei konnte ihn nicht besonders gut ausmachen. Trotzdem schien es ihm, als habe der Saturn auf beiden Seiten eine Ausbuchtung. Konnte es sich um einen Dreifachplaneten handeln? Das war nicht besonders wahrscheinlich; 1612 stellte er deshalb die Beobachtung des Saturns ein. Im Jahre 1614 glaubte der deutsche Astronom Christoph Scheiner (1575–1650), der durch sein Teleskop den Saturn beobachtete, daß dieser auf beiden Seiten keine Ausbuchtung sondern eine Sichel habe, gerade so, als sei der Saturn eine Tasse mit zwei Henkeln. Das Rätsel wurde erst 1655 gelöst, als Huygens (der Erfinder der Pendeluhr) bei der Betrachtung des Saturns einen flachen Ring entdeckte, der sich um den Äquator spannte, ohne diesen zu berühren. Im Jahre 1675 bemerkte Cassini (der als erster die Marsparallaxe ausgerechnet hatte) eine dunkle Markierung, die den Ring in zwei Bereiche, einen inneren und einen äußeren Ring, zu unterteilen schien. Die Markierung wird bis heute als *Cassini-Teilung* bezeichnet.

Die Ringe sind hell, heller als die Saturnkugel selbst, und riesig. Sie machen den Saturn zu dem, was nach Meinung vieler Beobachter der verblüffendste und schönste Anblick ist, den man durch ein Teleskop sehen kann. Von ihrem äußeren Rand auf der einen Seite des Saturns bis zum äußeren Rand auf der anderen Seite erstrecken sich die Ringe über 272 000 Kilometer; man könnte also 21$\frac{1}{2}$ Kugeln von der Größe der Erde entlang dem Ringdurchmesser aneinanderreihen. Die Ringe sind mehr als doppelt so breit wie der Planet selbst, dabei aber dünn (wie eine Schallplatte) und tragen wenig zur Masse des Saturns bei.

Aber woraus bestehen die Ringe? Handelt es sich dabei um feste Materiescheiben? Im Jahre 1859 zeigte der britische Mathematiker James Clerk Maxwell (1831–1879), daß die Gezeitenwirkung des Saturns feste Ringe zerbrechen würde, weil sie diese mit ungeheurer Kraft zum Planeten hin und wieder von ihm weg zöge. Er schloß daraus, daß die Ringe aus einzelnen Teilchen bestünden und nur aufgrund ihrer großen Entfernung fest wirkten – ebenso wie ein Strand nur so lange wie ein festes Stück Land aussieht, bis man nahe genug ist, um zu sehen, daß er aus einzelnen Sandkörnern besteht.

Warum gibt es die Ringe denn überhaupt?

Im Jahre 1850 versuchte der französische Astronom Edouard Roche (1820–1883) herauszufinden, was geschehen würde, wenn sich der Mond in geringerer Entfernung um die Erde drehte. Er kam zu dem Schluß, daß sich die Gezeitenwirkung der Erde umgekehrt proportional zur dritten Potenz der Entfernung vom Mond verändern würde, d. h., wenn sich der Mond nur halb so weit von der Erde entfernt befände, wäre die Gezeitenwirkung der Erde auf ihn 3^3 bzw. 27mal stärker als jetzt.

Roche gelangte zu dem Ergebnis, wenn der Mond nur den 2,44fachen Erdradius von der Erde entfernt wäre, seine sogenannte *Rochesche Grenze*, wäre die Gezeitenwirkung der Erde stark genug, um den Mond in Stücke zu reißen. Da der Erdradius 6350 Kilometer beträgt, müßte sich der Mond in einer Entfernung von 15 500 Kilometern vom Erdmittelpunkt befinden, d. h. nur etwa $1/25$ seiner derzeitigen Entfernung, um zerstört zu werden. (Wenn der Mond so nahe wäre, würde er natürlich ebenfalls eine gewaltige Gezeitenwirkung auf die Erde ausüben, aber da die Erde eine stärkere Anziehungskraft als der Mond besitzt, würde sie die Belastung aushalten und nicht auseinanderbrechen.) Gäbe es in der Umgebung der Erde Materieteilchen unterhalb der Rocheschen Grenze, würde die Gezeitenwirkung der Erde verhindern, daß sie zu einem großen Satelliten wie dem Mond verschmelzen.

Die Rochesche Grenze für den Saturn ist sein 2,44facher Radius oder 146 400 Kilometer. Die Ringe des Saturn befinden sich vollständig innerhalb dieser Grenze, so daß sich ihr Material niemals zu einem einzigen größeren Satelliten zusammenschließen könnte. Je kleiner ein Objekt ist, desto geringer ist auch die Gezeitenwirkung auf sie. Aus diesem Grund werden kleine Satelliten auch nicht zerbrochen; einige davon befinden sich deshalb innerhalb der Rocheschen Grenze der äußeren Planeten.

Jahrelang hatten sich die Astronomen gefragt, warum nur der Saturn Ringe aufweist. Warum haben die anderen Gasriesen nicht ebenfalls Ringe? Im Jahre 1977 entdeckte man auch Ringe um den Uranus. Als sich Uranus damals vor einen Stern schob, verdüsterte sich das Licht des Sterns mehrmals, bevor der Uranus ihn tatsächlich erreichte; es gab also Ringe aus einem Material, das den Stern verdunkelte. Sie waren allerdings so dünn, spärlich und dunkel und reflektierten so wenig Licht, daß sie von der Erde aus nicht sichtbar waren. Als Raumsonden zu den Riesenplaneten geschickt wurden und Aufnahmen machten, waren die dünnen Uranusringe deutlich zu sehen. Auch um Jupiter wurde ein dünner Ring entdeckt, während um Neptun sogar mehrere entdeckt wurden.

Offensichtlich haben also alle Riesenplaneten Ringe, aber warum sind die des Saturns um so viel breiter und heller als die anderen? Hat es etwas mit der eigenartig geringen Dichte des Saturns zu tun? Die Astronomen wissen es noch immer nicht.

57. Gibt es Leben auf der Venus?

In den letzten Jahrzehnten haben wir sehr viel über die Planeten erfahren, was wir vorher nicht wußten und auch nicht wissen konnten. Diese Erkenntnisse gehen zum großen Teil auf neue Techniken zurück, darunter Radiowellen (auf die ich später noch genauer eingehen will) und Raumsonden.
1974 und 1975 beispielsweise passierte die Raumsonde *Mariner 10* dreimal den Merkur und machte jedesmal Aufnahmen. Beim dritten Vorbeiflug näherte sie sich bis auf 327 Kilometer der Planetenoberfläche. Die Bilder des Planeten zeigten eine Kraterlandschaft, die stark dem Mond ähnelt. Nur drei Achtel der Oberfläche des Merkurs wurden fotografiert; in diesem Bereich hatte der größte Krater einen Durchmesser von etwa 200 Kilometern.
Früher hatte man angenommen, Merkur rotiere in 88 Tagen um seine Achse, in derselben Zeit, in der er um die Sonne kreist, so daß der Sonne immer nur eine Seite zugewandt sei. Es stellte sich aber heraus, daß er dazu 59 Tage braucht und sich somit dreimal um die eigene Achse dreht, während er zweimal um die Sonne kreist.
Aufgrund des völligen Fehlens von Luft und Wasser wie auch infolge der großen Hitze auf dem Merkur (weil er im Durchschnitt nur zwei Fünftel so weit von der Sonne entfernt ist wie die Erde) besteht kein Zweifel, daß es dort zumindest kein Leben wie auf der Erde, wahrscheinlich aber überhaupt kein Leben geben kann.
Aber was ist mit der Venus? Hier scheint der Fall ganz anders zu liegen. Die Venus umkreist die Sonne auf einer Umlaufbahn, die zwischen unserer und der des Merkurs liegt. Sie ist nicht ganz drei Viertel so weit von der Sonne entfernt wie die

Erde, so daß wir erwarten können, es sei dort wärmer als auf der Erde, aber vielleicht nicht zu heiß.

Im Jahre 1761 bemerkte der russische Wissenschaftler Michail Wassilijewitsch Lomonossow (1711–1765) als erster, daß die Venus eine Atmosphäre hat. Hinzu kommt, daß diese mit einer dicken, dauerhaften Wolkenschicht angefüllt ist, die etwa drei Fünftel des einfallenden Sonnenlichts reflektiert – doppelt soviel wie die Erde. Das würde – so schien es – den Planeten ein wenig abkühlen, so daß er für Leben durchaus geeignet sein könnte. Dies galt insbesondere deshalb, weil die Wolken das Vorhandensein von Wasser, vielleicht sogar von großen Ozeanen auf der Venus zu implizieren schienen.

Die Laplacesche Nebularhypothese deutete darauf hin, daß die Venus später als die Erde von der sich verdichtenden Sonne abgestoßen wurde und deshalb ein jüngerer Planet war. Science-fiction-Schriftsteller haben sie daher oft als eine Welt beschrieben, auf der sich das Leben noch auf einer früheren Stufe befindet, als tropisches Paradies, das von Leben wimmelt und in dem die Dinosaurier noch die beherrschende Tiergruppe sind.

Seit 1860 lernten die Wissenschaftler, wie man das Licht von leuchtenden Objekten analysiert, um die darin enthaltenen chemischen Bestandteile zu ermitteln (auf dieses Verfahren zur Lichtanalyse werde ich später noch zurückkommen). Mit Hilfe solcher Methoden wies der amerikanische Astronom Walter Sydney Adams (1876–1956) Kohlendioxid in der Atmosphäre der Venus nach. Nun ist Kohlendioxid einfacher nachzuweisen als Sauerstoff und Stickstoff (die Hauptbestandteile der Erdatmosphäre); es ist daher auch nicht überraschend, daß es als erste Substanz dort entdeckt wurde. Allerdings macht Kohlendioxid in unserer eigenen Atmosphäre nur etwa 0,03 Prozent aus, was nicht leicht nachzuweisen wäre; die Vermutung lag also nahe, daß die Venus beträchtlich mehr

Kohlendioxid in ihrer Atmosphäre enthält, als wir in unserer besitzen.

Die Bedeutung dieser Entdeckung liegt in der Tatsache, daß Kohlendioxid infrarotes Licht viel stärker absorbiert als Sauerstoff und Stickstoff (Infrarot befindet sich jenseits des roten Endes des Farbenspektrums; wir können infrarotes Licht zwar nicht direkt sehen, aber mit Instrumenten nachweisen). Ein Planet wie die Venus oder die Erde erhält ihre Wärme vom sichtbaren Sonnenlicht, das durch Sauerstoff ebenso leicht wie durch Stickstoff und Kohlendioxid hindurchdringt. Nachts gibt der Planet Wärme in Form von infrarotem Licht ab, das zwar durch Sauerstoff und Stickstoff hindurchdringt, aber von Kohlendioxid absorbiert wird. Wenn das infrarote Licht absorbiert wird, heizt es die Erde etwas auf; sie wird wärmer, als sie es ohne Kohlendioxid wäre. Auf der Erde ist dieser sogenannte *Treibhauseffekt* relativ gering, weil so wenig Kohlendioxid vorhanden ist. Die Erwärmung reicht gerade aus, um die Erde aus einer Eiszeit zu führen und den Planeten bewohnbar zu machen. Auf der Venus dürfte das zusätzliche Kohlendioxid eine stärkere Erwärmung bewirken und den Planeten damit noch heißer machen, als man zunächst vermutet hatte.

Jedes Objekt sendet Radiowellen aus, die noch weiter jenseits des roten Endes des Spektrums liegen als infrarotes Licht. Nach dem Zweiten Weltkrieg entwickelten Wissenschaftler Methoden, mit denen man Radiowellen empfangen und analysieren konnte, die von Himmelskörpern ausgestrahlt wurden. Im Jahre 1956 gelang es einer Gruppe amerikanischer Astronomen unter der Leitung von Cornell M. Mayer, Radiowellen zu empfangen, die von der dunklen Seite der Venus stammten. Je wärmer ein Objekt ist, desto mehr Radiowellen sendet es aus, und desto energiereicher sind diese. Mayer war deshalb sowohl von der Menge als auch von der Energie der aufgefangenen Radiowellen überrascht. Sie schienen darauf hinzuweisen, daß die Temperatur sogar auf der sonnenabgewandten Seite der Venus weit über dem Siedepunkt von Wasser lag.

Im Jahre 1962 flog die Raumsonde *Mariner 2* an der Venus vorüber und konnte Radiowellenstrahlung von ihr sehr genau messen. Andere Sonden haben diese Messungen später wiederholt; einige sind sogar auf der Venus gelandet. Die Oberflächentemperatur beträgt dort überall etwa 427 °C.

Der Hauptgrund dafür ist, daß die Atmosphäre der Venus etwa 90mal dichter als die der Erde ist und zu 98,6 Prozent aus Kohlendioxid besteht. (Die Venus enthält 7600mal mehr Kohlendioxid in ihrer Atmosphäre als die Erde.) Diese Bedingungen haben zu einem beschleunigten Treibhauseffekt geführt. Bei einer so hohen Temperatur ist die Venus knochentrocken. Es gibt etwas Wasserdampf in ihren Wolken, aber diese enthalten auch Schwefelsäure. Die Venus ist eine vollkommen unwirtliche Welt; Leben, wie wir es kennen, kann deshalb nicht auf ihr existieren. Es scheint auch nicht möglich zu sein, daß jemals Menschen auf ihr landen werden; jegliche Erforschung muß somit von nicht bemannten Raumfahrzeugen geleistet werden.

Radiowellen jedoch können die Wolkenschicht durchdringen, was es uns ermöglicht hat, eine Karte von der Oberfläche des Planeten zu erstellen und seine Rotationsgeschwindigkeit zu messen. Diese Ergebnisse brachten eine weitere überraschende Entdeckung. Dabei stellte sich nämlich heraus, daß sich die Venus sehr langsam um die eigene Achse dreht (für eine Umdrehung benötigt sie 243 Erdtage) – und das in der »falschen« Richtung von Ost nach West und nicht wie die anderen Planeten von West nach Ost. Warum dies so ist, wissen wir nicht. Jedenfalls können wir die Venus als einen möglichen Lebensraum streichen.

58. Gibt es Leben auf dem Mars?

Der Mars war schon immer der Planet gewesen, auf dem die Menschen am ehesten Leben vermuteten. Er ist etwa um die Hälfte weiter von der Sonne entfernt als die Erde und dürfte damit etwas kühler, aber vielleicht nicht zu kalt sein.

Der Mars hat zwar eine Atmosphäre, aber keine ständige Wolkenschicht wie die Venus und nicht einmal so viele Wolken wie die Erde, so daß man Muster auf der Marsoberfläche erkennen kann. Im Jahre 1659 verfolgte Huygens diese Muster und zeigte, daß sich der Mars, obwohl er deutlich kleiner als die Erde ist, in $24^1/_2$ Stunden um die eigene Achse drehte, was der Dauer der Erdrotation sehr nahe kommt.

Im Jahre 1784 wies Herschel darauf hin, daß die Marsachse etwa genauso stark gegen die Sonne geneigt ist wie die Erdachse. Die Jahreszeiten dort sind deshalb wahrscheinlich denen auf der Erde ähnlich, wenn man davon absieht, daß jede Jahreszeit kühler sein und fast doppelt so lange dauern muß wie die entsprechende Jahreszeit auf der Erde, da der Mars weiter von der Sonne entfernt ist und für einen Umlauf um die Sonne 687 Erdtage braucht. Herschel entdeckte auch Eiskappen am Nord- und am Südpol des Mars, die auf das Vorhandensein von Wasser hinzudeuten schienen.

Die Astronomen bemühten sich zwar schon recht früh darum, die Einzelheiten der Marsoberfläche auf Karten festzuhalten, waren dabei aber nicht sehr erfolgreich, denn keine zwei Karten glichen einander. Der Mars kommt jedoch der Erde zu bestimmten Zeiten sehr nahe; etwa alle 30 Jahre findet die größte Annäherung statt, wobei er dann nicht viel mehr als 56 Millionen Kilometer entfernt ist. Nur die Venus nähert sich uns noch weiter, manchmal bis auf 42 Millionen Kilometer. Bei diesen Annäherungen läßt er sich am besten beobachten, und selbstverständlich waren die astronomischen Instrumente bei jeder neuen Annäherung noch weiter verbessert worden. Im Jahr 1877 erfolgte eine solche Annäherung. Der italienische Astronom Giovanni Virginio Schiaparelli (1835–1910) erstellte die bis dahin beste Karte mit Details der Marsoberfläche; dies war die erste Karte überhaupt, mit der auch andere Astronomen einverstanden waren. Schiaparelli stellte fest, daß viele der dunklen Muster auf dem Mars lang und schmal waren. Schon vor Schiaparelli hatten Astronomen diese Einzelheiten entdeckt, aber er erkannte mehr als alle anderen vor ihm. Da die dunklen Gebiete wie Gewässer aussahen, bezeichnete Schiaparelli sie als »Kanäle«. Er benutzte dafür das italienische Wort *canali*, das englische und amerikanische Astronomen im Englischen mit *canal* wiedergaben. Dies war eine bedeutsame Fehlübersetzung: Ein *channel* ist ein natürliches Gewässer, während ein *canal* künstlich angelegt ist. Sobald die Astronomen von Marskanälen sprachen, stellte man sich intelligente Marsbewohner vor, die sie konstruiert hatten. Dies schien auch einen Sinn zu ergeben. Aufgrund der geringen Schwerkraft an der Oberfläche (nur zwei Fünftel im Vergleich zur Erde) konnte der Mars kaum Wasserdampf halten, der somit in den Weltraum entwich und aus dem Mars eine immer weiter austrocknende Wüste machte. Man durfte also annehmen, daß eine Marszivilisation ein ausgeklügeltes Kanalsystem geschaffen hatte, um Wasser von den Eiskappen in die wärmeren Zonen am Äquator zu leiten und damit sich selbst und die Landwirtschaft am Leben zu erhalten. Es war eine aufregende Vorstellung, die ihre Wirkung auf die breite Öffentlichkeit – und auch auf einige Astronomen – nicht verfehlte.

Der einflußreichste Anhänger der Vorstellung von Marskanälen und Leben auf dem Mars war der amerikanische Astronom Percival Lowell (1855–1916). Er war ein reicher Mann, der ein privates Observatorium in Arizona errichtete, wo die kilometerhohe trockene Wüstenluft und die große Entfernung zu jeder Stadtbeleuchtung eine hervorragende Sicht erlaubten. Von diesem Observatorium aus machte er mehrere tausend Aufnahmen vom Mars und erstellte detaillierte Karten, die schließlich über fünfhundert Kanäle zeigten. Im Jahre 1894 veröffentlichte er ein Buch mit dem Titel *Mars*, in dem er den Trugschluß vertrat, daß der Planet intelligentes Leben trage.

Der britische Schriftsteller Herbert George Wells (1866–1946) verwendete Lowells Buch als Grundlage für seinen 1898 erschienenen Roman *The War of the Worlds* (Der Krieg der Welten). Darin beschreibt er eine Invasion der Marsbewohner, die wegen unserer reichen Wasservorräte die Erde überfallen, wobei sie vorhaben, ihren austrocknenden Planeten aufzugeben und statt dessen die Erde zu kolonisieren. Aufgrund der überlegenen Technik der Marsianer bestand keine Hoffnung, daß die Erdenmenschen in der Lage sein würden, die Invasion aufzuhalten, aber zuletzt wurden die Marsianer besiegt, weil sich ihre Körper nicht gegen die Erdbakterien zur Wehr setzen konnten. Der Roman war die erste bedeutende Darstellung eines interplanetarischen Krieges und so gut und beängstigend geschrieben, daß er mehr Menschen von der Existenz von Leben auf dem Mars überzeugte als das Buch Lowells.

Doch nicht jeder akzeptierte die Idee von Kanälen auf dem Mars. Der amerikanische Astronom Edward Emerson Barnard (1857–1923), der für seine außergewöhnlich gute Sehfähigkeit berühmt war, konnte auf dem Mars niemals Kanäle erkennen und beharrte darauf, daß es sich um optische Täuschungen handelte. Wenn Augen kleine, unregelmäßige dunkle Flekken sehen, interpretieren sie diese als lange, gerade Linien. Der britische Astronom Edward Walter Maunder (1851–1928) machte die Probe aufs Exempel. Er zog Kreise, die er mit verschmierten, unregelmäßigen Flecken versah und stellte Schulkinder in einer Entfernung davor auf, aus der sie gerade noch erkennen konnten, was sich in den Kreisen befand. Er forderte sie auf, zu zeichnen, was sie sahen, und sie malten gerade Linien auf, wie sie auch Schiaparelli und Lowell in ihre Marskarten eingetragen hatten.

Andere Astronomen trugen ebenfalls ihre Einwände vor, aber Lowell ließ sich nicht von seiner Idee abbringen. Auch die Öffentlichkeit nahm regen Anteil am Fortgang der Auseinandersetzung. Mehr als fünfzig Jahre nach dem Roman von H. G. Wells waren Science-fiction-Autoren offensichtlich besessen von der Vorstellung, es gebe Marskanäle und intelligente Marsmenschen.

Nach und nach widersprachen die wissenschaftlichen Erkenntnisse immer deutlicher der Möglichkeit von Leben auf dem Mars. 1926 gelang es den beiden Astronomen William Weber Coblentz (1873–1962) und Carl Otto Lampland (1873–1951), die winzigen Wärmemengen zu messen, die vom Mars ausgingen. Dabei stellten sie fest, daß am Marsäquator bei Sonnenschein zwar milde Temperaturen herrschten, es aber in der Marsnacht so kalt wurde wie in der Antarktis. Ein so starker Temperatursturz während einer zwölfstündigen Nacht ließ auf eine sehr dünne Marsatmosphäre schließen.

Im Jahre 1947 entdeckte der holländisch-amerikanische Astronom Gerard Peter Kuiper (1905–1973) Kohlendioxid in der Marsatmosphäre, konnte aber weder Sauerstoff noch Stickstoff finden. Vermutlich war die Marsatmosphäre nicht nur zu dünn zum Atmen, sondern wäre aufgrund ihrer Zusammensetzung auch bei größerer Dichte nicht atembar gewesen. Die Hoffnung, daß es intelligentes Leben auf dem Mars geben könne, schrumpfte damit in der Tat auf ein Minimum. Was man nunmehr benötigte, waren natürlich Beobachtungen aus der Nähe: Die Entwicklung von Raketen machte dies möglich. 1965 flog die Raumsonde *Mariner 4* in einer Entfernung von 10 000 Kilometern am Mars vorüber und machte zwanzig Aufnahmen, die zur Erde gefunkt wurden. Auf diesen Fotos waren keine Kanäle zu sehen, nur Krater wie die auf dem Mond. Außerdem schickte *Mariner 4* Radiowellen durch die Marsatmosphäre, die sich als nur $^1/_{200}$ so dicht wie die Erdatmosphäre erwies und zum größten Teil aus Kohlendioxid bestand.

Die Wahrscheinlichkeit, daß es auf dem Mars intelligentes Leben gab, wurde noch geringer, als andere Raumsonden bessere Fotos mit mehr Details aufnahmen. Ende 1971 wurde *Mariner 9* in einer Umlaufbahn um den Mars ausgesetzt und zeichnete die gesamte Oberfläche auf; dabei erkannte man große, aber erloschene Vulkane, einen riesigen Cañon, Einzelheiten auf der Oberfläche, die aussahen, als könnten sie früher Flußbetten gewesen sein, und geschichtete Eiskappen, die möglicherweise gefrorenes Kohlendioxid oder auch gefrorenes Wasser enthielten. Die Temperatur lag überall weit unter dem Gefrierpunkt. Es gab auch keine Kanäle; was man gesehen hatte, waren optische Täuschungen, genau wie Barnard und Maunder behauptet hatten. Lowell hatte sich völlig geirrt.

1976 landeten mit *Viking 1* und *Viking 2* zwei Raumsonden tatsächlich auf dem Mars und machten Fotos, die eine vollkommen leere Landschaft ohne jegliches Leben zeigten. Automatische Geräte untersuchten den Marsboden, um festzustellen, ob es vielleicht mikroskopisches Leben gab, doch zweifelsfrei wurde keines gefunden. Man kann noch immer nicht mit letzter Gewißheit sagen, daß kein Leben auf dem Mars existiert oder irgendwann existiert hat, aber mit Sicherheit gibt es auf dem Mars heute kein Leben, das die geringe Möglichkeit von etwas Bakterienähnlichem übersteigt.

59. Gibt es Leben im äußeren Sonnensystem?

Wenn der Mars (unter anderem) zu kalt für Leben ist, wie wir es kennen, dann sind die Welten jenseits des Mars sicherlich noch kälter und noch weniger geeignet. Was die vier Riesenplaneten betrifft, so sind die Bedingungen auf diesen Welten so grundlegend anders als auf der Erde, daß wir nicht ernsthaft erwarten dürfen, dort Leben in unserem Sinne zu finden.

Wenn wir die Riesenplaneten einmal beiseite lassen, dann bleiben noch verschiedene Satelliten, von denen fast alle atmosphärelos sind; sofern sie überhaupt Wasser haben, kommt es bei fast allen nur in Form von Eis vor. Sie können deshalb alle sofort ausgeschlossen werden – mit zwei möglichen, wenn auch ebenfalls nicht sehr wahrscheinlichen Ausnahmen: Europa und Titan.

Die vier großen Satelliten des Jupiters – Io, Europa, Ganymed und Kallisto (nach zunehmender Entfernung vom Jupiter) – sind alle dem großen, mächtigen Einfluß der Gezeitenwirkung des Riesenplaneten ausgesetzt. Wegen ihrer gegenseitigen Anziehungskraft bewegen sich die Satelliten nicht auf vollkommenen Kreisbahnen um den Jupiter, so daß sie sich etwas ausdehnen bzw. zusammenziehen, wenn sich ihre Entfernung zum Jupiter verändert. Dieser Vorgang übt eine erwärmende Wirkung auf sie aus.

Nach den Ergebnissen von Edouard Roche, der als erster die Saturnringe erklärt hatte, erhöht sich die Gezeitenwirkung umgekehrt proportional zur dritten Potenz der Entfernung; daraus ergibt sich, daß die Anziehungskraft auf die beiden äußersten Satelliten Ganymed und Kallisto nicht besonders stark ist. Die beiden sind kalt genug geblieben, um noch Material in Eisform zu haben; sie sind auch größer als die anderen beiden Satelliten. Da Ganymed eine Dichte von 1,9 und Kallisto von 1,6 hat, bestehen sie wahrscheinlich größtenteils aus Eis.

Io, der jupiternächste Satellit, ist der stärksten Erwärmung ausgesetzt, in so hohem Maße, daß kein Eis mehr übriggeblieben ist und nur noch Gestein vorhanden ist, denn seine Dichte beträgt 3,6 g/cm^3. Io ist sogar so stark aufgeheizt, daß es dort zu Vulkanausbrüchen kommen kann. Als die Sonde *Voyager 1* im März 1979 Io passierte, waren dort acht tätige Vulkane zu erkennen; beim Vorbeiflug von *Voyager 2* im Juli 1979 waren davon immer noch sechs aktiv.

Aus den Vulkanen auf Io scheint größtenteils Schwefel ausgestoßen zu werden. Dadurch färbt sich die Oberfläche des Satelliten rot und orange, während Ausbrüche von Schwefeldioxid weiße Flecken hinterlassen. Alle Krater, die in der Frühzeit des Sonnensystems durch das Bombardement von Io aus dem Weltraum entstanden, sind von Schwefel überdeckt worden, so daß diese Welt weitgehend gleichmäßig ist und nicht die Krater aufweist, die Ganymed und Kallisto kennzeichnen.

Europa, der zweite der großen Jupitersatelliten, ist der kleinste der vier; mit 3138 Kilometern hat er einen etwas geringeren Durchmesser als der Mond. Raumsonden zeigen, daß er eine gleichmäßige Oberfläche besitzt, gleichmäßiger als jede andere Welt im Sonnensystem. Es sieht aus, als wäre sie von einem Gletscher bedeckt, der den gesamten Satelliten umspannt.

Bei einem festen Gletscher wäre seine Oberfläche aber so stark mit Kratern übersät wie Ganymed und Kallisto. Statt dessen ist er kreuz und quer von einer großen Zahl feiner Risse überzogen, die stark an die von Lowell gezeichnete Karte der Marskanäle erinnern. Die beste Erklärung dafür scheint zu sein, daß Meteoriten gelegentlich den Gletscher treffen (der nur aus einer äußeren Schale besteht) und ihn aufbrechen, wobei sie in ein darunter liegendes Meer aus

Flüssigkeit stürzen. (Die Flüssigkeit würde aufgrund der Erwärmung durch die Gezeiten des Jupiters nicht gefrieren.) Das Wasser steigt anschließend durch die Risse empor, die vom Einschlag des Meteoriten stammen, und gefriert dort, so daß die Oberfläche intakt bleibt.

Die Flüssigkeit könnte zum großen Teil oder ganz aus Wasser bestehen, aber selbst dann enthielte sie keinen Sauerstoff. Außerdem gibt es unter der Gletscherdecke kein Sonnenlicht. Fast das gesamte Leben auf der Erde hängt von Sonnenlicht und Sauerstoff ab. Aber nur *fast* alles Leben. Es gibt einige Formen primitiver Bakterien, die ihre Energie dadurch erhalten, daß sie bei Schwefel und Eisenverbindungen chemische Veränderungen bewirken, an denen weder Sonnenlicht noch Sauerstoff beteiligt sind. In den letzten Jahren wurden Gebiete auf dem Meeresgrund entdeckt, wo heißes Wasser aufsteigt; dieses Wasser ist reich an Mineralien, die von bestimmten Bakterien genutzt werden können. Andere, höhere Lebensformen haben nur die eigene Population und diese Bakterien als Nahrung und scheinen gut damit auszukommen. Ist es somit möglich, daß Europa einen Ozean besitzt und darin einen Lebensraum bieten kann? Eines Tages werden wir unsere Instrumente unter die Eisdecke schicken müssen, um dies zu überprüfen.

Einige Satelliten in unserem Sonnensystem sind kalt und groß genug, um eine Atmosphäre zu halten. (Kalte Gase haben eine trägere Molekülbewegung und werden von einer geringeren Schwerkraft leichter gehalten als warme Gase.) Als Triton, der große Satellit des Neptuns, 1989 von *Voyager 2* besucht wurde, erwies er sich als etwas kleiner, als man vermutet hatte: Mit einem Durchmesser von nur 2730 Kilometern ist er der kleinste der sieben bekannten großen Satelliten. Trotzdem ist er so kalt, nämlich –223 °C, daß sich eine dünne Atmosphäre erhalten konnte.

Die Tritonatmosphäre besteht größtenteils aus Stickstoff und Methan, die beide bei sehr niedrigen Temperaturen gefrieren, so daß seine Oberfläche von diesen beiden Stoffen in eisförmigem Zustand bedeckt und deshalb glatt ist. Trotzdem gibt es auf Triton genug Wärme, um festen Stickstoff gasförmig werden zu lassen; immer wieder kommt es daher vor, daß gefrorener Stickstoff als Dampf hervorbricht und festes, vereistes Material nach oben schiebt. Solche *Eisvulkane* erzeugen Krater und Bergrücken. Neben der Erde und Io ist Triton die einzige Welt, die tätige Vulkane zu haben scheint, aber es besteht keine realistische Chance, daß es dort Leben gibt.

Auch Pluto, der um einiges kleiner als Triton ist, und sein noch kleinerer Satellit Charon haben jeweils eine dünne Atmosphäre, aber auf beiden Welten ist Leben aller Wahrscheinlichkeit nach ebenfalls nicht möglich.

Der Satellit mit der dichtesten Atmosphäre ist Titan, der größte Satellit des Saturns. Mit einem Durchmesser von 5150 Kilometern ist er fast so groß wie Ganymed; seine Atmosphäre ist anscheinend sogar dichter als die der Erde.

Wie bei Triton besteht auch die Atmosphäre von Titan aus Stickstoff und Methan. Das Methan kommt in ausreichender Menge vor und ist nahe genug an der Sonne, um unter dem Einfluß des Sonnenlichts zu reagieren. Die energiereichere Sonnenstrahlung verbindet die Methanmoleküle (die jeweils aus einem Kohlenstoff- und vier Wasserstoffatomen bestehen) zu komplexeren Molekülen mit jeweils mehreren Kohlenstoffatomen.

Während Methan bei der auf Triton herrschenden Temperatur gasförmig ist, sind die aus Methan entstandenen komplexeren Kohlenstoffverbindungen flüssig. Es könnte also sein, daß Triton Flüssigkeit in freier Form (eine Art Benzin) an seiner Oberfläche besitzt. Leider ist die Tritonatmosphäre so dunstig, daß man seine Oberfläche nicht erkennen kann, aber vor kurzem wurden Radiowellen von seiner Oberfläche reflektiert, die auf flüssige Ozeane hinweisen, aus denen Kontinente mit trockenem Land aufragen. Die Verhältnisse sind also ganz wie auf der Erde, nur daß die Ozeane aus Benzin bestehen und viel kälter sind.

Können in Benzin Lebensformen existieren? Nun, wir werden eines Tages Meßinstrumente auf die Titanoberfläche schicken müssen, um dies herauszufinden.

Die Folgerung lautet also, daß es mit Ausnahme von Europa und Titan, die beide extrem weit entfernt sind, für Leben im Sonnensystem außerhalb der Erde keine Chance gibt. Dies ist ein Grund mehr, warum wir uns bemühen sollten, unsere schöne und einzigartige Welt zu retten.

60. Wie sieht die Sonne aus?

Es ist an der Zeit, daß wir uns der Sonne zuwenden, dem Zentrum und der lebenspendenden Herrscherin des Sonnensystems. Aber die Frage, wie sie aussieht, erscheint vielleicht allzu banal. Weiß denn nicht jeder, wie sie aussieht? Sie ist eine gleißende Lichtscheibe.

Das ist sie in der Tat; die Sonne ist sogar so hell, daß man sie nicht länger als etwa eine Sekunde betrachten kann, ohne dabei den Augen zu schaden. Aus diesem Grund ist es auch sehr schwierig, ihr Aussehen in allen Einzelheiten zu beschreiben.

Die Leuchtkraft der Sonne und ihre offenkundige Bedeutung als Licht- und Wärmequelle haben ihr in fast allen Mythologien den Status einer Gottheit verliehen. Sonnengötter gibt es überall. Zu den bekanntesten gehört der griechische Sonnen-

gott Helios, auch wenn es in den späteren Mythen Apoll ist, der jeden Tag den feurigen Wagen über den Himmel lenkt.
Der erste Monotheist, den wir namentlich kennen, war der ägyptische Pharao Amenophis IV., der 1379 v. Chr. den Thron bestieg und eine neue Religion einführte, in der die Sonne (als *Aton* bezeichnet) der einzige Gott war. Zu Ehren der Sonne änderte er seinen Namen in Echnaton um, aber diese Religion überdauerte seinen Tod nicht lange.
Im Christentum wird der Sonne natürlich kein göttlicher Rang zugeschrieben, aber als Symbol wurde sie so sehr mit göttlicher Vollkommenheit gleichgesetzt, daß sie mehr als jeder andere Himmelskörper als vollkommen angesehen wurde.
Gelegentlich *ist* es sogar möglich, direkt in die Sonne zu schauen. Manchmal scheint sie durch den Nebel hindurch, so daß man sie anblicken kann. Bei Sonnenuntergang wird sie oft von den dicken Staubschichten in der Luft ausreichend verdunkelt, um uns einen direkten Blick in die Sonne zu erlauben.
Bei solchen Gelegenheiten kann man auf ihrer leuchtenden Oberfläche bisweilen dunkle Flecken erkennen. Die chinesischen Astronomen bemerkten sie bei zahlreichen Beobachtungen und zeichneten sie sorgfältig auf. Zweifellos müssen Europäer diese Flecken ebenfalls beobachtet haben, aber es wurde niemals davon berichtet. Der Gedanke, das Antlitz der Sonne könne von Flecken verunstaltet sein, war eine zu große Beleidigung Gottes, den die Sonne als Symbol repräsentierte. Deshalb glaubte man lieber, es handle sich bei den Flecken um Sehfehler.
Gegen Ende des Jahres 1610 stellte Galilei mit seinem Teleskop fest, daß es kein Irrtum sein konnte: Die Sonne hatte mit Sicherheit Flecken. Zudem bewegten sie sich langsam und gleichmäßig über die Scheibe der Sonne und zeigten damit an, daß sich diese in etwa 27 Tagen einmal um die eigene Achse drehte. Diese Entdeckung rief natürlich großen Auf-

ruhr hervor; die Geistlichkeit war entsetzt über die Möglichkeit, daß die Sonne durch Flecken entstellt war. Aber es waren nun einmal Tatsachen, und Galilei setzte sich durch (nicht ohne sich dabei Feinde zu schaffen).

In Wirklichkeit sind die Sonnenflecken nicht richtig schwarz; sie wirken nur dunkel im Vergleich zur leuchtenden Sonnenscheibe. Immer wieder schiebt sich entweder die Venus oder der Merkur direkt zwischen Erde und Sonne und zieht langsam über ihre Scheibe hinweg (was als *Durchgang* bezeichnet wird). Die Planeten erscheinen dabei als extrem dunkle, schwarze Objekte; wenn sie sich einem Sonnenfleck nähern, wird ganz deutlich, daß die Flecken zwar dunkler als die Sonne, aber immer noch hell sind.

Im Jahre 1825 begann der deutsche Hobbyastronom Samuel Heinrich Schwabe (1789–1875) damit, die Sonne und ihre Sonnenflecken zu studieren. Er verbrachte siebzehn Jahre mit ihrer Beobachtung (unter entsprechenden Vorkehrungen, um nicht zu erblinden) und entdeckte, daß die Zahl der Flecken in einem etwa zehnjährigen Zyklus zu- und abnahm. (In der Folgezeit kamen andere Studien auf eher elf Jahre.) Dies war der Anfang der *Astrophysik*, der Wissenschaft von den physikalischen Erscheinungen bei Sternen und anderen Himmelskörpern. Der Grund für diese *Sonnenfleckenperiode* ist nicht einmal heute bekannt.

Dieses Ansteigen und Nachlassen der Intensität der Sonnenflecken schien auch für die Erde von Bedeutung zu sein, denn 1852 legte der britische Physiker Edward Sabine (1788–1883) dar, daß der Anstieg und die Abnahme bei der Stärke des Magnetfelds der Erde mit der Sonnenfleckenperiode übereinstimmten. Diese Beobachtung ließ vermuten, daß die Sonnenflecken anscheinend etwas mit Magnetismus zu tun hatten. Wie der amerikanische Astronom George Ellery Hale (1868–1938) im Jahre 1908 entdeckte, waren die Sonnenflecken mit einem starken Magnetfeld verbunden. Diese Entdeckung verlängerte die Fleckenperiode auf zweiundzwanzig Jahre, denn während jeder neuen elfjährigen Periode kehrte sich das Magnetfeld wieder um.

1893 studierte Edward Maunder (einer von denen, die nicht an die Geschichten von den Marskanälen glaubten) frühe Aufzeichnungen der Sonnenflecken und bemerkte zu seiner Überraschung, daß es zwischen 1645 und 1715 praktisch keine Berichte über Flecken gab. Er veröffentlichte dieses Ergebnis zwar, doch niemand nahm es ernst, weil man frühe Aufzeichnungen ohnehin für wenig verläßlich hielt.

In den 70er Jahren jedoch stieß der amerikanische Astronom Johan A. Eddy auf Maunders Bericht und unterzog ihn einer Prüfung. Eddy befaßte sich nicht nur mit den Aufzeichnungen aus der Frühzeit des Teleskops, sondern ging noch weiter zurück zu den Beobachtungen, die u. a. die Chinesen mit dem bloßen Auge gemacht hatten. Er stellte das periodische Auftreten von *Maunder-Minima* fest; das von Maunder entdeckte Minimum war also nur das vorläufig letzte einer ganzen Reihe gewesen. Was diese Minima verursacht, ist noch immer nicht bekannt.

61. Was ist Sonnenlicht?

Das meiste, was wir von der Sonne kennen, ist das Licht, das wir von ihr empfangen. Wir sollten uns also überlegen, was uns dieses Licht verraten kann. Zunächst einmal scheint Sonnenlicht ganz einfach weißes Licht zu sein, das scheinbar ganz rein ist. Und es ist angemessen, daß wir dieses Licht gerade von der Sonne erhalten. Doch so passend dies auch sein mag, wir würden damit nicht glücklich werden, denn welche Information kann man aus etwas gewinnen, das so rein und einfach ist wie weißes Licht?

Künstliches Licht dagegen ist nicht notwendigerweise weiß. Die Flammen, die beim Verbrennen von Holz und anderen Materialien erzeugt werden, sind zumeist rot, orange und gelb und haben daher nicht die göttlich reine Beschaffenheit des himmlischen Lichts der Sonne. Außerdem kann man dem Sonnenlicht Farbe verleihen, wenn man es durch farbige Glasstücke wie etwa bunte Glasfenster fallen läßt. Die Wirkung ist zwar außerordentlich schön, aber man glaubte früher doch, die Farbe resultiere aus den Unreinheiten, die dem weißen Licht durch künstliche Stoffe hinzugefügt wurden. Selbst das rötliche Licht des Sonnenaufgangs oder des Sonnenuntergangs hielt man für das Ergebnis von Sonnenlicht, das durch staubige Luft drang.

Ja, der einzige Fall von farbigem Licht, der anscheinend ohne menschliches oder irdisches Zutun zustande kam, war der Regenbogen, den man als ein göttliches Werk betrachtete – eine von den Göttern genutzte Brücke oder ein Versprechen Gottes, daß es keine Sintflut mehr geben werde.

Im Jahre 1665 untersuchte Isaac Newton das Wesen von Sonnenlicht: Er ließ einen Lichtstrahl durch einen Schlitz im Vorhang in einen abgedunkelten Raum fallen, wo er durch ein dreieckiges Glasstück, ein sogenanntes *Prisma*, hindurchging. Die Bahn des Lichtstrahls wurde beim Durchgang durch das Prisma gebrochen, aber nicht überall in gleicher Weise. Einige Bereiche wurden stärker gebeugt als andere, und das Licht, das auf die weiße Wand hinter dem Prisma fiel, glich einem Regenbogen. Es war ein Farbband, das mit Rot begann (der am wenigsten stark gebeugte Lichtanteil) und sich über Orange, Gelb, Grün und Blau bis zu Violett (dem am stärksten gebeugten Anteil) fortsetzte, wobei alle Farben allmählich und fließend ineinander übergingen. Dies war genau die Erscheinung und die Abfolge der Farben des Regenbogens.

Da das Farbband ein masseloses Phänomen war, nannte Newton es *Spektrum* (Spektrum kommt von dem lateinischen Wort für »Geist«). Der Regenbogen, so scheint es, ist ein natürliches Spektrum, das dann entsteht, wenn Sonnenlicht durch winzige Wassertröpfchen fällt, die nach einem Regen noch in der Luft schweben.

Natürlich hätte man argumentieren können, daß die Farben vom Prisma erzeugt wurden, auch wenn das Prisma selbst farblos war, aber Newton beugte diesem Einwand vor, indem er den Lichtstrahl, der durch das Prisma gefallen war und ein Spektrum ergeben hatte, durch ein weiteres Prisma fallen ließ, das umgekehrt aufgestellt war. Nunmehr wurde das Licht nicht gebeugt und in seine Bestandteile geschieden, sondern wieder zusammengeführt. Aus dem zweiten Prisma kam weißes Licht. Damit war klar, daß Sonnenlicht nicht rein war, sondern eine komplexe Mischung aus Licht verschiedener Farben darstellte. Wenn diese verschiedenen Farben auf die Netzhaut unseres Auges treffen, ist die Wirkung das, was wir weißes Licht nennen.

62. Was sind Spektrallinien?

Als Newton erstmals das Spektrum des Lichts untersuchte, hielt er es für kontinuierlich; alle Farbnuancen gingen fließend ineinander über. Aber ganz kontinuierlich ist das Spektrum in Wirklichkeit nicht; es gibt ein paar winzige Lücken, in denen keine Farbe zu sehen ist. Wissenschaftshistoriker fragen sich manchmal, wie es kam, daß Newton dies nicht bemerkte. Da er aber mit sehr einfachen Instrumenten arbeitete, waren die Lücken möglicherweise nicht ganz leicht zu bemerken. Im Jahre 1802 fand der britische Chemiker William Hyde Wollaston (1766–1828) einige Lücken im Spektrum und berichtete darüber, aber er hielt sie für unwichtig und ließ die Sache auf sich beruhen.

Natürlich verbesserte man die Instrumente zur Erzeugung und Untersuchung von Spektren (die als *Spektroskope* bezeichnet wurden). Schließlich ließ man Licht durch einen schmalen Spalt fallen, so daß das Spektrum eine Reihe verschiedenfarbiger Streifen ergab, die alle zu einem fast kontinuierlichen Band »verschmolzen«. Einige Farben fehlten jedoch, und wo diese Farben eigentlich sein sollten, befand sich jeweils ein dunkler Streifen bzw. eine dunkle Linie im hellen Spektrum. Im Jahre 1814 arbeitete der deutsche Physiker Joseph von Fraunhofer (1787–1826) mit Spektren, die er mit der besten bis dahin verwendeten Ausrüstung produzierte, und entdeckte darin fast 600 solcher Linien. (Inzwischen haben Physiker etwa 10 000 festgestellt.) Sie wurden zunächst als *Fraunhofersche Linien* bezeichnet, werden aber mittlerweile einfach *Spektrallinien* genannt. Wie sich herausstellte, sind die Spektrallinien von größter Bedeutung.

Unterschiedliche chemische Substanzen geben verschiedenfarbiges Licht ab, wenn man sie erhitzt. Natriumverbindungen strahlen beim Erhitzen gelbes Licht ab, Kaliumverbindungen violettes, Strontiumverbindungen rotes, Bariumverbindungen grünes usw. Solche Verbindungen verwendet man auch für die spektakulären Feuerwerke, mit denen die verschiedensten Anlässe gefeiert werden.

1857 entwickelte der deutsche Chemiker Robert Wilhelm Bunsen (1811–1899) einen Gasbrenner mit einer so guten Luftzufuhr, daß die erzeugte Flamme praktisch farblos war. Wenn der Brenner zur Erhitzung eines bestimmten chemischen Stoffes benutzt wurde, war das abgegebene Licht von einer Farbe, die nicht mehr mit der Gasflamme zu verwechseln war.

Bunsens Kollege, der deutsche Physiker Gustav Robert Kirchhoff (1824–1877), setzte den *Bunsenbrenner* dazu ein, um Licht verschiedener chemischer Substanzen zu erhalten. Er untersuchte die Spektren von solchem Licht und bemerkte, daß sie unterbrochen waren, daß aber jedes Spektrum aus ein paar einzelnen verstreuten Farblinien bestand. Außerdem erzeugte jedes Element (jede Sorte von Atomen) ein anderes Muster farbiger Linien. Die Spektren lieferten auf diese Weise für jedes Element einen »Fingerabdruck« und konnten für die Analyse der Elemente in einem bestimmten Mineral verwendet werden.

Wenn eine Probe eines stark erhitzten Minerals eine Reihe farbiger Linien erzeugt, die bei keinem bekannten Element zu finden sind, kann man daraus schließen, daß das Mineral eine noch nicht identifizierte Substanz enthält. Behandelt man das Mineral auf verschiedene Weise, so kann man Teilstücke erhalten, bei denen die unbekannten Linien stärker sind, bis man schließlich das unbekannte Element isolieren und untersuchen kann. Auf diese Weise entdeckte Kirchhoff 1860 das bis dahin unbekannte Element *Cäsium* und 1861 *Rubidium*. Sie wurden nach den Farben der Spektrallinien benannt, die zu ihrer Entdeckung führten; Cäsium nach dem lateinischen Wort für Himmelblau und Rubidium nach dem lateinischen Wort für Rot.

Kirchhoff setzte seine Untersuchungen fort. Als er Sonnenlicht durch Natriumdampf fallen ließ, absorbierte der Dampf bestimmte Anteile des Sonnenlichts und verdunkelte einige der schon vorhandenen Linien. Er bemerkte, daß jeder Dampf, der kühler war als die Lichtquelle, genau die Teile des Spektrums absorbierte, die er abgab, wenn er selbst erhitzt wurde. Mit anderen Worten: Man konnte Elemente (oder in diesem Fall auch einfache Verbindungen aus diesen Elementen) als helle Linien vor einem dunklen Hintergrund identifizieren, wenn die Elemente erhitzt und dazu gebracht wurden, Licht zu emittieren. Oder man bestimmte sie als dunkle Linien vor einem hellen Hintergrund, wenn die Elemente relativ kühl waren und Licht absorbierten. So entdeckte man mit Hilfe der Spektrallinien z. B. Kohlendioxid erstmals in der Atmosphäre der Venus und des Mars.

63. Welche Masse hat die Sonne?

Wir können uns nun überlegen, woraus die Sonne besteht, aber zunächst einmal stellt sich die Frage: Besteht die Sonne überhaupt aus Materie? Im Altertum wurde sie nur als Kugel aus substanzlosem Licht angesehen. Dabei handelte es sich nicht einmal um irdisches Licht. Aristoteles glaubte nämlich, die Erde bestehe aus vier »Elementen« (grundlegend verschiedenen Arten von Materie), nämlich Erde, Wasser, Feuer und Luft. Die Sonne und die anderen Himmelskörper bestünden dagegen aus *Äther*, einer nicht auf der Erde vorkommenden Substanz, die dadurch charakterisiert sei, daß sie ewig leuchte. Das Wort »Äther« selbst ist vom griechischen Verb für »strahlen« abgeleitet.

Selbst nachdem man bereits wußte, daß die Sonne größer als die Erde war, konnte man immer noch behaupten, daß sie substanzlos, unirdisch und masselos sei und ihre bloße Größe damit keine Bedeutung habe – das gleiche Argument, das die frühen Astronomen im Hinblick auf den Mond vorbrachten. Doch diese Ungewißheit änderte sich 1687 mit Newtons allgemeinem Gravitationsgesetz, als klar wurde, daß die Erde durch eine gewaltige Anziehungskraft an die Sonne gebunden war: Wenn die Sonne der Ausgangspunkt einer solchen Anziehungskraft war, mußte sie Masse besitzen.

Aber wieviel? Sie ist nicht schwer zu bestimmen. Wir wissen, wie lange der Mond braucht, um bei einer Entfernung von 385 000 Kilometern einmal um die Erde zu kreisen. Ebenso ist bekannt, wie lange die Erde braucht, um sich bei einer Entfernung von 150 Millionen Kilometern einmal um die Sonne zu drehen. Hieraus läßt sich berechnen, um wieviel schwerer als die Erde die Sonne ist. Das Ergebnis ist, daß die Sonne die 330 000fache Masse der Erde besitzt. Deshalb ist sie keine substanzlose Lichtkugel, sondern eine riesige Materiekugel, die etwa 1038mal so schwer ist wie der größte Planet, Jupiter. Tatsächlich entfallen fast 99,9 Prozent der gesamten Masse des Sonnensystems auf die Sonne.

Dennoch ist die Sonne im Verhältnis zu ihrer Größe nicht so schwer wie die Erde; ihre Dichte beträgt mit etwa 1,4 g/cm^3 nur ein Viertel der Dichte der Erde. Ihre chemische Zusammensetzung muß also ganz anders sein als die der Erde.

64. Woraus besteht die Sonne?

Wie ist dann die chemische Zusammensetzung der Sonne? Diese Frage scheint nun doch nicht beantwortbar zu sein. Wie sollte es möglich sein, der Sonne eine Probe für die chemische Analyse zu entnehmen?

Auf der Suche nach einem Beispiel für eine Erkenntnis, die dem Menschen immer verschlossen bleiben werde, wies der französische Philosoph Auguste Comte (1798–1857) im Jahre

1835 darauf hin, daß die Menschheit nie imstande sein werde, die chemische Zusammensetzung der Sterne kennenzulernen. Er starb im Alter von 59 Jahren. Wäre er nur vier Jahre länger am Leben geblieben, so hätte er genau diese Bestimmung noch erlebt, die er für unmöglich gehalten hatte – oder doch zumindest ihren Anfang.

Die Antwort lag in der Entdeckung Kirchhoffs begründet, daß Elemente ein Spektrum charakteristischer heller Linien abgeben, wenn sie erhitzt werden, oder ein entsprechendes Spektrum dunkler Linien, wenn sie Licht absorbieren. So sendet die heiße Oberfläche der Sonne alle Arten von Licht aus, die ein kontinuierliches Spektrum erzeugen würden, wenn es die Erde ungestört erreichen könnte. Doch Sonnenlicht passiert die untere Atmosphäre der Sonne, die zwar heiß ist, aber nicht ganz so heiß wie ihre Oberfläche. Die Atmosphäre absorbiert einen Teil des Lichts und erzeugt die dunklen Linien, die Fraunhofer entdeckt hatte. Anhand der Position dieser dunklen Linien konnte man die in der Sonnenatmosphäre vorhandenen Elemente bestimmen.

Der schwedische Physiker Anders Jöns Ångström (1814–1874) untersuchte als erster dieses Problem. 1862 wies er darauf hin, daß einige der dunklen Linien im Sonnenspektrum in ihrer Position genau den dunklen Linien entsprachen, die entstehen, wenn Licht durch Wasserstoff hindurchgeht. Die Schlußfolgerung lautete, daß in der Sonne Wasserstoff vorhanden war.

Ausgehend von dieser Erkenntnis, machten sich andere Astronomen an die Untersuchung des Sonnenspektrums, um mehr über die Zusammensetzung der Sonne zu erfahren. Heute ist bekannt, daß etwa drei Viertel der Sonnenmasse aus Wasserstoff, dem einfachsten aller Elemente, und fast der gesamte Rest aus dem zweiteinfachsten Element Helium bestehen. Wasserstoff und Helium zusammen machen ungefähr 98 Prozent der Sonnenmasse aus.

Abgesehen von Wasserstoff und Helium kommen in der Sonne auf 10 000 Atome jeweils 4300 Sauerstoff-, 3000 Kohlenstoff-, 950 Neon-, 630 Stickstoff-, 230 Magnesium-, 52 Eisen- und 35 Siliziumatome. Die etwa 80 übrigen Elemente treten in noch geringeren Spuren auf. Diese Ergebnisse widerlegen eindeutig die aristotelische Vorstellung, daß sich die Himmelskörper in ihrer Zusammensetzung grundlegend von der Erde unterscheiden. Es steht mittlerweile außer Frage, daß das gesamte uns bekannte Universum aus den gleichen Atomen (und Elementarteilchen) wie die Erde besteht.

65. Woraus bestehen die Planeten?

Nun, da wir die allgemeine chemische Struktur der Sonne kennen und begreifen, daß die Sterne (wie auch der Staub und das Gas zwischen den Sternen) in ihrer großen Mehrzahl ungefähr genauso aufgebaut sind, haben wir zugleich die chemische Zusammensetzung des Universums. Jedenfalls solange wir annehmen, daß der größte Teil des Universums aus Sternen und Gaswolken besteht. (Wie wir später noch sehen werden, ist dies vielleicht eine irrige Annahme.)

Die Materie im Universum läßt sich in vier große Klassen einteilen:

Gase. Die beiden einfachsten Elemente, Wasserstoff und Helium, machen zusammen ungefähr 98 Prozent des Universums aus. Es handelt sich dabei um Gase aus sehr leichten Atomen, die sich entsprechend schnell bewegen. Je weniger Masse ein Atom hat und je höher seine Temperatur ist, desto schneller bewegt es sich. Je schneller Atome sich bewegen, desto schwieriger ist es für die Anziehungskraft, sie festzuhalten.

Dies bedeutet, daß ein heißer Körper nur dann Helium und Wasserstoff halten kann, wenn er sehr schwer ist und eine enorme Gravitationskraft besitzt. Die Sonne hat genug Masse, um Wasserstoff, Helium und all die anderen Elemente der ursprünglichen Staub- und Gaswolke festzuhalten, aus der die Sonne selbst einmal entstanden ist.

Wenn ein Objekt zumindest an der Oberfläche kalt ist, kann es Wasserstoff und Helium leichter halten, als wenn es heiß wäre. Es braucht zu diesem Zweck nicht so groß zu sein und keine so starke Anziehungskraft zu besitzen wie die Sonne. Die vier Riesenplaneten, Jupiter, Saturn, Uranus und Neptun, bestehen weitgehend aus Wasserstoff und Helium und werden deshalb mitunter als *Gasriesen* bezeichnet.

Dies alles erklärt die geringe Dichte von etwa 1,4 g/cm^3, die die Sonne und die Riesenplaneten aufweisen. Die Dichte wäre noch geringer, wenn die inneren Bereiche dieser großen Objekte nicht durch den starken Druck komprimiert worden wären. Die ungewöhnlich niedrige Dichte des Saturns bleibt ein Rätsel.

Eis. Ein zweiter Materietyp ist Eis, das im Universum in weit geringeren Mengen vorkommt als Wasserstoff und Helium. Es besteht aus Molekülen, die Elemente der zweiten Gruppe – Sauerstoff, Stickstoff und Kohlenstoff – in Verbindung mit Atomen des übermächtig vertretenen Elements Wasserstoff enthalten. Sauerstoff in Verbindung mit Wasserstoff ergibt Wassermoleküle; aus Stickstoff und Wasserstoff entsteht Ammoniak, während Kohlenstoff und Wasserstoff zu Methan führen. Wasser geht bei 0 °C in festen Zustand über. Ammoniak gefriert bei einer tieferen Temperatur; Methan hat einen noch niedrigeren Gefrierpunkt. Es gibt auch Verbindungen aus Kohlenstoff und Sauerstoff (Kohlendioxid und Kohlenmonoxid), aus Kohlenstoff und Stickstoff (Zyan) sowie aus Schwefel und entweder Wasserstoff (Schwefelwasserstoff)

oder Sauerstoff (Schwefeldioxid), die alle in eisförmigem Zustand vorkommen können.
Eismoleküle haften enger zusammen als Gasmoleküle. Kleine Körper können selbst dann Eis an sich binden, wenn ihre Anziehungskraft nicht ausreicht, um größere Mengen Wasserstoff und Helium zu halten. (Das Helium geht normalerweise ganz verloren, denn es kann keine Verbindungen eingehen. Ein Teil des Wasserstoffs bleibt erhalten, weil es sich mit anderen Elementen zu Eis verbinden kann.)
Die Gasriesen können auch Eis verschiedener Grundstoffe enthalten, doch im Vergleich zu Wasserstoff und Helium in relativ geringer Menge. Sofern kleinere Körper aber kalt sind, bestehen sie hauptsächlich aus Eis. Dazu zählen beispielsweise die Kometen und einige der Satelliten. So scheinen mit Ganymed, Kallisto, Titan und Triton vier der sieben großen Satelliten überwiegend aus Eis zu bestehen.
Gesteine. Gesteine, eine dritte Art von Materie, entstehen durch die Verbindung von Silizium mit Sauerstoff, Magnesium und anderen Elementen. Davon ist weniger vorhanden als von Eis, aber sie halten noch fester zusammen und sind nicht auf die Schwerkraft angewiesen. Kleinste Gesteinsstücke können selbst dann noch durch chemische Kräfte zusammengehalten werden, wenn die Schwerkraft des Objekts bedeutungslos ist. Gesteine haben zudem einen hohen Schmelzpunkt und können sogar in großer Sonnennähe überdauern.
Einige der vereisten Körper können einen steinernen Kern haben, der in geringerem Umfang zu ihrem Aufbau beiträgt. Dies gilt möglicherweise zum Beispiel für die großen Satelliten und selbst für einige der Kometen. Kleine, warme Himmelskörper, darunter Merkur und Mond, besitzen weder Gas noch Eis, sondern haben eine Oberfläche aus nacktem Gestein. Körper wie der Mond, der Mars und Io bestehen fast nur

aus Gestein, auch wenn Mars und Io kühl genug sind, um Kohlendioxid bzw. schwefelhaltiges Eis zu halten. Europa nimmt eine Zwischenstufe ein; eine beträchtliche Menge Eis an der Oberfläche umgibt einen ebenfalls großen Gesteinskern.

Metalle. Schließlich verbindet sich Eisen mit Metallen und bildet die am wenigsten verbreitete Klasse der vier Grundstoffe. Da die Metalle dichter sind als die anderen drei Typen von Verbindungen, sinken sie zum Mittelpunkt der Planeten ab. Viele der aus Gestein bestehenden Objekte im Sonnensystem haben möglicherweise einen relativ kleinen Metallkern, aber die einzigen Welten mit großen metallischen Kernen sind die Erde, die Venus und der Merkur.

Sie sehen also, daß alle Objekte im Sonnensystem, so unterschiedlich sie auch in chemischer Hinsicht zu sein scheinen, aus derselben Staub- und Gaswolke entstanden sein könnten. Die jetzt erkennbaren Unterschiede sind die Folge der unterschiedlichen Temperatur und Masse.

66. Wie heiß ist die Sonne?

Im Altertum fand die Wärme der Sonne überraschend wenig Beachtung. Man war sich der Sonne als Lichtquelle so sehr bewußt, daß man sie als mögliche Wärmequelle zumeist ignorierte. Es gibt Schilderungen des Sonnengottes, der einen gleißenden, hell leuchtenden, von Pferden gezogenen Wagen lenkt, aber die Wärme des Gefährts wird darin nicht beschrieben. Darüber hinaus schilderten bereits sehr frühe Erzählungen von interplanetarischen Reisen die Besuche auf der Sonne und dem Mond, aber während man die Helligkeit der Sonne vermerkte, blieb ihre Hitze unerwähnt.

Dabei wissen wir alle, daß es tagsüber, wenn die Sonne am Himmel steht, wärmer ist als in der Nacht und im Sommer, wenn die Sonne hoch am Himmel steht, wärmer als im Winter. Zu jeder Tages- und Jahreszeit ist es im direkten Sonnenlicht wärmer als im Schatten. Die Frage lautet also nicht, *ob* die Sonne heiß ist, sondern *wie* heiß sie ist. Schon die Tatsache, daß wir ihre Wärme über eine Entfernung von 150 Millionen Kilometern spüren können, spricht dafür, daß es sich sowohl um ein großes als auch um ein heißes Feuer handelt. Zum Glück muß man kein Thermometer in die Sonne stecken, um ihre Temperatur herauszufinden. Welches Licht und wieviel Licht die Sonne erzeugt, hängt nämlich von ihrer Temperatur ab.

Im Jahre 1879 zeigte der österreichische Physiker Josef Stefan (1835–1893), daß die Gesamtstrahlung eines Objekts immer proportional zur vierten Potenz seiner absoluten Temperatur steigt. (Absolute Temperatur ist die Temperatur über dem absoluten Nullpunkt, der niedrigsten Temperatur, die möglich ist und bei −273 °C liegt.) Wenn sich die absolute Temperatur verdoppelt, steigt die Gesamtstrahlung um 2^4 bzw. das 16fache an; wenn sich die absolute Temperatur verdreifacht, erhöht sich die Gesamtstrahlung um 3^4 bzw. das 81fache.

Der deutsche Physiker Wilhelm Wien (1864–1928) demonstrierte 1893, daß das von einem heißen Objekt erzeugte Licht irgendwo im Strahlungsspektrum einen Höchstwert ergibt und daß sich dieser Wert bei zunehmender Temperatur vom roten zum violetten Ende des Spektrums hin verschiebt. Der Höchstwert hinsichtlich der Stärke liegt beim Sonnenlicht im gelben Bereich des Spektrums, wobei seine genaue Stelle die Temperatur der Sonnenoberfläche angibt. Auf diese Weise wissen wir, daß die Temperatur am Rand der Sonne bei etwa 6000 °C liegt.

Aber damit haben wir nur die Oberfläche. Bei der Erde und – wie wir mit gutem Grund annehmen dürfen – auch bei anderen Planeten nimmt die Temperatur in der Tiefe zu. Es wäre also logisch, daß auch die Sonne heißer wird, wenn wir – theoretisch – unter ihre Oberfläche hinuntertauchen. Da schon die Oberfläche der Sonne so heiß wie der Mittelpunkt der Erde ist und die Sonne im Vergleich zur Erde eine viel größere Masse besitzt und im Inneren einem weit höheren Druck ausgesetzt ist als die Erde, können wir durchaus annehmen, daß es im Sonneninneren beträchtlich heißer ist als 50 000 °C, die Temperatur, die vermutlich im Inneren des Jupiters herrscht. Aber um wieviel heißer?

Dieses Problem wurde Anfang der 20er Jahre von dem britischen Astronomen Arthur Stanley Eddington (1882–1944) untersucht. Er ging zunächst von der Annahme aus, die Sonne sei eine riesige und extrem heiße Gaskugel, deren Verhalten mehr oder weniger dem Verhalten der Gase gleichkommt, die man auf der Erde studieren kann. Unter dem Einfluß der Schwerkraft sollte das Material, aus dem die Sonne besteht, nach innen gezogen werden. Wenn es sich tatsächlich nur um Gas handelte, würde es dann rasch zu relativ geringer Größe zusammenstürzen. (Wie wir noch sehen werden, gibt es Bedingungen, unter denen die Sonne dies tatsächlich tun würde.) Da die Sonne derzeit aber nicht kollabiert, sondern viel größer bleibt, als es die Schwerkraft eigentlich erlauben sollte, muß es eine Kraft geben, die für die Ausdehnung der Sonne sorgt und der Neigung zum Zusammenziehen entgegenwirkt.

Das einzige Phänomen, dem Eddington (oder irgend jemand sonst) dies zutraute, war die Wärme. Von Experimenten auf der Erde ist bekannt, daß das Volumen eines Gases mit steigender Temperatur zunimmt. Eddington glaubte daher, die Sonne befinde sich in einem Gleichgewichtszustand, bei dem

die Hitze im Inneren für die Ausdehnung und die Schwerkraft umgekehrt für das Zusammenziehen sorge. Bei diesem Gleichgewicht behalte die Sonne Jahr für Jahr unendlich lange dieselbe Größe bei.
Eddington wußte, auf welchen Wert sich die nach innen ziehende Schwerkraft belief; deshalb mußte er nur die Temperatur berechnen, die für den ausgleichenden Druck nach außen sorgte. Zu seiner Überraschung stellte er fest, daß die Temperatur im Zentrum der Sonne Millionen Grad betragen mußte. Die Zahl, die heute meist genannt wird, ist 15 000 000 °C.

67. Was ist die Sonnenkorona?

Während einer totalen Sonnenfinsternis ist die schwarze Mondscheibe von einem strahlenden Licht umgeben, das als *Korona* (lateinisch für »Krone«) bezeichnet wird und manchmal wunderschöne Zacken aufweist. Zunächst waren sich die Astronomen nicht sicher, ob das Licht von der Sonne oder vom Mond ausging, aber bald stellte man fest, daß es eindeutig von der Sonne stammte.
Die Korona ist in Wirklichkeit der äußerste Bereich der Sonnenatmosphäre, die ein millionstelmal so hell wie die Sonne selbst scheint und deshalb nur dann sichtbar ist, wenn der Sonnenkörper vom Mond verdeckt wird. Die Korona erzeugt dann ein Licht, das halb so hell wie der Vollmond leuchtet und auf diese Weise verhindert, daß die Welt während einer Sonnenfinsternis völlig dunkel ist.
Im Jahre 1931 erfand der französische Astronom Bernard Ferdinand Lyot (1897–1952) den Koronographen, ein optisches Instrument, das es ermöglichte, sogar bei Sonnenschein zu-

mindest die inneren, helleren Teile zu beobachten. Dies war der endgültige Beweis dafür (auch wenn es zu dieser Zeit keines Beweises mehr bedurft hätte), daß die Korona ein Teil der Sonne war.

Das Spektrum der Korona zeigte Linien, die in keiner auf der Erde untersuchten Substanz zu beobachten waren. Während einer Sonnenfinsternis, die im Jahre 1868 in Indien zu sehen war, beobachtete der französische Astronom Pierre J. C. Janssen (1824–1907) solche eigenartigen Linien und berichtete dies dem englischen Astronomen Joseph Norman Lockyer (1836–1920), der ein Experte für Spektren war. Lockyer kam zu dem Schluß, daß sie ein bislang unbekanntes Element repräsentierten, das er nach dem griechischen Wort für »Sonne« *Helium* nannte. Diese Theorie wurde erst 1865 ernst genommen, als der schottische Chemiker William Ramsay (1852–1916) auf der Erde Helium entdeckte. Helium ist das einzige Element, das in einem Himmelskörper nachgewiesen wurde, bevor man es auf der Erde entdeckte.

In der Korona fanden sich noch weitere eigenartige Spektrallinien, aber sie standen nicht für unbekannte Elemente. Statt dessen stellte sich heraus, daß Atome eine unterschiedliche Anzahl kleiner Teilchen enthielten, die Elektronen, und bei großer Hitze gingen einige dieser Elektronen verloren. Atome, die ein oder mehrere Elektronen verloren hatten, erzeugten etwas andere Spektrallinien als intakte Atome. 1942 identifizierte der schwedische Physiker Bengt Edlén (geb. 1906) einige Spektrallinien der Korona als solche von Kalzium-, Eisen- und Nickelatomen, die einige Elektronen abgegeben hatten. Damit dies geschehen konnte, mußte die Temperatur der Korona hoch sein – ungefähr eine Million Grad heiß. Bezeugt wird dies dadurch, daß die Korona energiereiche Strahlung aussendet, die sogenannte Röntgenstrahlung. Die hohe Temperatur bedeutet jedoch nur, daß die einzelnen Atome oder Atomfragmente der Korona sehr energiereich sind. Von diesen gibt es so wenige, die über einen so riesigen Raum verteilt sind, daß die Gesamtwärme der Korona nicht hoch sein kann.

Die Sonnenkorona hat keine scharfe Außengrenze, sondern breitet sich über das gesamte Sonnensystem aus. Dabei wird sie aber immer dünner und schließlich so dünn, daß sie keine spürbare Wirkung mehr auf die Bewegung der Planeten hat. Doch die Hitze und die Energie der Sonne stoßen elektrisch geladene Teilchen in alle Richtungen aus. Der amerikanische Physiker Eugene Newman Parker (geb. 1927) sagte dies 1957 voraus. Später wurde diese Wirkung auch tatsächlich von Raumsonden nachgewiesen, besonders von *Mariner 2*, die 1962 die Venus erreichte.

Dieser Ausstoß geladener Teilchen wird als *Sonnenwind* bezeichnet, der sich mit einer Geschwindigkeit von 400 bis 700 km/s bewegt. Er trägt dazu bei, daß der Schweif von Kometen immer von der Sonne weg zeigt. Seine geladenen Teilchen treffen auch auf die Planeten auf, wo sich die Atome ansammeln. Falls der Planet (wie etwa die Erde) ein Magnetfeld hat, werden die geladenen Teilchen entlang den Feldlinien eingefangen, die sich vom magnetischen Nordpol zum magnetischen Südpol erstrecken.

Diese geladenen Teilchen in der Umgebung der Erde wurden erstmals durch Raketen nachgewiesen, die 1958 von einer Forschergruppe unter Leitung des amerikanischen Physikers James Alfred Van Allen (geb. 1914) gestartet wurden. Man bezeichnete die Teilchen zunächst als *Van-Allen-Gürtel*, aber heute spricht man eher vom Strahlungsgürtel in der *Magnetosphäre*. Ursprünglich hatte man geglaubt, die Gürtel könnten ein Problem für die Raumfahrt werden, doch diese Befürchtung bestätigte sich nicht.

Die geladenen Teilchen dringen nahe der magnetischen Pole in die Erdatmosphäre ein und reagieren mit den dort vorhandenen Molekülen; dabei werden farbige Lichtstreifen erzeugt, die als Polarlichter (in der Arktis als *Nordlicht* und in der Antarktis als *Südlicht*) bezeichnet werden.

68. Was sind Sonneneruptionen?

Im Jahre 1859 bemerkte der britische Astronom Richard Christopher Carrington (1826–1875) den Ausbruch eines sternartigen Lichtpunktes an der Sonnenoberfläche. Zuerst glaubte er, es handle sich vielleicht um einen Meteor, der auf die Oberfläche der Sonne auftraf, doch in Wirklichkeit wurde zum ersten Mal das beobachtet, was man heute als *Sonneneruption* oder *Flare* bezeichnet.

Der amerikanische Astronom George Ellery Hale (1868–1938) erfand 1889 ein Instrument, mit dem man das Sonnenlicht anhand einer einzigen Spektrallinie fotografieren konnte. Dieses Gerät registrierte Explosionen an der Sonnenoberfläche und zeigte, daß es sich bei den Eruptionen nicht um Zusammenstöße mit Meteoren, sondern um Explosionen handelte, die mit Sonnenflecken zusammenhängen. Man weiß weder genau, was Sonneneruptionen verursacht, noch lassen sie sich vorhersagen, aber sie sind energiereicher als die verhältnismäßig ruhige Sonnenscheibe. Sonnenflecken sind kälter als der Rest der Sonne (weshalb sie auch dunkler aussehen), aber ihr Zusammentreffen mit Sonneneruptionen bedeutet, daß die Sonne während des Maximums der Sonnenfleckentätigkeit aktiv und energiereicher ist als während des Minimums.

Sonneneruptionen führen zu besonders energiereichen Ausbrüchen des Sonnenwinds. Wenn sich die Eruption nahe dem Zentrum der Sonnenscheibe ereignet und uns zugewandt ist, erreichen uns die energiereichen geladenen Teilchen in etwa einem Tag, wobei eine ungewöhnlich große Menge von ihnen nahe der Magnetpole in die Erdatmosphäre eindringt. Dies führt zu einem *magnetischen Sturm*, der die Polarlichter besonders stark und weit leuchten läßt und damit die Funktion von Magnetkompassen und Radiowellen beeinträchtigt.
Wenn Astronauten unvorbereitet von einem derartigen Ausbruch des Sonnenwinds erfaßt würden, könnten sie an der Strahlungskrankheit sterben. Bislang ist zwar noch kein Astronaut oder Kosmonaut von Flares geschädigt worden, aber sie stellen weiterhin eine Bedrohung dar.

69. Warum kühlt die Sonne nicht ab?

Wenn man bedenkt, wie heiß die Sonne und wie stark ihr Magnetfeld ist, braucht man sich über die Existenz so energiereicher Phänomene wie der superheißen Korona, des Sonnenwinds und der Sonneneruptionen nicht zu wundern. Doch warum kühlt die Sonne nicht ab?
Die Frage ist so berechtigt wie rätselhaft; schließlich ergießt die Sonne gewaltige Mengen von Licht und Wärme auf die Erde, aber unser kleiner Planet nimmt nur einen winzigen Bruchteil des Lichts und der Wärme auf, die unsere Sonne produziert – ungefähr ein Hundertmillionstel. Die anderen Planeten empfangen ebenfalls winzige Bruchteile, aber beinahe alles verströmt einfach in den Weltraum jenseits der Planeten.

Die Sonne gibt diese gewaltigen Energiemengen nun schon ohne Unterbrechung seit 4,6 Milliarden Jahren ab. Ja, es sieht ganz danach aus, als würde sie dies auch noch viele weitere Milliarden Jahre tun, ohne abzukühlen. Wie ist das möglich? Vor der Mitte des 19. Jahrhunderts hätte diese Frage niemanden weiter beunruhigt, denn damals war der Energieerhaltungssatz noch nicht bekannt. Im Altertum ging man allgemein davon aus, daß die Sonne nur eine Lichtkugel sei, die unendlich lange scheine – oder wenigstens so lange, bis sich die Götter entschlossen, sie auszublasen. Natürlich gab es auf der Erde Lichtquellen, die nur so lange brannten, wie man sie mit Brennstoff versorgte. Allerdings handelte es sich dabei lediglich um irdisches Licht; göttliches Licht war etwas ganz anderes.

Doch 1854 vertrat der deutsche Physiker Helmholtz, der sieben Jahre vorher den Energieerhaltungssatz aufgestellt hatte, die Auffassung, daß dieser sowohl für die Sonne als auch für irdische Phänomene gelten müsse. Er war damit der erste, der fragte, woher die Sonne ihre Energie bezog.

Es war offensichtlich, daß sie nicht gewöhnlichen Quellen entspringen konnte, denn bei dem Ausmaß, in dem die Sonne Energie in den Weltraum verströmte, wäre sie bereits innerhalb von 1500 Jahren völlig ausgebrannt, wenn sie beispielsweise ein gewaltiges Gemisch aus Kohle und Sauerstoff gewesen wäre. Jedermann weiß, daß die Sonne bereits viel länger als 1500 Jahre scheint – selbst nach der Bibel müßten es schon 6000 Jahre sein. Helmholtz wandte sich daher dem Prozeß zu, durch den die Erde und die anderen Planeten *ihre* Wärme erhalten hatten.

Vielleicht ist auch die Sonne durch den Zusammenschluß kleinerer Teile entstanden. Bei der Entstehung der Sonne mußten viel mehr kleine Teile miteinander verschmelzen als bei allen anderen Planeten, und dabei wurde auch viel mehr

kinetische Energie in Wärme umgewandelt – womit erklärt wäre, warum die Sonne um so viel heißer ist als jeder andere Planet. Sie gibt nur die Energie wieder ab, die sie in der Frühphase ihrer Entstehung aufgenommen hatte.
Helmholtz wußte nicht genau, wie alt die Sonne war, aber er schätzte ihr Alter auf viele Millionen Jahre. Seiner Ansicht nach hätte der ursprüngliche Vorrat an kinetischer Energie aber nicht ausgereicht, um sie die ganze Zeit über in Gang zu halten. Sie mußte also weiterhin in dem Maße kinetische Energie aufnehmen, wie sie Wärmeenergie verlor.
Er dachte deshalb an die Möglichkeit, daß Meteoriten ständig in die Sonne stürzten, wie es auch bei der Erde der Fall war. Die Sonne war ein weit größeres Ziel als die Erde und hatte eine viel stärkere Anziehungskraft, so daß sie auch einem weit stärkeren Meteoritenbeschuß ausgesetzt sein mußte.
Dies schien eine brauchbare Theorie zu sein, aber sie ließ sich nicht halten. Wenn die Meteoriten in die Sonne fielen, steuerten sie Masse bei, was die Anziehungskraft der Sonne erhöhen würde. Sie dürfte vermutlich nicht stark zunehmen, aber die zusätzliche Masse würde doch ausreichen, um die Bewegung der Erde auf ihrer Umlaufbahn ein wenig zu beschleunigen und die Länge eines Jahres geringfügig, aber doch meßbar zu verkürzen. Diese allmähliche Verkürzung des Jahres trat aber nicht ein. Somit war die Meteoritentheorie auszuschließen.
Doch dann kam Helmholtz eine bessere Idee. Wenn sich die Sonne ursprünglich zusammengezogen hatte, als sie aus einer riesigen Staub- und Gaswolke entstand, warum zog sie sich dann nicht immer noch zusammen? Er berechnete, daß selbst eine ganz geringe Kontraktion – klein genug, um von den damaligen Instrumenten nicht bemerkt zu werden – genügend kinetische Energie liefern würde, um die Sonne in Gang zu halten. Die Masse der Sonne oder die Länge des Erdjahres blieben dabei unverändert.

In diesem Fall wäre die Sonne gestern etwas größer gewesen als heute und letztes Jahr etwas größer als in diesem Jahr usw. Als Helmholtz zurückrechnete, kam er zu dem Schluß, die Sonne sei vor 25 Millionen Jahren groß genug gewesen, um die Erdumlaufbahn auszufüllen; die Erde konnte demnach nicht älter als 25 Millionen Jahre sein.

Dies stellte die Ergebnisse von Geologen und Biologen auf den Kopf, die gute Gründe für die Annahme hatten, daß die Erde viel älter als 25 Millionen Jahre war, aber was konnte man schon gegen den Energieerhaltungssatz einwenden?

Natürlich war das Zusammenziehen keine ausreichende Erklärung. Aber erst nach der Entdeckung der Radioaktivität, die zwei Jahre nach Helmholtz' Tod erfolgte (und bereits erwähnt wurde), setzte sich die Erkenntnis durch, daß die Kernenergie die Quelle war, die die Sonne scheinen ließ.

70. Wie wird die Sonne mit Kernenergie versorgt?

Man kann leicht zu dem Schluß kommen, daß die Sonne mit Kernenergie versorgt wird, doch herauszufinden, wie dieser Prozeß genau abläuft, ist nicht so einfach. Zunächst einmal ist da das Problem: Woher kommt die Kernenergie?

Als sich der englische Physiker Ernest Rutherford (1871–1937) im Jahre 1911 seine Versuche – er hatte dünne Goldfolien mit energiereicher, radioaktiver Strahlung beschossen – durch den Kopf gehen ließ, fiel ihm auf, daß der größte Teil der energiereichen Strahlung die Goldatome ungehindert passierte, ein sehr kleiner Teil davon aber aufprallte. Daraus schloß er, daß das Atom nicht einfach eine kleine Kugel ohne besondere Eigenschaften war, sondern eine bestimmte Struktur besaß. In seinem Zentrum befand sich der *Atomkern*, der nur ein Hunderttausendstel so groß war wie das gesamte Atom. Praktisch die gesamte Atommasse befand sich im Kern, während es um diesen Kern herum ein oder mehrere sehr leichte Elektronen gab. Die Elektronen machten den größten Teil des Atomvolumens aus, auch wenn sie von der radioaktiven Strahlung beiseite geschoben wurden, als ob sie gar nicht existierten.

Normale chemische Reaktionen (wie das Verbrennen von Kohle oder Öl oder die Explosion von TNT oder Nitroglyzerin) sind das Ergebnis von Verschiebungen der äußeren Elektronen von einem Atom zum anderen. Solche Wechsel führen in der Regel zu Molekülen mit einem niedrigeren Energiegehalt (wie bei einer Kugel, die bergab rollt: eine Kugel besitzt in einer geringeren Höhe weniger Energie als weiter oben). Bei einer chemischen Reaktion zeigt sich der Überschuß an Energie, der übrig bleibt, wenn die energiereichen Reaktionspartner zu energiearmen Reaktionsprodukten werden, in Form von Licht, Wärme oder Sprengkraft.

Der Atomkern ist ebenfalls aus kleinen Teilchen aufgebaut, die als *Protonen* und *Neutronen* bezeichnet werden. Auch sie können sich in einer Weise neu anordnen, daß dabei ihre Energie abnimmt. Die überschüssige Energie wird dann auch hier als Strahlung, Wärme usw. frei.

Diese *Kernreaktionen* erfolgen auf der Erde viel seltener als chemische Reaktionen und sind weit schwieriger auszulösen, zu stoppen oder irgendwie zu lenken, so daß sie bis zum Ende des 19. Jahrhunderts überhaupt nicht bemerkt wurden. Dies galt insbesondere deshalb, weil die natürlichen Kernreaktionen, die im Zusammenhang mit der Radioaktivität abliefen, so langsam vor sich gingen, daß die in einem bestimmten Zeitraum freigesetzte Energiemenge zu klein war, um überhaupt aufzufallen.

Wenn man von einer bestimmten Menge an Material ausgeht, ist die bei einer Kernreaktion *insgesamt* frei werdende Energie sehr viel größer als die Energie, die von der gleichen Menge bei einer chemischen Reaktion freigesetzt wird. Während chemische Reaktionen und selbst die bei einer allmählichen Kontraktion erzeugte kinetische Energie nicht ausreichen, um die Sonne während ihrer gesamten Lebensdauer scheinen zu lassen, könnte deshalb die Kernenergie dieses Kunststück vollbringen; für die Wissenschaftler ginge es nur darum, den daran beteiligten Reaktionstyp herauszufinden.

An Kernreaktionen, die spontan auf der Erde ablaufen, sind die großen Atome von Uran und Thorium beteiligt. Teilstücke dieser Atome werden beim radioaktiven Zerfall abgebrochen, so daß Energie erzeugt wird. Noch mehr Energie entsteht, wenn die Uran- und Thoriumatome bei einem als *Kernspaltung* bezeichneten Vorgang in zwei mehr oder weniger gleiche Hälften zerfallen. Doch nicht einmal dieser Prozeß reicht aus, um die Sonne in Gang zu halten, zumal in der Sonne nur Spuren dieser schweren Atome vorhanden sind.

Die Atome mittlerer Größe enthalten jedoch am wenigsten Energie. Bei der gewöhnlichen Radioaktivität oder bei der Kernspaltung rutschen die Atome »hinunter«, d. h. sie geben Energie ab, wenn die großen Atome in kleinere zerfallen. Das gleiche würde geschehen, wenn sich sehr kleine Atome zu größeren verbinden würden. Nehmen wir an, Wasserstoffatome (die kleinsten Atome) könnten dazu gebracht werden, sich (durch *Kernverschmelzung* oder *Kernfusion*) zu Heliumatomen, den zweitkleinsten Atomen, zusammenzuschließen. In diesem Falle wäre die Energie, die durch Kernverschmelzung einer bestimmten Menge von Wasserstoffatomen entstehen würde, *weit größer* als die durch Kernspaltung der gleichen Menge von Uranatomen erzeugte Energie.

Da man heute weiß, daß die Sonne dem Gewicht nach zu drei

Vierteln aus Wasserstoff und zu einem Viertel aus Helium besteht, ist die Annahme verlockend, daß die Energie der Sonne von der Verschmelzung von Wasserstoff herrührt und daß für die nächsten Milliarden Jahre noch genügend Wasserstoff vorhanden ist.

Doch die Sache hat einen Haken. Die Kerne von schweren Atomen sind ziemlich unstabil. Es ist wie auf einem Grat: Der kleinste Stoß (oft ist nicht einmal ein Stoß notwendig) reicht aus, damit sie den Berg hinunterrutschen. Unter den richtigen Bedingungen ist deshalb eine Spaltung leicht in Gang zu bringen. Auf der anderen Seite haben Wasserstoffatome keine natürliche Neigung, miteinander zu verschmelzen, wenn ihre Kerne nicht sehr nahe zusammenkommen – was unter normalen Bedingungen nicht geschieht, weil um jeden Wasserstoffkern ein Elektron kreist, das wie ein Puffer wirkt. Zwei Wasserstoffatome, die miteinander kollidieren, prallen an den äußeren Elektronen des jeweils anderen Atoms ab, so daß sich die zwei Kerne im Inneren des Atoms niemals nahekommen. Dies ist jedoch nur das natürliche Verhalten unter den Bedingungen auf der Erde. Im Inneren der Sonne sind die Temperaturen so hoch, daß Wasserstoffatome auseinandergerissen werden und die Wasserstoffkerne allein umherfliegen. Der Druck ist so hoch, daß die Wasserstoffkerne eng zusammengepreßt werden. Da sie sich aufgrund der hohen Temperatur viel schneller bewegen als auf der Erde, prallen sie mit enormer Wucht zusammen, was die Verschmelzung auslöst.

Der deutsch-amerikanische Physiker Hans Albrecht Bethe (geb. 1906) konzentrierte sich in seiner Arbeit auf die Wasserstoffusion, wobei er die Kernreaktionen studierte, die man im Labor stattfinden lassen konnte. Anhand dieser Experimente berechnete er, was sich bei der Temperatur und dem Druck im Inneren der Sonne möglicherweise abspielt. Bis 1938 entwickelte er ein Modell für Kernreaktionen, die ausreichten, um die Sonne in Gang zu halten. Seitdem wird seine Theorie im wesentlichen akzeptiert. So wurde die Frage, die Helmholtz fast ein Jahrhundert vorher gestellt hatte, schließlich noch beantwortet.

71. Gibt es Sterne, die im Altertum noch nicht bekannt waren?

Nachdem wir die Planeten und die Sonne besprochen haben, wird es Zeit, daß wir uns der Welt der Sterne zuwenden. Die eingangs gestellte Frage wäre im Altertum und im Mittelalter als töricht empfunden worden, weil man den Gedanken an unsichtbare Sterne als Widerspruch in sich aufgefaßt hätte. Sterne leuchteten und gaben Licht ab und mußten deshalb sichtbar sein. Zudem waren die kirchlichen Obrigkeiten des Abendlandes der festen Überzeugung, daß die Welt ausschließlich zum Wohle der Menschen geschaffen worden sei. Die Sterne waren nützlich bei astrologischen Berechnungen der Zukunft und darüber hinaus wunderschön anzuschauen. Unsichtbare Sterne waren weder nützlich noch schön, hatten keinen Zweck und konnten deshalb nicht existieren.
Und trotzdem besitzt die Leuchtkraft der Sterne eine große Bandbreite. Die hellsten Sterne sind so hell, daß nur Blinde sie nicht sehen können. Die schwächsten Sterne haben aber nur ein Hundertstel der Leuchtkraft der hellen und sind nur mit einem scharfen Auge wahrzunehmen. Könnten einige Sterne dann nicht vielleicht so schwach leuchten, daß man sie auch mit dem besten Auge nicht mehr erkennen kann? Wenn wir ein wenig überlegen, scheint es keinen Grund dafür zu geben, warum dies nicht so sein sollte. Warum sollte die

Lichtschwäche von Sternen genau an dem Punkt aufhören, wo ein scharfes Auge sie noch ausmachen kann?
Zumeist haben die Menschen dieses Problem einfach nicht logisch überdacht. Sie waren so von der Vorstellung gefangen, Sterne müßten der Menschheit dienen, daß sie die Möglichkeit unsichtbarer Sterne verwarfen oder einfach nicht in Betracht zogen.
Erst das Teleskop brachte die Wende. Eine Teleskoplinse (oder ein gekrümmter Spiegel) ist viel größer als die Pupille des Auges; sie kann das Licht auf einer viel größeren Fläche aufnehmen und in einem Brennpunkt bündeln. Das bedeutet, daß Sterne durch ein Teleskop viel heller aussehen als mit bloßem Auge. Wenn ein Stern so schwach leuchtet, daß er ohne Hilfsmittel nicht mehr zu erkennen ist, kann ein Teleskop vielleicht genügend Licht von ihm einfangen, um ihn sichtbar zu machen.
Als Galilei 1609 sein Teleskop auf den Himmel richtete, stellte er genau dies fest. Wohin er auch sah – er entdeckte viel mehr Sterne, als mit bloßem Auge zu erkennen waren. Der Himmel, so schien es, war mit Myriaden von Sternen angefüllt, die zu schwach leuchteten, um für das menschliche Auge sichtbar zu sein, doch sie existierten gleichwohl und waren durch ein Teleskop auch wahrzunehmen. Folglich enthielt das Universum nicht 6000 Sterne, sondern Millionen davon.
Dieses simple Meisterstück Galileis erreichte zweierlei. Zum einen war es eine weitere Entdeckung, die die Größe und Komplexität des Universums betonte; sie zeigte, daß der Aufbau der Welt bei weitem nicht so einfach war, wie man angenommen hatte. Und zum anderen war es die erste wissenschaftliche Entdeckung, die keinen Zweifel daran ließ, daß das Universum nicht unbedingt nur zum Nutzen und zum Vergnügen der Menschheit existierte. Es gab Myriaden von Sternen, die anscheinend keinerlei Auswirkung auf die Men-

schen haben konnten und dennoch existierten. Erstmals konnte man das Universum für etwas halten, das der Menschheit gegenüber gleichgültig war, das vielleicht schon bestanden hatte, bevor der Mensch auftauchte, und möglicherweise noch lange überdauern wird, nachdem er wieder von der Bildfläche verschwunden ist. Das Weltall wurde viel erhabener, aber in gewisser Weise auch kälter und unfreundlicher.

72. Sind die Fixsterne wirklich feststehend?

»Aber natürlich!« könnte man hier antworten. Wie kann man nur Zweifel daran haben, daß sie wirklich an Ort und Stelle feststehen. Schließlich sehen wir dieselben Sterne in den gleichen Sternbildern, wie sie die alten Sumerer sahen. Nichts hat sich verändert, und deshalb sind die *Fixsterne* feststehend.
Und trotzdem: Können wir wirklich behaupten, daß etwas keine Veränderungen durchläuft, nur weil wir sie nicht erkennen? Manche Veränderungen gehen so langsam vor sich, daß es den Anschein hat, als würden sie überhaupt nicht stattfinden. Stellen Sie sich beispielsweise vor, Sie blicken etwa eine halbe Minute lang auf den Stundenzeiger einer Uhr. Sie könnten leicht zu dem Schluß kommen, daß er sich nicht bewegt und feststeht. Wenn Sie aber weggehen und eine Stunde später zurückkommen, stellen Sie fest, daß sich der Stundenzeiger *doch* bewegt hat. Er zeigte auf 1, als Sie weggingen, und steht nun auf 2, wenn Sie zurückkommen.
Ist er plötzlich vorgerückt, als Sie ihn nicht beobachtet haben? Oder hat er sich gleichmäßig weiterbewegt – aber zu langsam, um es im Verlauf einer kurzen Zeitspanne bemerken zu kön-

nen? Wenn Sie den Stundenzeiger geduldig beobachten, nicht nur für Sekunden, sondern vielleicht 15 Minuten lang, kommen Sie zu dem Schluß, daß er sich langsam bewegt. Unter dem Vergrößerungsglas läßt sich sogar erkennen, daß er sich schon in einer halben Minute ein wenig bewegt.

Sind wir nun sicher, daß die Fixsterne wirklich unveränderlich an Ort und Stelle stehen? Oder bewegen sie sich so langsam (viel langsamer als ein Stundenzeiger), daß ihre Bewegung nicht nachweisbar ist, falls man nicht Jahrhunderte verstreichen läßt? Selbst dieser Zeitraum könnte zu kurz sein, wenn man nur die bloße Augenkraft einsetzt. Wie mit dem Vergrößerungsglas über dem Stundenzeiger lassen sich mit dem Teleskop dagegen bereits winzige Positionsveränderungen nachweisen.

Als Halley (der die Bahn des Halleyschen Kometen berechnete) 1718 mit seinem Teleskop die Position verschiedener Sterne überprüfte, stellte er fest, daß drei von ihnen, Sirius, Prokyon und Arktur, sich seit der Positionsbestimmung durch die alten Griechen eindeutig verschoben hatten. Gewiß, die griechischen Astronomen verfügten noch nicht über Teleskope, aber sie waren genaue Beobachter und konnten nicht allzu weit daneben liegen.

Diese drei Sterne nahmen tatsächlich Positionen ein, die sich etwas von denjenigen unterschieden, die Tycho Brahe eineinhalb Jahrhunderte früher angegeben hatte. Tychos Beobachtungen waren aber die besten, die vor der Zeit des Teleskops zu erhalten waren.

Halley konnte nur zu dem Schluß kommen, daß sich diese drei Sterne bewegt hatten und ihre Position im Verhältnis zu den Nachbarsternen immer weiter veränderten. Dies konnte für alle Sterne gelten; die »Fixsterne« waren damit nicht feststehend, sondern besaßen eine *Eigenbewegung*.

Trotzdem mußten sich die drei Sterne, die sich sehr langsam, aber nachweislich verschoben, schneller bewegen als andere Sterne; sie gehörten zudem zu den hellsten am Himmel. Gab es zwischen der Bewegung und der Helligkeit einen Zusammenhang? Wenn ja, mußten die Astronomen das Wesen des Weltalls vielleicht neu überdenken.

73. Gibt es eine Sternenkugel?

Wie bereits erwähnt, nahm man im Altertum an, daß der Himmel eine dünne, feste Kugel sei, die sich um die Erde schloß, und daß auf ihr die winzigen, funkelnden Sterne saßen. Bis ins 18. Jahrhundert hinein gab es keine Entdeckung, die diese Vorstellung zwangsläufig korrigiert hätte. Nach Kopernikus konnte man nicht mehr davon ausgehen, daß die Erde der Mittelpunkt des Universums war, um den sich alles bewegte, aber dies rückte lediglich die Sonne ins Zentrum. Der Himmel war noch immer eine Himmelskugel, die die Sterne trug, aber sie umkreiste nun die Sonne und nicht die Erde.

Keplers elliptische Umlaufbahnen hatten mit der Vorstellung kristalliner Sphären um die Planeten aufgeräumt, aber die äußerste Himmelskugel mit den Sternen blieb unangetastet. Dank Cassini wurde die wahre Größenordnung des Sonnensystems ermittelt, das sich als viel größer herausstellte als angenommen, aber dies war nur ein Hinweis darauf, daß auch die Himmelskugel weiter außen lag.

Erst 1718, als Halley die Eigenbewegung der Fixsterne entdeckte, mußten die Astronomen ihre Vorstellungen vom Weltall völlig neu überdenken. Natürlich war es möglich, daß es trotz der Bewegung der Sterne eine Himmelssphäre gab und die Sterne einfach sehr langsam über deren Oberfläche glitten. Doch warum sollten sich nur ein paar Sterne schnell genug bewegen, daß man dies nach einigen Jahrhunderten bemerkte? Und warum leuchteten gerade diese Sterne am hellsten?

Vielleicht sind einige Sterne größer und deshalb heller als andere. Vielleicht haften die schwereren Sterne nicht so fest an der Kugel, so daß sie sich langsam lösen und an ihr entlanggleiten? Dies ist aber nur eine Ad-hoc-Erklärung, die eigens dazu ersonnen wurde, dieses Rätsel zu lösen; sie deckt sich jedoch nicht mit der allgemeinen Erfahrung und kann auch sonst nichts erklären.

Andererseits befinden sich vielleicht manche Sterne näher an der Erde als andere. In diesem Fall würden die näheren Sterne im Durchschnitt heller leuchten als die weiter entfernten. Und wenn die Sterne sich alle mit etwa der gleichen Geschwindigkeit bewegten, würden sich die näheren auch schneller zu bewegen scheinen – ein Phänomen, das der alltäglichen Erfahrung entspricht. Damit wäre auch geklärt, warum gerade die hellen Sterne eine nachweisbare Eigenbewegung zeigen. Auch die schwächer leuchtenden Sterne bewegen sich, aber weil sie so weit entfernt sind, verschieben sie sich im Verhältnis zu uns so langsam, daß sich eine Positionsveränderung nicht schon nach mehreren hundert, sondern vielleicht erst nach vielen tausend Jahren feststellen läßt.

Wenn die Sterne unterschiedlich weit vom Sonnensystem entfernt sind, kann es keine Himmelskugel geben. Statt dessen muß der Weltraum unbegrenzt und von Sternen wie von einem Bienenschwarm durchsetzt sein. Ab 1718 verschwand die Himmelskugel aus dem astronomischen Denken, und die weit großartigere Vorstellung eines unendlichen Weltraums nahm ihren Platz ein.

74. Was sind Sterne?

Ursprünglich hielt man die Sterne für das, wonach sie aussahen: kleine Flecken aus einem leuchtenden Material, die an einen festen Himmel geheftet waren. Dies war so lange vernünftig, wie man glaubte, das Universum sei relativ klein und der Himmel nicht allzu hoch. Sich die Sterne als kleine Flecken vorzustellen wurde jedoch zunehmend schwieriger, als das Universum im Denken der Astronomen mit der Zeit immer größer wurde.

Nachdem Halley die Eigenbewegung der Sterne entdeckt hatte, war es klar, daß selbst die nächsten Sterne noch Milliarden von Kilometern entfernt sein mußten, wenn es innerhalb der Sternenkugel genug Platz für das riesige Sonnensystem geben sollte. Wie groß mußte ein Lichtfleck sein, damit er über eine Entfernung von vielen Milliarden Kilometern noch sichtbar war? Wenn wir darüber nachdenken, kommen wir zwangsläufig zu dem Schluß, daß die Sterne *sehr* große Objekte sein müssen.

Der erste, der dies 1440 erahnte, war der deutsche Gelehrte Nikolaus von Kues (1401–1464). Er glaubte, der Weltraum sei unendlich groß und die Sterne seien über den gesamten Weltraum verstreut. Darüber hinaus war für ihn jeder Stern ein Objekt ähnlich unserer Sonne; und jeder von ihnen besaß Planeten, auf denen möglicherweise Leben existierte. Mit alledem vertrat er erstaunlich moderne Ansichten, aber es war reine Spekulation, für die er keine Beweise erbringen konnte. Sobald Halley entdeckt hatte, daß sich die Sterne bewegten, kam man an Nikolaus von Kues' Vorstellungen offensichtlich nicht mehr vorbei. Halley fragte sich, ob Sirius, der hellste und damit zugleich der nächste Stern oder zumindest einer der nächsten Sterne am Himmel, nicht die gleiche Leuchtkraft

haben konnte wie die Sonne. Vielleicht erschien er nur deshalb als kleiner Lichtpunkt, weil er so weit von der Sonne entfernt war.
Wie weit müßte eine Sonne wie die unsere dann entfernt sein, damit sie nur so hell wie Sirius erschiene? Halley rechnete diese Annahme durch und kam zu dem Ergebnis, wenn Sirius tatsächlich so hell wie unsere Sonne sei, müsse seine Entfernung von uns 19 *Billionen* Kilometer betragen. Wohlgemerkt, eine Billion sind tausend Milliarden oder eine Million Millionen – 1 000 000 000 000.
Nach Halleys Berechnung war Sirius 1350mal so weit von der Sonne entfernt wie der Saturn. Sterne, die schwächer als Sirius leuchten, müssen grundsätzlich noch weiter entfernt sein. Wieder erweiterte sich die Vorstellung vom Universum; seine Ausdehnung belief sich nun nicht mehr auf Millionen oder Milliarden, sondern auf Billionen Kilometer.

75. Wie weit sind die Sterne eigentlich entfernt?

Halleys Schätzung der Entfernung von Sirius basiert darauf, daß der Stern die gleiche Leuchtkraft besitzt wie die Sonne. Diese Annahme steht auf wackeligen Füßen. In Wirklichkeit könnte Sirius genauso gut schwächer oder heller leuchten als die Sonne. Wir brauchen also ein direkteres Verfahren, um die Entfernung eines Sterns zu bestimmen. Überlegen wir also, wie ein solches funktionieren könnte.
Die Entfernung des Mars wurde 1672 mit recht großer Genauigkeit bestimmt, indem man den Planeten von Paris und von Französisch-Guyana aus anpeilte und seine Parallaxe be-

rechnete. Doch selbst die nächsten Sterne sind mit ziemlicher Sicherheit zumindest mehrere hunderttausend Male so weit entfernt wie der Mars, was bedeutet, daß die Parallaxe der nächsten Sterne auch einige hunderttausend Male kleiner wäre. Schon die Marsparallaxe war schwer genug zu messen, obwohl sie von Standorten in verschiedenen Hemisphären aus betrachtet wurde; die Bestimmung einer Sternparallaxe wäre vollends unmöglich.

Es könnte jedoch einen Ausweg aus diesem Dilemma geben. Die Erde kreist um die Sonne und bewegt sich innerhalb von sechs Monaten von einem Ende ihrer Umlaufbahn zum anderen – eine Entfernung von rund 300 Millionen Kilometern oder etwa der 23 500fache Erddurchmesser. Wenn ein Stern vom gleichen Standort aus zuerst am 1. Januar und dann am 1. Juli beobachtet wird, ist die Parallaxe 23 500mal so groß, wie wenn man sie nur von entgegengesetzten Punkten auf der Erdoberfläche aus beobachten würde.

Selbst unter solchen Bedingungen ist die Parallaxe eines Sterns sehr klein, bedeutend kleiner jedenfalls als diejenige, die von Cassini bestimmt wurde. Als Kopernikus seine Theorie erstmals vorstellte, wiesen in der Tat einige Astronomen darauf hin, daß die Sterne keine parallaktische Verschiebung zeigten. Die Erde könne daher gar nicht ihre Position verändern, sondern bleibe immer an derselben Stelle. Kopernikus begegnete dem Einwand ganz richtig mit dem Argument, es gebe durchaus eine Parallaxe, nur seien die Sterne so weit entfernt, daß sie nicht mehr meßbar sei. Ohne Teleskop traf dies gewiß zu.

Doch selbst wenn die Sterne wirklich ungeheuer und unterschiedlich weit entfernt waren, so konnten ihre Parallaxen im Prinzip bestimmt werden. Bis zum 19. Jahrhundert waren die Teleskope schließlich so weit verbessert, daß dies möglich wurde.

In den 30er Jahren des 19. Jahrhunderts richtete der deutsche Astronom Friedrich Wilhelm Bessel (1784–1846) sein Teleskop (das beste, das je gebaut worden war) auf den recht schwach leuchtenden Stern 61 Cygni. Trotz seiner geringen Leuchtkraft wies er die größte damals bekannte Eigenbewegung auf, was Bessel zu der richtigen Annahme führte, daß er zumindest für einen Stern recht nahe sein mußte. Im Jahre 1838 erhielt er schließlich eine winzige Parallaxe und gab die Entfernung von 61 Cygni bekannt. Seine erste Schätzung lag ein wenig daneben, war aber für einen ersten Versuch hervorragend. Der Stern 61 Cygni befindet sich 105 Billionen Kilometer von der Erde entfernt.

Nur wenig später beobachteten zwei andere Astronomen ebenfalls die parallaktische Verschiebung eines Sterns. Dies war jedoch kein Zufall, denn wenn die Instrumente besser werden und manchmal sogar ein Umdenken einsetzt, kommt es oft vor, daß eine ganze Reihe verschiedener Wissenschaftler etwa zur selben Zeit die gleiche Leistung vollbringen.

Zwei Monate nach der Ankündigung Bessels gab der britische Astronom Thomas Henderson (1798–1844) bekannt, daß der helle Stern Alpha Centauri etwa 42 Billionen Kilometer entfernt sei. Eigentlich hatte er seine Arbeit vor Bessel abgeschlossen, aber Bessel hatte seine Beobachtung als erster veröffentlicht, d. h. in schriftlicher Form mitgeteilt. Und die allgemeine Anerkennung erntet nun einmal derjenige, der als erster an die Öffentlichkeit tritt.

Ein wenig später zeigte der deutsch-russische Astronom Friedrich G. W. von Struve (1793–1864), daß der helle Stern Wega (um die heutige Zahl zu nennen) 255 Billionen Kilometer entfernt war.

Es stellte sich übrigens heraus, daß Alpha Centauri von uns aus gesehen der nächste Stern ist.

Was Sirius betrifft, so ist er 82 Billionen Kilometer entfernt –

etwas mehr als viermal so weit, wie Halley geschätzt hatte. Der Grund, warum Halley sich getäuscht hatte, lag darin, daß er die Leuchtkraft von Sirius so hoch wie die der Sonne angesetzt hatte – in Wirklichkeit ist diese aber sechzehnmal höher.

Diese Sterne befinden sich alle recht nahe an der Erde. Die meisten Sterne sind aber so viel weiter entfernt, daß sich ihre Parallaxen nicht einmal mit den derzeit besten Instrumenten messen lassen.

76. Wie schnell breitet sich Licht aus?

Mit großen Zahlen umzugehen ist lästig; die vielen Nullen sind verwirrend. Solange es um die Größe des Sonnensystems geht, kann man noch mit Millionen oder auch ein paar Milliarden Kilometer auskommen. Doch wenn wir es mit Sternen zu tun haben und feststellen, daß Größenordnungen von mindestens Billionen und noch häufiger Billiarden Kilometern gefragt sind, können wir nur noch die Hände über dem Kopf zusammenschlagen und uns fragen, was das Ganze eigentlich soll.

Das Problem ist, daß die Längeneinheit »Kilometer« definiert wurde, um die alltäglichen Strecken auf der Erde und nicht riesige astronomische Entfernungen zu messen. Um problemlos mit den Entfernungen von Sternen arbeiten zu können, brauchen wir eine andere Maßeinheit, die sich des Lichts bedient.

Vorher müssen wir fragen, wie schnell sich Licht ausbreitet. Sie schalten in einer Ecke des Zimmers das Licht ein: Wie lange dauert es, bis das Licht die andere Zimmerecke erreicht hat und diese ebenfalls erhellt?

Jemand, der sich darüber noch keine Gedanken gemacht hat, könnte glauben, das Licht breite sich augenblicklich bzw. mit unendlicher Geschwindigkeit aus. Wenn man das Licht anknipst, ist ja sofort der ganze Raum erleuchtet. Selbst wenn man in einem riesigen Stadion eine starke Lichtquelle einschaltet, wird alles sofort hell.

Doch *augenblicklich* und *unendlich* sind problematische Wörter. Es kann durchaus sein, daß sich Licht nicht sofort, sondern lediglich innerhalb einer sehr kurzen Zeitspanne ausbreitet, die normalerweise nicht mehr meßbar ist. Vielleicht breitet sich Licht gar nicht mit unendlicher Geschwindigkeit aus, sondern nur so schnell, daß seine Geschwindigkeit unbegrenzt erscheint.

Diese Möglichkeit läßt sich am ehesten dadurch überprüfen, daß man versucht, Licht eine sehr lange Strecke zurücklegen zu lassen. Dann könnte die Zeitspanne meßbar sein, die das Licht für diese große Entfernung braucht. Der erste, der sich dieses Experiment ausdachte, war Galilei.

Er und ein Helfer bestiegen in einer dunklen Nacht zwei nebeneinander liegende Berge, wobei jeder eine Laterne mit sich trug. Galilei zog den Schieber seiner Laterne zurück und gab einen Lichtstrahl frei. Wenn der Helfer das Licht sah, öffnete er den Schieber seiner eigenen Lampe und schickte damit einen Lichtstrahl zurück. Galilei kannte die Entfernung zwischen den Gipfeln; die Zeit, die zwischen dem Aussenden des Lichtsignals und der Sichtung des Signals seines Assistenten verging, war somit die Zeitspanne, die das Licht benötigte, um diese Strecke zweimal zurückzulegen – von einem Gipfel zum anderen und wieder zurück.

Eine kurze Verzögerung gab es tatsächlich. Ein Teil davon war auf die Zeit zurückzuführen, die das Licht brauchte, um sich fortzupflanzen, aber ein anderer Teil war durch die Reaktionszeit bedingt. Schließlich dauerte es eine winzige Zeitspanne, bis der Helfer das Signal wahrnahm und den Schieber seiner eigenen Lampe öffnete.

Galilei wiederholte dieses Experiment deshalb auf zwei Hügeln, die weiter voneinander entfernt waren. Die Reaktionszeit würde die gleiche sein, so daß jede zusätzliche Zeitspanne zwischen dem ersten Signal und dem Zurücksenden ausschließlich auf die Zeit zurückzuführen wäre, die das Licht unterwegs brauchte. Er unternahm den Versuch und fand heraus, daß es *keine* zusätzliche Zeit dauerte; die Zeitspanne zwischen dem Signal und der Antwort war ausschließlich Reaktionszeit. Licht war zu schnell, als daß sich seine Geschwindigkeit auf diese Weise messen ließ.

Galilei erkannte die Notwendigkeit, zwei weiter auseinanderliegende Berggipfel zu finden, aber er wußte, daß dies nicht zu schaffen war. Wegen der Erdkrümmung war ein Berggipfel von einem anderen aus nicht mehr zu sehen, wenn sie sehr weit voneinander entfernt lagen. Außerdem konnte Galilei keine Lampe finden, die über eine sehr große Entfernung hinweg hell genug strahlte. Hätte er ein Gerät zur Messung extrem kurzer Zeitabschnitte zur Verfügung gehabt, so hätte er natürlich die Messung damit durchführen können, aber er besaß kein derartiges Gerät und gab deshalb auf.

Fast ein halbes Jahrhundert später wurde das Problem dann fast durch Zufall gelöst. Der dänische Astronom Olaus Rømer (1644–1710) studierte die vier Jupitersatelliten. Dank der Pendeluhr konnte man die Zeit damals schon recht präzise messen; außerdem war genau bekannt, wie lange jeder Satellit für eine Umrundung des Jupiters brauchte. Jeder verschwand regelmäßig zu einem bestimmten Zeitpunkt hinter dem Jupiter und tauchte auf der anderen Seite wieder auf.

Ganz regelmäßig ging dies aber nicht vonstatten. Ein halbes Jahr lang traten die Satellitenfinsternisse ein wenig früher und das andere halbe Jahr ein wenig später ein als »planmäßig«.

Im Durchschnitt glich sich das alles aus, aber zu bestimmten Zeiten erfolgten die Mondverfinsterungen nicht weniger als acht Minuten zu früh, während sie ein halbes Jahr später acht Minuten zu spät eintraten.

Rømer suchte nach einer Erklärung und erkannte, daß die Mondverfinsterungen aufgrund des Sonnenlichts zu sehen waren, das von Jupiter und seinen Satelliten reflektiert wurde und sich zur Erde fortpflanzte. Da Jupiter und die Erde um die Sonne kreisten, gab es Zeiten, in denen sich beide Planeten genau auf derselben Seite der Sonne befanden und das Licht den kürzest möglichen Weg vom Jupiter zur Erde nehmen konnte. Etwa 200 Tage später befanden sich Jupiter und die Erde auf entgegengesetzten Seiten der Sonne, so daß das Licht vom Jupiter erst dorthin reisen mußte, wo die Erde gewesen wäre, wenn sie sich auf der gleichen Seite befunden hätte, und *anschließend* den gesamten Durchmesser der Erdumlaufbahn zu der Stelle zurückzulegen hatte, wo sich die Erde tatsächlich befand.

Es dauerte sechzehn Minuten, bis das Licht den Durchmesser der Erdumlaufbahn hinter sich gebracht hatte, acht Minuten vom Jupiter bis zur Sonne und weitere acht Minuten bis zu der Stelle, an der sich die Erde auf der anderen Seite befand. Diese Strecke war natürlich viel länger als die Entfernung zwischen den beiden Berggipfeln, die Galilei verwendet hatte. Die zwei sehr fernen »Gipfel« Jupiter und Erde lagen in Sichtweite voneinander; das Licht war stark genug, um auf beiden gesehen zu werden, und die Entfernung veränderte sich in zeitlicher Hinsicht gleichbleibend. Es war Galileis Experiment im riesigen Maßstab, und diesmal funktionierte es.

Rømer gab sein Ergebnis 1676 bekannt. Er verfügte über keine vollkommen genaue Zahl für den Durchmesser der Erdumlaufbahn; seine Berechnung fiel daher ein wenig zu niedrig aus, kam aber ungefähr hin. Zum ersten Mal wußte man mit Sicherheit, daß die Lichtgeschwindigkeit nicht unendlich war, aber viel höher als jede andere Geschwindigkeit, die man bisher gemessen hatte. Es wurden weitere Verfahren entwickelt, um die Lichtgeschwindigkeit noch präziser zu bestimmen; die heute allgemein anerkannte Zahl liegt etwas unter 299 800 km/s.

77. Was ist ein Lichtjahr?

Inwiefern hilft uns die Lichtgeschwindigkeit dabei, daß wir die Entfernungen von Sternen behandeln? Nehmen wir an, man würde herauszufinden versuchen, wie weit sich Licht innerhalb eines Jahres bewegt. In jeder Sekunde legt es 299 800 Kilometer zurück, und jede Minute hat 60 Sekunden, jede Stunde 60 Minuten, jeder Tag 24 Stunden und jedes Jahr knapp 365¼ Tage. Dies bedeutet, daß ein Jahr beinahe 31 557 000 Sekunden besitzt. Wenn wir die Entfernung, die das Licht in einer Sekunde zurücklegt, mit der Anzahl der Sekunden eines Jahres multiplizieren, stellen wir fest, daß das Licht in einem Jahr ungefähr 9,46 Billionen Kilometer zurücklegt. Diese Entfernung wird als *Lichtjahr* bezeichnet.

Der nächste Stern, Alpha Centauri, ist 4,4 Lichtjahre von uns entfernt, was heißt, daß Licht von uns zu Alpha Centauri oder von Alpha Centauri zu uns 4,4 Jahre unterwegs ist. Dies vermittelt eine Ahnung davon, wie weit die Sterne entfernt sind. Ein Lichtstrahl braucht ¹⁄₆₀ Sekunde, um von New York nach San Francisco zu gelangen, etwas mehr als eine Achtelsekunde für eine Reise um die Welt und etwa 16 Minuten für eine Durchquerung der Erdumlaufbahn, aber 4,4 *Jahre*, um den nächsten Stern zu erreichen.

Sirius ist 8,6 Lichtjahre entfernt, 61 Cygni 11,2 und Wega 27 Lichtjahre; und sie gehören noch zu den nächsten Sternen.

Obwohl Lichtjahre lange Strecken auf sehr anschauliche Weise zum Ausdruck bringen, werden sie von den Astronomen mittlerweile kaum noch verwendet; statt dessen benutzen sie für die Angabe von Entfernungen die Längeneinheit *Parsec*.

Jeder Kreis, darunter auch der riesige Kreis, den man sich um den Himmel gezogen vorstellen kann, ist in 360 Grad unterteilt, wobei jeder Grad wiederum 60 Bogenminuten und jede Bogenminute 60 Bogensekunden enthält. Jeder Kreis besteht damit aus 1 296 000 gleichen Bogensekunden.

Wenn man sich ein kleines *o* am Himmel vorstellt, das nur 1 Bogensekunde breit ist, und sich anschließend eine ganze Reihe solcher *o*s denkt, die so zu einer Linie aufgereiht sind, daß sie sich berühren und über den ganzen Himmel erstrecken, bräuchte man 1 296 000 von ihnen, um einen vollständigen Kreis um den Himmel zu beschreiben. Jedes *o* ist somit tatsächlich sehr klein.

Wie weit muß ein Stern entfernt sein, damit sich seine Parallaxe von seiner normalen Position aus zuerst in die eine und dann in die andere Richtung um 1 Bogensekunde verschiebt, während sich die Erde um die Sonne bewegt? Die Antwort lautet: 3,26 Lichtjahre, eine *Parallaxensekunde* oder kurz ein *Parsec*. Da sich kein Stern so nahe befindet, besitzt jeder bekannte Stern eine Parallaxe von weniger als einer Bogensekunde, wenn er von entgegengesetzten Seiten der Erdumlaufbahn aus betrachtet wird. Aus diesem Grund hat es auch so lange gedauert, bis man die Entfernung der Sterne messen konnte. Alpha Centauri ist 1,35, Sirius 2,65, 61 Cygni 3,44 und Wega 8,3 Parsec entfernt. 1 Parsec entspricht etwas mehr als 30 Billionen Kilometern.

78. Bewegt sich die Sonne?

Seit der Zeit von Kopernikus betrachtete man die Sonne als unbeweglichen Mittelpunkt des Universums. Aufgrund von Halleys Entdeckung, daß sich die Fixsterne bewegen, und nachdem er die Hypothese aufgeworfen hatte, die Sterne könnten in Wirklichkeit Sonnen sein, die ungeheuer weit entfernt waren, erschien es unwahrscheinlich, daß unsere Sonne der einzige Stern sein sollte, der sich nicht bewegte. Noch unwahrscheinlicher war es dann, daß unzählige Objekte, die Billionen Kilometer entfernt waren, unsere Sonne als den Mittelpunkt von allem umkreisten.

Wenn sich alle Sterne bewegen, warum dann nicht auch die Sonne? An dieser Vorstellung ist nichts außergewöhnlich, außer daß uns die Sonne zufällig viel näher als jeder andere Stern ist. Wir sollten also davon ausgehen, daß sie sich bewegt, und fragen, wie läßt sich diese Bewegung zeigen. Außerdem möchten wir noch wissen, in welche Richtung sie sich bewegt. Im Jahre 1805 glaubte Herschel (der den Uranus entdeckt hatte) nach mehr als zwanzigjährigen Studien eine Antwort auf diese Frage gefunden zu haben. Nehmen Sie einmal an, die Sonne sei in jeder Richtung von Sternen umgeben, die im Durchschnitt alle gleich weit voneinander entfernt sind. Man hätte trotzdem den Eindruck, als befänden sich die sonnennächsten Sterne weiter auseinander als diejenigen in größerer Entfernung von ihr. (Man erlebt diesen Effekt auch im Wald: Die Bäume in der Nähe sind deutlich unterscheidbar, während die weiter entfernten scheinbar sehr eng beieinander stehen.)

Herschel maß die Eigenbewegung von so vielen Sternen, wie er messen konnte, und stellte dabei fest, daß sich in einer bestimmten Richtung die Sterne zu teilen und von einem bestimmten Punkt im Sternbild Herkules weg zu bewegen schienen. Diesen Punkt bezeichnete Herschel als *Apex*. Genau auf der anderen Seite des Himmels schienen sich die Sterne auf eine Stelle gegenüber vom Apex zu zu bewegen.

Es gibt keinen Grund, warum sich die Sterne auf diese besondere Weise bewegen sollten, falls die Sonne stillstehen würde. Wenn sich die Sonne aber auf den Apex zu bewegte, dann kamen die Sterne in der Nähe des Apex uns entgegen, während sich die Sonne ihnen näherte, und schienen sich gleichzeitig voneinander zu entfernen. Die Sterne auf der gegenüberliegenden Seite des Himmels entfernten sich dagegen von uns und der Sonne und schienen deshalb näher zueinander zu rücken.

Herschel schloß daraus, daß sich die Sonne in Richtung auf das Sternbild Herkules bewegte. Nachdem man Tausende von Jahren die Erde und danach zweieinhalb Jahrhunderte die Sonne für den Mittelpunkt des Universums gehalten hatte, stellte sich nun heraus, daß es – soweit die Astronomen dies beurteilen konnten – *keinen* Mittelpunkt des Universums gab. Alles war in Bewegung.

Neben all den anderen richtigen Vermutungen zum Universum, die Nikolaus von Kues bereits ein Jahrhundert vor Kopernikus angestellt hatte, war er auch davon ausgegangen, daß das Universum keinen Mittelpunkt besaß.

79. Sind die Naturgesetze überall gleich?

Als ich den Ursprung des Sonnensystems beschrieben habe, sind dabei auch Themen wie das Gravitationsgesetz, der Drehimpulserhaltungssatz und die Zentrifugalkraft zur Sprache gekommen. Ich habe dort gesagt, man könne ruhig von der Gültigkeit dieser Regel ausgehen, weil sie hier und jetzt auf der Erde funktionieren.

Aber woher wissen wir, daß etwas, das heute gilt, auch vor 4,6 Milliarden Jahren gegolten hat? Woher wissen wir, daß etwas, das hier funktioniert, auch auf anderen Welten Gültigkeit hat? Kurz gesagt: Woher wissen wir, daß die Naturgesetze im gesamten Weltraum und für alle Zeit gleich sind?

Warum sollten sich die Naturgesetze zu verschiedenen Zeiten und an verschiedenen Orten voneinander unterscheiden? Sie unterscheiden sich ganz bestimmt nicht an verschiedenen Orten der Erde, und sie haben sich auch nicht während der letzten Jahrhunderte verändert, seit die Wissenschaftler den Dingen verstärkt auf den Grund gehen.

Dieses Argument ist allerdings nicht sehr überzeugend, denn was sind schon ein paar tausend Kilometer und ein paar hundert Jahre, wenn wir es mit Entfernungen von vielen Lichtjahren und mit Zeiträumen von Milliarden Jahren zu tun haben?

Wenn die Naturgesetze aber keine allgemeine Gültigkeit hätten, würden uns viele Phänomene unverständlich bleiben. Im Universum würden Anarchie und Chaos herrschen, weil die Gesetzmäßigkeiten, die wir zu kennen glauben, unter einer Vielzahl von Bedingungen nicht gelten würden.

Vielleicht verhält es sich aber tatsächlich so. Im Universum gibt es viele Phänomene, die wir noch immer nicht verstehen, und womöglich haben wir es wirklich mit Anarchie und Chaos zu tun. So sind die Wissenschaftler in den letzten Jahren zu dem Schluß gekommen, daß einige Aspekte des Universums chaotischer sind, als man vermutet hatte.

Trotz alledem gehen die Wissenschaftler im allgemeinen gerne davon aus, daß das Universum seinem Wesen nach einfach ist und daß immer und überall die gleichen Naturgesetze gelten. Dies ist allerdings nur eine bequeme Annahme. Bevor wir sie glauben können, brauchen wir Beispiele und Beweise. Am Ende des 18. Jahrhunderts war die wichtigste bis dahin aufgestellte Verallgemeinerung hinsichtlich der physikalischen Welt Newtons allgemeines Gravitationsgesetz. Es bestand kein Zweifel, daß es für das gesamte Sonnensystem galt, denn alle Planeten und Satelliten bewegen sich fast genau im Einklang damit. Als sich herausstellte, daß die Bewegung des Uranus nicht genau damit übereinstimmte, vermuteten die Astronomen, es gebe jenseits davon noch einen weiteren Planeten, dessen Gravitationswirkung die Diskrepanz erklärte. Ein solcher Planet, Neptun, wurde gesucht und genau dort gefunden, wo man ihn vorausgesagt hatte.

Solange man annahm, daß sich das Universum praktisch mit dem Sonnensystem erschöpfte, konnte man getrost von der Universalität der Gesetze ausgehen. Doch nachdem es sich herausgestellt hatte, daß die Sterne ungeheuer weit entfernte Sonnen waren, wurden die Astronomen unruhig. Galten die Naturgesetze auch über solch unvorstellbare Entfernungen?

Herschel beantwortete diese Frage ebenfalls. Er suchte nach Beweisen für die Existenz einer Parallaxe zwischen den Sternen und machte sich an die Untersuchung von Sternen, die am Himmel ganz dicht beieinander standen. Damals ging man davon aus, daß alle Sterne ähnlich wie unsere Sonne allein erstrahlten. Wenn sich zwei Sterne scheinbar nahe beieinander befanden, so nur deshalb, weil sie sich von uns aus gesehen in derselben Richtung befanden und der eine viel weiter entfernt war als der andere. In diesem Fall zeigte der nähere der beiden im Verhältnis zum anderen möglicherweise eine kleine Parallaxe.

Herschel fiel auf, daß sich bei solchen Sternen kleine Positionsverschiebungen ergaben, doch nicht die Art von Verschiebungen, die man bei Parallaxen erwartete. Bis 1793 war er schließlich überzeugt, daß er Sternpaare beobachtete, *Doppelsterne*, die tatsächlich und nicht nur scheinbar dicht beieinander standen und sich gegenseitig umkreisten. Solche Sterne wurden von der Gravitationskraft zusammengehalten; anhand ihrer Bewegung konnte man deshalb zeigen, daß Newtons Gravitationsgesetz, das von der Bewegung des Mondes um die Erde abgeleitet war, nicht nur für alle Körper des Sonnensystems, sondern auch für die weit entfernten Sterne galt.

Dies war der erste Hinweis darauf, daß Sterne nicht zwangsläufig allein existierten. Sie traten paarweise auf und kamen, wie sich schließlich herausstellte, auch in komplizierteren Verbindungen vor. Gegen Ende seines Lebens hatte Herschel nicht weniger als 800 Doppelsterne lokalisiert. Sie gehorchten ausnahmslos dem Gravitationsgesetz, das Newton aufgestellt hatte und Einstein später verallgemeinerte.

Dabei ist es geblieben. In den letzten beiden Jahrhunderten genügten alle wissenschaftlichen Entdeckungen dem Grundsatz, daß die Naturgesetze überall in Raum und Zeit gelten. Es mag besonders extreme Bedingungen geben, unter denen die Gesetze nicht mehr gelten, aber noch ist es nicht gelungen, diese Bedingungen hinreichend zu untersuchen. In jüngster Zeit sind die Wissenschaftler außerdem zu der Auffassung gelangt, daß es chaotische Bedingungen gibt, die sich nicht mit Sicherheit vorhersagen oder erklären lassen, aber solche chaotischen Bedingungen gelten überall gleich – hier auf der Erde ebenso wie auf dem fernsten Stern.

80. Was sind veränderliche Sterne?

Die aristotelische Auffassung, daß die Himmelskörper ewig und unveränderlich seien, erschien durchaus vernünftig. Die Sterne sahen Nacht für Nacht völlig gleich aus.
Doch ganz richtig war dies nicht. Denken Sie beispielsweise an den zweithellsten Stern im Sternbild Perseus, Beta Persei. Alle zwei Tage und einundzwanzig Stunden verliert er mehr als die Hälfte seiner Helligkeit und gewinnt sie nach kurzer Pause zurück.
Möglicherweise hat man dies schon im Altertum oder im Mittelalter bemerkt. Das Sternbild Perseus zeigt den Helden der griechischen Mythologie gerade in dem Augenblick, als er der Medusa das Haupt mit dem Schlangenhaar abgetrennt hat. Er hält den abgetrennten Kopf, repräsentiert durch Beta Persei, in die Höhe, so daß die Araber (und heute auch wir) den Stern Algol nennen; der vollständige arabische Name bedeutet »Kopf des Ghul« (ein menschenfressender Dämon). Dennoch hat bis in die Neuzeit hinein niemand die Veränderlichkeit des Lichts erwähnt. Es könnte sein, daß die veränderliche Helligkeit als Zeichen für die Wechselhaftigkeit von Himmelskörpern zwar bemerkt wurde, die Menschen aber so bedrückte, daß niemand darüber sprechen wollte.
1782 vertrat der englische Astronom John Goodricke (1764–1786), ein früh verstorbener Taubstummer von brillanter Intelligenz, die Hypothese, daß es sich bei Algol um einen Doppelstern handele, dessen eine Komponente ziemlich schwach leuchte. Alle zwei Tage und einundzwanzig Stunden schob sich der dunkle Stern vor den hellen und verdeckte ihn, was das vorübergehende Absinken der Helligkeit erklärte. Sobald der lichtschwache Stern nicht mehr im Weg

stand, wurde die alte Helligkeit wiederhergestellt. Goodricke war seiner Zeit voraus, denn Herschel hatte die Existenz von Doppelsternen damals noch gar nicht entdeckt. Mit der Zeit stellte sich aber heraus, daß er vollkommen recht gehabt hatte.

Es gibt eine ganze Reihe solcher *Bedeckungsveränderlichen*, aber daneben kennt man auch Sterne, deren Helligkeit sich in zeitlicher Hinsicht unregelmäßig verändert. Im Jahre 1596 entdeckte der deutsche Astronom David Fabricius (1564–1617) einen Stern im Sternbild Walfisch (Cetus), Omikron Ceti, der in seiner Helligkeit schwankte. Als die Astronomen diesen Stern weiter beobachteten, stellten sie fest, daß er manchmal zu den hundert hellsten Sternen am Himmel zählte und dann wieder so schwach leuchtete, daß er ohne Teleskop nicht mehr erkennbar war. Dieser Anstieg und Abfall der Helligkeit erfolgt in Perioden von fast einem Jahr, doch die Lichtstärke ist so unregelmäßig, daß es sich nicht um eine Bedeckung handeln kann. Die Schlußfolgerung lautet deshalb, daß der Stern zu bestimmten Zeiten einfach mehr Licht und Wärme abstrahlt. Er ist ein echter oder *physischer Veränderlicher*; die überraschten Astronomen tauften ihn Mira (lateinisch für »wunderbar«).

Im Jahre 1784 entdeckte Goodricke noch eine andere Art von veränderlichem Stern, Delta Cephei im Sternbild Walfisch. Er zeigt eine regelmäßige Veränderung der Helligkeit, aber diese ist nicht das Ergebnis einer Bedeckung, weil das Ansteigen der Helligkeit schnell und das Absinken langsam vor sich geht. (Würde sie von einer Bedeckung herrühren, so würden das Ansteigen und das Absinken wie bei Algol gleich lange dauern.)

Man hat mittlerweile Hunderte von anderen Sternen mit dem gleichen Muster von ansteigender und abnehmender Helligkeit entdeckt und diese Gruppe veränderlicher Sterne als

Cepheiden zusammengefaßt. Einige Cepheiden durchlaufen ihre Periode in drei Tagen, andere brauchen bis zu 50 Tagen dafür. Wie ich noch erklären werde, haben die Cepheiden als Hilfsmittel zur Messung riesiger Entfernungen große Bedeutung erlangt.

81. Wie unterscheiden sich die Sterne untereinander?

Bis in die heutige Zeit hinein war das wichtigste Unterscheidungskriterium für Sterne ihre Helligkeit. Hipparch war der erste, der die Sterne nach ihrer Helligkeit in Klassen einteilte. Die zwanzig hellsten Sterne am Himmel waren Sterne *1. Größe*. In der Reihenfolge abnehmender Helligkeit gibt es dann Sterne 2., 3., 4. und 5. Größe, während die Sterne 6. Größe gerade noch mit bloßem Auge zu sehen sind.
Die Helligkeit eines Sterns läßt sich mit solcher Genauigkeit messen, daß man diese Größenklassen in Dezimalzahlen angeben kann. Ein Stern kann die Größe 2,3 oder 3,6 haben, wobei jeder Grad der 2,512fachen Helligkeit der nächsthöheren Größe entspricht. So ist ein Stern der Größe 2,0 um 2,512mal heller als ein Stern der Größe 3,0 usw.
Einige Sterne 1. Größe sind so hell, daß man ihnen Zahlen der Größe 0 oder sogar negative Zahlen zuordnen mußte. Sirius, der hellste Stern am Himmel, hat eine Größe von –1,47. Die Größenklassen lassen sich auch auf andere Himmelskörper als Fixsterne anwenden. Die Venus besitzt in ihrer hellsten Phase die Größe –4, der Vollmond –12 und die Sonne –26. Die Skala der Größenklassen läßt sich auf schwächere Sterne erweitern, die nur mit dem Teleskop zu erkennen sind, so daß manche

Sterne die Größe 7, 8 usw. bis hinauf zu 20 und sogar darüber hinaus haben.

Ein Stern ist unter Umständen nicht deshalb heller als ein anderer Stern, weil er mehr Licht abgibt, sondern weil er nicht so weit entfernt ist. Ein relativ schwacher Stern in unserer Nähe kann heller wirken als ein Stern, der in Wirklichkeit viel heller, aber zugleich viel weiter von uns entfernt ist.

Wenn die Entfernung eines Sterns und seine Größe bekannt sind, kann man die tatsächliche Leuchtkraft dieses Sterns berechnen. Ebenso kann man bei jedem Stern eine Standardentfernung von 10 Parsec (32,6 Lichtjahre) annehmen und berechnen, wie hell er bei dieser Entfernung am Himmel leuchten würde; diese Maßeinheit ist als *absolute Helligkeit* bekannt.

Wenn unsere Sonne beispielsweise 10 Parsec entfernt wäre, hätte sie eine Größe bzw. Helligkeit von nur 4,6; somit ist sie in Wahrheit kein Stern von besonders hoher Leuchtkraft. In der gleichen Entfernung hätte Sirius eine Helligkeit von 1,3, d. h., er ist beträchtlich lichtstärker; manche Sterne leuchten sogar noch heller. Der Stern Rigel im Sternbild Orion hat eine absolute Helligkeit von –6,2 und ist damit etwa 20 000mal lichtstärker als die Sonne. Die extrem lichtstarken Sterne sind jedoch selten. Sie fallen zwar auf, weil sie zumeist hell sind, aber sie sind nicht zahlreich; etwa neun Zehntel aller Sterne sind nicht so lichtstark wie die Sonne.

1914 zeigte der amerikanische Astronom Henry Norris Russell (1877–1957), daß sich die Sterne – jedenfalls 95 Prozent von ihnen – in einer gleichmäßigen Reihe anordnen lassen. Je größer die Masse eines Sterns ist, desto heller und heißer ist er. Die meisten Sterne können – wenn sie entsprechend ihrer Masse aufgereiht werden: von klein, kühl und lichtschwach hin zu groß, weißglühend und hell – einer *Hauptreihe* zugeordnet werden.

Eddington, der die Temperatur im Inneren der Sonne bestimmt hatte, erklärte die Bedeutung der Hauptreihe. Je schwerer ein Stern ist, desto stärker zieht die Gravitationskraft seine Materie nach innen; desto höher muß auch die Temperatur im Zentrum sein, um diese Kraft auszugleichen. Je höher die Temperatur im Inneren liegt, desto mehr Wärme und Licht gibt ein Stern ab. Mit anderen Worten: Je massereicher ein Stern ist, desto mehr Leuchtkraft muß er haben – ein Prinzip, das als *Masse-Leuchtkraft-Beziehung* bezeichnet wird.

Die Temperatur eines Sterns steigt schneller an als seine Masse; wenn ein Stern also genug Masse besitzt, ist seine Temperatur im Inneren so hoch und der Druck nach außen so stark, daß der Stern instabil wird und leicht explodiert. Aus diesem Grund ist die Existenz von Sternen mit mehr als der 60fachen Sonnenmasse nicht sehr wahrscheinlich.

Umgekehrt gilt: Je leichter ein Stern ist, desto niedriger muß die Temperatur in seinem Inneren sein, um die relativ geringe Schwerkraft auszugleichen. Wenn der Stern klein genug ist, liegt diese Temperatur so niedrig, daß er überhaupt nicht leuchtet. Ein Objekt mit weniger als einem Zehntel der Sonnenmasse wäre dunkel und kein Stern im herkömmlichen Sinne des Worts.

Solche zu klein geratenen Sterne könnten aber immer noch die hundertfache Masse des Jupiters besitzen. Sie wären warm und gäben Infrarotlicht ab, das energieärmer ist als Licht im sichtbaren Bereich. Sie werden als *Braune Zwerge* bezeichnet und sind schwierig zu entdecken, aber die Astronomen suchen weiterhin nach ihnen, denn es ist denkbar, daß sie in großer Zahl existieren – und dadurch den Charakter des Universums verändern würden. Solange ein Stern noch einen reichen Vorrat an Wasserstoff hat und durch die Verschmelzung von Wasserstoff Strahlung erzeugt, bleibt er auch auf der Hauptreihe.

82. Was geschieht, wenn der Wasserstoffvorrat eines Sterns zur Neige geht?

Als die Wissenschaftler herausgefunden hatten, daß Sterne, einschließlich unserer Sonne, ihre Energie durch die Verschmelzung von Wasserstoff gewinnen, wurde dies zu einer wichtigen Frage. Die Sonne und die Sterne ganz allgemein enthalten eine riesige Menge an Wasserstoff, aber der Vorrat ist nicht unbegrenzt und wird nicht beliebig lange reichen. Was geschieht also, wenn der Wasserstoffvorrat langsam ausgeht?

Man könnte glauben, daß ein Stern immer weniger Energie erzeugt, wenn der Wasserstoff langsam zur Neige geht. Er kühlt ab und ist schließlich nicht mehr in der Lage, der Gravitationskraft entgegenzuwirken, so daß er zusammenschrumpft und zu einem kalten, dichten Objekt wird – zu einem toten Stern. Irgendwann kann dies tatsächlich eintreten, aber vor seinem endgültigen Ableben durchläuft der Stern einige rätselhafte Zwischenstadien. Diese Theorie der Klassifizierung von Sternen tauchte erstmals in den Arbeiten von Ejnar Hertzsprung (1873–1967) auf, der die Idee der absoluten Helligkeit einführte.

Hertzsprung entdeckte, daß einige Sterne, die Licht von rötlicher Farbe abgaben, eine hohe absolute Helligkeit hatten und deshalb sehr lichtschwach waren. Andere hatten eine niedrige absolute Helligkeit und waren sehr lichtstark. Dazwischen fand er nichts.

Wenn ein Stern Licht von rötlicher Farbe abstrahlt, ist dies ein untrügliches Zeichen dafür, daß seine Oberfläche relativ kühl ist und eine Temperatur von nicht mehr als 2000 °C besitzt. Gehört ein solcher Stern zur Hauptreihe, so muß er eine niedrige Masse haben und wird deshalb als *Roter Zwerg* bezeichnet. Rote Zwergsterne kommen im Universum in großer Zahl vor; drei Viertel aller Sterne sind diesem Typ zuzurechnen.

Das eigentliche Rätsel waren die hellen roten Sterne. Die Oberfläche solcher Sterne mußte kühl sein, so daß jeder Abschnitt der Oberfläche viel weniger Licht abgab als der entsprechend große Abschnitt der Oberfläche unserer Sonne, selbst wenn sie eine viel größere Leuchtkraft hatten. Die einzige Erklärung dafür schien zu sein, daß die Oberfläche jeweils sehr groß war, während jeder Teil davon nur relativ schwach leuchtete. Mit anderen Worten: Die hellen roten Sterne sind um ein Vielfaches größer als die Sonne, was ihre hohe Leuchtkraft erklärt. Diese Sterne wurden als *Rote Riesen* bezeichnet.

Zunächst glaubte man, Rote Riesen seien Sterne, die dabei waren, sich zu verdichten, sehr junge Sterne, die kleiner und heißer wurden und sich dann so lange verdichteten und dabei schwächer leuchteten, bis sie zu Roten Zwergen wurden. Aber dies konnte nicht der Fall sein, weil sie zuviel Licht und Wärme abgaben, um sich lediglich zu Sternen zu verdichten. Sie mußten in ihrem Inneren bereits einen nuklearen Brennofen besitzen. Als die Astronomen den Prozeß der Wasserstoffverschmelzung im Inneren von Sternen weiter untersuchten, entdeckten sie, daß Rote Riesensterne sich nicht in einem frühen, sondern vielmehr in einem späten Stadium der Sternentwicklung befanden.

Wenn Wasserstoff zu Helium verschmilzt, sammelt sich nach der Erkenntnis der Astronomen das Helium im Zentrum des Sterns als *Heliumkern* an. Die Fusion von Wasserstoff setzt sich dann am äußeren Rand des Heliumkerns fort. Dieser Kern wird massereicher und dichter; außerdem steigt seine Temperatur langsam an, so daß sich ein Stern mit der Zeit eher erwärmt als abkühlt.

Schließlich wird die Temperatur im Kern so hoch, daß das Helium zu schwereren Atomen wie Kohlenstoff oder Sauerstoff verschmilzt. Die Wärme, die vom Stern zusätzlich zur weiter ablaufenden Wasserstoffusion durch die Fusion von Helium erzeugt wird, wird dann größer, als es erforderlich ist, um die nach innen wirkende Anziehungskraft auszugleichen: Der Stern dehnt sich langsam aus. Dabei kühlen die äußeren Schichten ab, weil die erzeugte Wärme über eine immer größere Fläche verteilt wird. Jedes Stückchen der Oberfläche kühlt ab, so daß der Stern rot leuchtet, aber die um die vergrößerte Oberfläche verteilte Gesamtwärme ist höher, als sie vor dem Anschwellen des Sterns war.

Einige Sterne dehnen sich mit Unterbrechungen aus; sie blähen sich eine Zeitlang auf, ziehen sich zusammen, blähen sich wieder auf – immer im Wechsel, doch zuletzt überwiegt die Ausdehnung. Diesen Wechsel von Expansion und Kontradiktion zeigen die Cepheiden. Wenn sich ein Stern zu einem Roten Riesen ausdehnt, spricht man davon, er habe »die Hauptreihe verlassen«.

Der bekannteste Rote Riese ist der Stern Beteigeuze im Sternbild Orion. Sein Durchmesser wird auf 1100 Millionen Kilometer geschätzt und ist damit 800mal so groß wie der unserer Sonne. Wenn Beteigeuze an der Stelle der Sonne schiene, würde sein aufgeblähter Körper das gesamte innere Sonnensystem ausfüllen; sein Rand würde sich über den Mars hinaus bis zum Planetoidengürtel erstrecken.

83. Wird unsere Sonne je zu einem Roten Riesen werden?

Sie wird es müssen, wenn ihr Wasserstoffvorrat langsam zur Neige geht, aber eine unmittelbare Gefahr stellt das noch nicht dar. Die Sonne dürfte insgesamt etwa 10 Milliarden Jahre auf der Hauptreihe verbleiben. Da sie erst 4,6 Milliarden Jahre alt ist, hat sie gerade erst ihr mittleres Alter erreicht. Selbstverständlich wird sie sich allmählich erwärmen; während der letzten 1 oder 2 Milliarden Jahre, die sie auf der Hauptreihe sein wird, könnte die Erde zu heiß für das Leben darauf werden. Damit bleiben uns allerdings immer noch 3 Milliarden Jahre, und es ist mehr als zweifelhaft, daß die menschliche Spezies auch nur einen kleinen Bruchteil dieser Zeit überdauern wird.

Doch falls wir überleben und lernen, uns den höheren Temperaturen anzupassen, wird die Sonne nach Ablauf von etwa 5 Milliarden Jahren beginnen, sich aufzublähen. Da sie eine erheblich geringere Masse als Beteigeuze besitzt, wird sie sich nicht so weit ausdehnen, aber sie wird immer noch stark genug anwachsen, um die Erde zu zerstören. Wenn es uns bzw. unseren fernen Nachfahren nicht gelingt, in ein Planetensystem überzusiedeln, das einen anderen Stern umkreist, oder zu lernen, unabhängig von Sternen und Planeten im Weltraum zu leben, wird dies das Ende für uns sein.

Verschiedene Sterne bleiben – abhängig von ihrer Masse – unterschiedlich lange auf der Hauptreihe. Erinnern wir uns an die Erkenntnis Eddingtons, daß ein Stern mit mehr Masse auch mehr Wärme erzeugen muß, um seine größere Anziehungskraft auszugleichen, und daß die Wärmemenge schneller ansteigen muß als die Masse. Deshalb muß ein Riesenstern mit einem großen Vorrat an Wasserstoff diesen so schnell aufbrauchen, daß er viel kürzer auf der Hauptreihe verbleibt als ein Zwergstern, der seinen geringeren Vorrat an Wasserstoff langsam verbrennt. Mit anderen Worten: Je massereicher ein Stern ist, desto kürzer befindet er sich auf der Hauptreihe. Ein Stern mit der Masse unserer Sonne kann möglicherweise 10 Milliarden Jahre auf der Hauptreihe bleiben, aber ein kleiner Roter Riese, der gerade heiß genug ist, um rötlich zu leuchten, könnte dort 200 Milliarden Jahre bleiben. Sehr lichtstarke Sterne sind dagegen kurzlebig. Die größten und hellsten von ihnen befinden sich vermutlich nicht länger als ein paar Millionen Jahre auf der Hauptreihe.

84. Warum gibt es immer noch sehr helle Sterne?

Eine gute Frage! Wenn Riesensterne sehr kurzlebig sind, warum finden wir dann immer noch einige von ihnen auf der Hauptreihe? Warum haben sie nicht schon vor langer Zeit die Hauptreihe verlassen und sind zu Roten Riesen geworden? Der Stern Sirius ist beispielsweise dreimal so schwer wie die Sonne und braucht seinen Wasserstoff zwanzigmal so schnell auf. Aus diesem Grund sollte er insgesamt nur etwa eine halbe Milliarde Jahre auf der Hauptreihe bleiben können. Wenn Sirius zur selben Zeit ein Stern geworden wäre wie die Sonne, also vor 4,6 Milliarden Jahren, wäre er schon vor 4 Milliarden Jahren ein Roter Riese geworden. Doch tatsächlich ist er auch heute noch kein Roter Riese.

Als einzige Erklärung dafür bietet sich die Möglichkeit an, daß Sirius vor weniger als einer halben Milliarde Jahre entstanden ist und sich in dieser kurzen Zeit noch nicht zu einem

Roten Riesen entwickelt hat. Ebenso müssen die hellsten Sterne der Hauptreihe, die wir heute am Himmel sehen, erst vor wenigen Millionen Jahren entstanden sein, oder sie wären inzwischen zu Roten Riesen geworden.

Dies bedeutet, daß sich nicht alle Sterne gleichzeitig bildeten, als das Universum insgesamt entstand. Einige kleine Sterne entwickelten sich bereits in der Frühzeit des Universums und existieren vielleicht noch heute auf der Hauptreihe, während andere in unterschiedlicher Größe erzeugt wurden und kürzer, manchmal sehr kurz auf der Hauptreihe blieben, bevor sie diese verließen. Andere wiederum sind erst vor kurzer Zeit entstanden.

Man ist sich ziemlich sicher, daß die Sonne selbst nicht so alt ist wie das Universum. Als unser Sonnensystem entstand, hatte das Universum bereits existiert und vermutlich weitgehend so ausgesehen wie heute. (Die Frage, wie alt das Universum sein könnte, wird später noch aufgegriffen.) Tatsächlich gibt es keinen Grund zu der Annahme, daß heute keine Sterne mehr entstehen.

Das Problem ist nur, daß es sehr schwierig ist, den Vorgang der Entstehung von Sternen zu erfassen. Zunächst einmal bilden sich Sterne im Inneren von großen Wolken aus Staub und Gas. Man kann diese Wolken nicht leicht durchdringen, um zu sehen, was genau geschieht. Dann dauert die Entstehung auch eine gewisse Zeit, die im Hinblick auf die Lebensdauer von Sternen zwar sehr kurz, aber im Vergleich zu unserer Lebensdauer sehr lang ist. Wenn es 1 Million Jahre dauert, bis sich Teile einer Wolke zu einem neuen Stern verdichten, dann können wir selbst im gesamten Zeitraum seit der Erfindung des Teleskops nicht viel beobachtet haben. Trotzdem zweifeln die Astronomen nicht daran, daß derzeit neue Sterne entstehen.

85. Was ist ein Weißer Zwerg?

Wenn sich einmal ein Roter Riesenstern gebildet hat, ist der größte Teil der verfügbaren Fusionsenergie, die ihm ein ruhiges Leben ermöglichen würde, bereits aufgebraucht, zumal er die Energie nun schneller verbraucht. Nach höchstens ein paar Millionen Jahren kann er sich nicht mehr gegen die Anziehungskraft ausdehnen.

Nimmt man sich die Zeit, darüber nachzudenken, so kann man leicht erkennen, daß dies richtig sein muß, denn wenn Rote Riesen lange Zeit Rote Riesen blieben, wäre der Himmel von ihnen übersät. Jeder massereiche Stern, der je existiert hatte, würde zum Schluß zu einem Roten Riesenstern werden und in diesem Stadium verbleiben. In Wirklichkeit sind Rote Riesensterne jedoch selten, was bedeutet, daß sie (zumindest als Rote Riesen) nach relativ kurzer Lebensdauer verschwinden müssen.

Wenn ein Roter Riese nicht mehr die Energie besitzt, die erforderlich ist, um aufgebläht zu bleiben, muß er kollabieren, aber er stürzt nicht nur zu der Größe zusammen, die er als gewöhnlicher Stern auf der Hauptreihe hatte, sondern noch weiter zu einer neuen, außergewöhnlicheren Art von Zwergstern. Die Astronomen wurden schon lange vor der Entdeckung der Roten Riesen auf die Existenz solcher Zwergsterne aufmerksam, lange auch, bevor sie herausfanden, wie sich Sterne mit der Zeit verändern (Sternentwicklung).

Im Jahre 1844 studierte F. W. Bessel, der erste Astronom, der die tatsächliche Entfernung eines Sterns veröffentlichte, die Bewegung des Sirius. Normalerweise beschreiben Sterne bei ihrer Eigenbewegung sehr langsam eine gerade Linie. Doch dies galt nicht für Sirius, der sich, wie Bessel herausfand, auf einer Wellenlinie bewegte. Bessel dachte über dieses eigen-

willige Verhalten nach und kam zu dem Schluß, daß die einzige bekannte Kraft, die einen Stern merklich von seiner Bahn abbringen konnte, die Gravitation eines anderen Sterns war.
Nehmen wir an, Sirius sei kein Einzel-, sondern ein Doppelstern. In diesem Fall würde er sich gemeinsam mit seinem Begleiter durch den Weltraum bewegen, aber beide würden dabei ein gemeinsames Gravitationszentrum umkreisen, das wiederum eine gerade Linie durch den Weltraum beschriebe. Zunächst würde sich Sirius auf der einen und sein Begleiter auf der anderen Seite des Gravitationszentrums befinden; dann würden sie ihre Positionen tauschen. Wenn Sirius und sein Begleiter ihr Gravitationszentrum alle 50 Jahre einmal umkreisten und Sirius zweieinhalbmal so massereich wäre wie sein Begleiter, würde dies die gewellte Bahn von Sirius erklären.
Aber warum konnte Bessel den Begleiter nicht erkennen? Die logische Folgerung war, daß es sich bei dem Begleiter um einen ausgebrannten Stern handelte. Damals hatte man noch keine Ahnung, woraus die Energiequelle eines Sterns bestand, aber Bessel hielt sie jedenfalls für verbraucht. Seiner Meinung nach mußte der Begleiter, der zwar dunkel und kalt, aber im Besitz seiner gesamten ursprünglichen Masse war, um das Gravitationszentrum kreisen. Er wurde als »dunkler Begleiter« bezeichnet. Später entdeckte Bessel, daß auch der Stern Prokyon einen dunklen Begleiter hatte.
Als der amerikanische Astronom Alvan Graham Clark (1832–1897) im Jahre 1862 ein neues Teleskop ausprobierte, bemerkte er in der Nähe von Sirius einen schwachen Lichtpunkt. Zunächst glaubte er an einen Fehler im Teleskop, aber weitere Untersuchungen zeigten ihm, daß er einen schwach leuchtenden Stern sah. Er beobachtete tatsächlich den dunklen Begleiter des Sirius, der eine Helligkeit von 7,1 aufwies. Dies war nicht hell genug, um ihn ohne Teleskop wahrneh-

men zu können, denn seine Leuchtkraft entsprach gerade $1/8000$ derjenigen des Sirius – aber kalt und schwarz war er trotzdem nicht. Er wurde als »lichtschwacher Begleiter« des Sirius bezeichnet. Die korrektere Bezeichnung ist Sirius B, während Sirius selbst als Sirius A bezeichnet wird.

Im Jahre 1896 entdeckte der deutsch-amerikanische Astronom John Martin Schaeberle (1853–1924) den Begleiter des Prokyon. Der heute als Prokyon B bekannte Stern hatte nur halb so viel Masse wie Sirius B und war sogar noch lichtschwächer. Wenden wir uns nun Sirius B zu. Aus seiner Wirkung auf Sirius konnte man schließlich ableiten, daß seine Masse ungefähr derjenigen unserer Sonne entsprechen mußte, aber seine Leuchtkraft betrug nur etwa $1/130$ davon.

Einige Jahrzehnte später, als man die Beziehung zwischen Masse und Leuchtkraft bereits erkannt hatte, wäre dies in der Tat verwirrend gewesen, denn ein Stern mit der Masse der Sonne sollte auch die Leuchtkraft der Sonne besitzen. Zu Beginn des 20. Jahrhunderts war dies aber noch nicht bekannt, so daß die Astronomen nicht weiter beunruhigt waren.

Doch etwas anderes beschäftigte sie: Wenn Sirius B so viel lichtschwächer als die Sonne war, sollte er auch kühler sein und im roten Bereich leuchten. Statt dessen strahlte er weißes Licht ab, das genau dem von Sirius A entsprach. Man brauchte deshalb das Spektrum von Sirius B; aus der Verteilung der Farben des Lichts und aus den vorhandenen dunklen Linien ließ sich nämlich die Oberflächentemperatur bestimmen.

Im Jahre 1915 gelang es W. S. Adams, der als erster Kohlendioxid in der Atmosphäre der Venus nachgewiesen hatte, ein Spektrum von Sirius B zu erhalten. Zu seiner großen Überraschung stellte er fest, daß die Oberflächentemperatur von Sirius B 10 000 °C betrug, was genauso heiß war wie die Oberflächentemperatur von Sirius A und beträchtlich heißer als die unserer Sonne.

Dies bedeutete, daß jedes Stück der Oberfläche von Sirius B mehr Licht ausstrahlte als entsprechend große Abschnitte der Oberfläche unserer Sonne. Warum war Sirius B dann so viel lichtschwächer als unsere Sonne? Die einzig mögliche Antwort war, daß Sirius B nur eine sehr kleine Oberfläche hatte; er war ein Zwerg, und ein winziger Zwerg obendrein. Er wurde als erster einer ganzen Klasse von weißglühenden, aber sehr kleinen Sternen entdeckt, die heute als *Weiße Zwerge* bezeichnet werden.

Heute weiß man, daß der Durchmesser von Sirius B nur 11 100 Kilometer beträgt, so daß er kleiner als die Erde ist. Doch er muß die Masse der Sonne besitzen, damit er genügend Gravitationskraft ausüben kann, um Sirius A von seiner Bahn abzulenken. Wie kann also die Masse der Sonne auf ein Volumen von der Größe eines Planeten zusammengepreßt werden?

Wenn man die Dichte von Sirius B ausrechnet, erhält man als Ergebnis einen Wert von etwa 33 000 000 g/cm^3. Das ist etwa 1 500 000mal so dicht wie das Element Osmium, die dichteste Substanz, die auf der Erde vorkommt. Darüber hinaus muß die Anziehungskraft an der Oberfläche 462 000mal so hoch sein wie auf der Erde.

Einige Jahre vor Adams' Entdeckung hätte man diese extremen Zahlen einfach als lächerlich verworfen; so dicht konnte einfach nichts sein. Man war der Ansicht, selbst wenn man Osmium einem enormen Druck aussetzen würde, könnte man seine Atome nur geringfügig zusammenpressen. Doch kurz bevor Adams seine Entdeckung machte, hatte Rutherford gezeigt, daß Atome aus einem zentralen Kern bestanden, der ganz winzig war und nahezu die gesamte Masse des Atoms in sich vereinigte. Bei der hohen Temperatur und dem hohen Druck im Inneren eines Sterns zerfallen die Atome; die Atomkerne bewegen sich frei umher und verdichten sich viel stärker, als sie es könnten, wenn die Atome unversehrt wären. Solche zerfallenen Atome werden als *entartete Materie* bezeichnet.

Die Sonne hat nur einen Kern aus entarteter Materie, doch ein Weißer Zwergstern besteht ausschließlich aus entarteter Materie. Wenn ein Roter Riese kollabiert und zu einem Weißen Zwerg wird, werden die äußeren Schichten, die noch Wasserstoff enthalten, abgestoßen. Der übriggebliebene Stern ist von einer Gashülle umgeben, die sich in alle Richtungen ausbreitet und schließlich in den Weltraum verflüchtigt. Für einige Zeit scheinen neu entstandene Weiße Zwergsterne jedoch von einem Ring aus Gas umschlossen zu sein, denn die äußeren Bereiche der Kugel absorbieren mehr Licht als das Innere. Was dann zu sehen ist, wird als *Planetarischer* oder *Ringnebel* bezeichnet, weil das Gas so aussieht, als würde es eine Planetenbahn ausfüllen.

Sobald sich ein Weißer Zwergstern entwickelt hat, verbraucht er seine Energie so langsam, daß er noch lange existiert, bevor er schließlich abkühlt und stirbt. Man glaubt, daß noch kein Weißer Zwergstern lange genug bestanden hat, um dunkel geworden zu sein, und daß es unter den Sternen im Universum vermutlich 3 Milliarden Weiße Zwergsterne gibt, auch wenn sie so schwach leuchten, daß nur diejenigen in unserer Nähe sichtbar sind.

86. Was ist eine Nova?

Wenn wir von Sternentwicklung und von Veränderungen des Zustands einzelner Sterne sprechen, entfernen wir uns weit von der alten aristotelischen Vorstellung, daß das Weltall vollkommen und unveränderlich sei. Aber die Sternentwicklung geht sehr langsam vor sich. Wenn man deshalb die Sterne nur über den Zeitraum eines Lebens oder auch über ein paar Jahrhunderte hinweg beobachtet, erkennt man keine große Veränderung.

Doch immer wieder einmal offenbart sich der Wandel, wenn ein neuer Stern am Himmel erscheint, der vorher nicht da gewesen ist. Als erster berichtete Hipparch über die Entdeckung eines neuen Sterns am Himmel; er soll einen solchen 134 v. Chr. im Sternbild Skorpion gesichtet haben. Dafür gibt es jedoch keine Gewähr, denn die einzige Aufzeichnung über dieses Ereignis wurde zwei Jahrhunderte später von dem römischen Schriftsteller Plinius verfaßt.

Nach dem Niedergang der griechischen Astronomie im 2. Jahrhundert waren die besten Astronomen der Welt die Chinesen, die zwischen dem 2. und dem 12. Jahrhundert über mehrere neue Sterne berichteten, die alle besonders hell waren. Im Jahre 1006 bemerkten sie einen neuen Stern, der zweihundertmal so hell wie die Venus war; 1054 entdeckten sie einen neuen Stern, der zwei- bis dreimal so hell wie die Venus war.

Keiner dieser Sterne wurde von europäischen Astronomen festgehalten, teils, weil die Astronomie im Abendland in dieser Zeit ein jämmerliches Niveau hatte, und teils, weil man sogar sehr helle neue Sterne nur schwer bemerkt, wenn man nicht ständig den Himmel im Auge behält und sich die Muster und Sternbilder einprägt. Außerdem waren die europäischen Astronomen so sehr von der aristotelischen Vorstellung von der Unveränderlichkeit der Sterne überzeugt, daß sie wahrscheinlich gezögert hätten, über ihre Entdeckung zu berichten, wenn sie einen neuen Stern zu sehen glaubten.

Alle neuen Sterne, von denen die Chinesen berichteten, verhielten sich wie Sterne, doch in einer Hinsicht bildeten sie eine Ausnahme. Sie waren nicht nur neu, sondern auch eine vorübergehende Erscheinung. Sie erschienen als helle Lichtpunkte, die sich im Verhältnis zu den Nachbarsternen nicht bewegten, so daß sie keine Meteore oder Kometen sein konnten. Je heller der neue Stern erschien, desto länger war er zu sehen; sehr lange hielt jedoch keiner von ihnen durch. Selbst den neuen Stern von 1006, der so viel heller als die Venus war, konnte man nur drei Jahre lang am Himmel sehen; während dieser Zeit wurde er immer schwächer, bis er allmählich ganz verschwand.

Der Wendepunkt kam 1572, als ein neuer Stern im Sternbild Cassiopeia auftauchte. Wiederum war er bei der ersten Sichtung um ein Mehrfaches heller als die Venus. Er war sogar bei Tage zu sehen, und in einer dunklen, mondlosen Nacht warf er einen schwachen Schatten. Zu dieser Zeit war die Astronomie in Europa wieder im Aufstieg begriffen. Der größte Astronom seiner Zeit, Tycho Brahe, sah den Stern und studierte ihn. Sechzehn Monate lang beobachtete er ihn in jeder klaren Nacht, während dessen der Stern langsam verblaßte und schließlich verschwand. Brahe schrieb ein Buch darüber, *De Nova Stella* (Über den neuen Stern). Als Folge davon werden solche Sterne seither als *Novae* bezeichnet.

Ein anderer neuer Stern, der nicht ganz so hell war, erschien 1604 im Sternbild Schlangenträger (Ophiuchus). Er wurde von Johannes Kepler beobachtet und studiert.

Fünf Jahre später wurde erstmals ein Teleskop eingesetzt, und nach und nach erfanden die Astronomen die verschiedensten Instrumente, mit denen sie die Sterne beobachten konnten. Doch wie das Leben so spielt, sind seit 1604 keine neuen Sterne mehr am Himmel aufgetaucht, die so hell wie die hellsten Planeten waren.

Gewiß, es gab Novae, die von mittlerer Helligkeit waren, und im 19. Jahrhundert wurden auch einige Novae gesichtet, die wie Sterne 1. Größe aussahen, aber sie waren nicht annähernd so hell wie Jupiter oder Venus. Im Jahre 1901 tauchte eine Nova mit Namen Nova Persei im Sternbild Perseus auf; sie war ungefähr so hell wie Wega. Noch übertroffen wurde sie von der 1918 gesichteten Nova Aquilae, der hellsten Nova seit 1604, deren Leuchtkraft einige Zeit fast an Sirius herankam. Weiterhin gab es 1934 die Nova Herculis und 1975 die Nova Cygni.

Vor der Erfindung des Teleskops wußten die Beobachter nichts mit den Novae anzufangen. Sie kamen aus dem Nichts und verloren sich zuletzt wieder im Weltraum. Waren es besondere Botschaften der Götter, die vor einer Katastrophe warnen sollten? Waren sie Zeichen dafür, daß die natürliche Ordnung des Himmels aus den Fugen geriet? Es war deshalb nicht verwunderlich, daß sie keiner der wenigen Astronomen im mittelalterlichen Europa je erwähnte.

Doch das Teleskop veränderte alles. Nova Persei beispielsweise verblaßte, verschwand aber nicht völlig. Sie wurde zu schwach, um sie mit bloßem Auge noch beobachten zu können, doch im Teleskop blieb sie weiterhin sichtbar. Dies galt auch für die anderen Novae des 20. Jahrhunderts. Außerdem waren auf Fotos von den Bereichen des Himmels, wo später Novae auftauchten, an genau der richtigen Stelle jeweils sehr schwach leuchtende Sterne zu erkennen.

Was sich hier abspielt, ist anscheinend folgendes: Ein schwach leuchtender Stern wird plötzlich hell und erhöht seine Leuchtkraft für kurze Zeit um mehrere hunderttausend Male, verblaßt dann wieder und wird erneut zu dem schwach leuchtenden Stern, der er vorher gewesen war. Wenn man genaue Aufnahmen von dem Stern macht, der die Phase einer Nova durchlaufen hat, erkennt man Anzeichen dafür, daß vom Stern eine Gaswolke ausgeht. Sie erweckt den Eindruck, als ob der Stern zunächst eine Art von Explosion durchgemacht habe und anschließend zum normalen Leben zurückgekehrt sei.

Aber dies wirft nur eine weitere Frage auf: Warum sollte ein Stern plötzlich explodieren, wenn er vorher unendlich lange beständig und ruhig geleuchtet hatte?

Im Jahre 1954 untersuchte der amerikanische Astronom Merle F. Walker den schwach leuchtenden Stern, der zwanzig Jahre vorher die Nova Herculis gewesen war. Dabei entdeckte er, daß es sich um einen Doppelstern handelte – zwei Sterne, die um ein gemeinsames Gravitationszentrum kreisen –, und daß einer der beiden Sterne ein Weißer Zwerg war. Dies ist die gleiche Situation wie bei Sirius A und Sirius B, aber mit einem entscheidenden Unterschied: Sirius A und B sind weit voneinander entfernt und kommen sich niemals näher als bis auf 1 Milliarde Kilometer, so daß sie sich gegenseitig in 50 Jahren umkreisen. Die zwei Sterne von Nova Herculis umkreisen sich dagegen in $4\frac{1}{2}$ Stunden, was bedeutet, daß sie sehr nahe beieinander sind. Tatsächlich trennt sie nur ein Abstand von 1,5 Millionen Kilometer.

Deshalb üben sie eine starke Gravitationswirkung aufeinander aus; heißer, gasförmiger Wasserstoff entströmt langsam vom größeren, normalen Stern hin zum winzigen Weißen Zwergstern, der an seiner Oberfläche eine ungeheuer starke Schwerkraft besitzt. Wenn aus irgendeinem Grund plötzlich mehr Wasserstoff als normal zum Weißen Zwergstern hinüberfließt und sich auf seiner Oberfläche absetzt, preßt die hohe Gravitationskraft des Sterns das Material so stark zusammen, daß es blitzartig eine Fusion durchläuft. Dabei kommt es zu einer gewaltigen Kernexplosion, und eine Nova taucht auf.

Seit 1954 weiß man, daß alle Novae von mittlerer Helligkeit, die wir beobachten können, eng beieinander stehende Doppelsterne sind, von denen eine Komponente ein Weißer Zwergstern ist. Dies bedeutet, wir können sicher sein, daß unsere Sonne niemals plötzlich zu einer Nova wird – einfach deshalb, weil sie kein Doppelstern ist.

87. Was ist eine Supernova?

Die im 20. Jahrhundert studierten Novae waren bei weitem nicht so hell wie die gewaltigen neuen Sterne, die Tycho Brahe und Kepler oder noch früher die chinesischen Astronomen beobachtet hatten. Im Jahre 1934 gab der Schweizer Astronom Fritz Zwicky (1898–1974) diesen sehr hellen Novae den Namen *Supernovae*.

Das Studium der Supernovae (d. h., daß man sie nicht nur beobachtete und als sehr hell erkannte) begann mit dem französischen Astronomen Charles Messier (1730–1817).

Er war ein Kometenjäger, der gelegentlich von einem verwaschenen Fleck am Himmel in die Irre geführt wurde, der dann doch kein Komet war. In den 70er Jahren des 18. Jahrhunderts stellte er deshalb eine numerierte Liste mit der Position dieser nebligen Flecken zusammen, um andere Kometenjäger zu warnen.

Die Objekte auf Messiers Liste sind nach den von ihm vergebenen Zahlen oft als M1, M2 usw. bekannt. Es stellte sich heraus, daß sie viel wichtiger waren als die Kometen. Beispielsweise das allererste Objekt auf seiner Liste, M1, ein Nebelfleck im Sternbild Stier (Taurus).

M1 wurde 1844 von dem britischen Astronomen William Parsons, dritter Earl of Rosse (1800–1867), genauer unter die Lupe genommen. Er hatte sich selbst ein sehr großes Teleskop gebaut, das sich aber als nutzlos herausstellte, weil es sehr schwierig zu bedienen war und weil der Himmel über seinem irischen Gut, wo er das Teleskop aufgestellt hatte, selten klar war. Trotzdem untersuchte er M1, der für ihn wie eine turbulente Gaswolke voller gewundener Lichtfäden aussah. Aufgrund dieser gekrümmten Lichtfäden bezeichnete er M1 als Crab-Nebel (Krebs-Nebel) – ein Name, der sich erhalten hat.

Dieser Crab-Nebel wurde 1921 von dem amerikanischen Astronomen John Charles Duncan (1882–1967) erneut studiert, der entdeckte, daß er etwas größer war, als Rosse berichtet hatte. Die Wolke schien sich auszudehnen. Anhand ihrer Position stellte der amerikanische Astronom Edwin Powell Hubble (1889–1953) die Hypothese auf, beim Crab-Nebel könne es sich durchaus um die Überreste der Explosion handeln, die zur Supernova von 1054 geführt hatte. Man nahm eine Messung der Ausdehnungsgeschwindigkeit vor und rechnete zurück; dabei ergab sich, daß die ursprüngliche Explosion tatsächlich vor 900 Jahren stattgefunden hatte.

Eine Supernova ist also wie eine gewöhnliche Nova das Ergebnis einer Sternexplosion, nur ist die Explosion dabei viel größer. Aber was kann eine solche Superexplosion verursachen?

Ein erster Hinweis auf die Antwort ergab sich 1931. Damals berechnete der in Großbritannien arbeitende indische Astronom Subrahmanyan Chandrasekhar (geb. 1910), wie massereich ein Weißer Zwergstern war. Je schwerer er war, desto stärker würde er durch sein eigenes Schwerefeld zusammengepreßt. Chandrasekhar gelangte zu dem Ergebnis, daß er oberhalb einer bestimmten Grenze einfach zusammenbrechen würde. Der fortan als Chandrasekhar-Grenze bezeichnete Punkt wurde erreicht, wenn der Stern die 1,44fache Sonnenmasse hatte. Ein Weißer Zwerg mit einer größeren Masse konnte nicht existieren.

Diese Grenze erschien auf den ersten Blick nicht besonders bedeutsam, denn mindestens 95 Prozent aller Sterne haben weniger als die 1,44fache Sonnenmasse. Sie können sich alle problemlos zunächst zu Roten Riesen ausdehnen und anschließend zu Weißen Zwergen zusammenschrumpfen.

Doch selbst sehr schwere Sterne können vielleicht zu Weißen Zwergen werden, denn wenn sich ein massereicher Stern zu einem Roten Riesen ausdehnt und dann kollabiert, fallen nur die inneren Bereiche in sich zusammen. Die äußeren Schichten bleiben zurück oder werden abgestoßen, so daß ein Planetarischer Nebel entsteht. Es schien also naheliegend, daß der zusammenstürzende Kern unabhängig von der Masse des Roten Riesensterns immer weniger als die 1,44fache Sonnenmasse haben würde und jederzeit zu einem Weißen Zwergstern werden konnte. (Wie ich gleich erläutern werde, hat sich dies als nicht ganz richtig herausgestellt.)

Aber stellen Sie sich nun vor, Sie haben einen Weißen Zwerg, der fast, aber nicht ganz die 1,44fache Sonnenmasse besitzt und Teil eines Doppelsternsystem (mit dicht beieinander stehenden Komponenten) sein soll, dessen andere Komponente ein normaler Stern ist. Der Weiße Zwerg entzieht dem normalen Stern ständig Materie und fügt sie der eigenen Masse hinzu. Selbst wenn die zusätzliche Materie Wasserstoff ist und eine Kernverschmelzung durchläuft, wird sie zu Helium, das beim Weißen Zwergstern verbleibt. Die Folge ist, daß solche Weißen Zwerge langsam massereicher werden und schließlich so viel an Masse zunehmen, daß sie die Chandrasekhar-Grenze überschreiten.

Wenn dies geschieht, kann der Weiße Zwergstern seine Struktur nicht beibehalten und explodiert. Die Explosion ist millionenfach stärker als bei der auffälligsten gewöhnlichen Nova. Eine solche Supernova leuchtet für kurze Zeit mit der Helligkeit von einigen Milliarden gewöhnlichen Sternen, bevor das Licht allmählich erlischt und der gesamte Weiße Zwerg vernichtet wird, ohne eine Spur zu hinterlassen. Diese Explosion führt zu einer *Supernova vom Typ I*, doch es gibt auch *Supernovae vom Typ II*, die etwas weniger hell leuchten.

Unsere Sonne wird garantiert nie zu einer Supernova werden. Der Weiße Zwergstern, der aus ihr entstehen würde, läge deutlich unter der Chandrasekhar-Grenze; zudem gehört sie nicht zu einem Doppelsternsystem und hat somit keinen Begleiter, von dem sie Masse abziehen könnte.

Die Spektren der Supernova vom Typ I zeigen, daß diese keinen Wasserstoff besitzen. Das ist zu erwarten, falls sie von explodierenden Weißen Zwergsternen stammen, denn wenn ein Roter Riese zu einem Weißen Zwerg kollabiert, hat er den Großteil seines Wasserstoffs bereits verbraucht, und die zusammenstürzenden inneren Bereiche enthalten keinen Wasserstoff.

Die Spektren der Supernovae vom Typ II weisen jedoch viel Wasserstoff auf und zeigen damit an, daß es sich dabei um die Explosion eines Sterns handelt, der noch nicht das Stadium eines Weißes Zwergs erreicht hat. Hier scheint der Rote Riese selbst zu explodieren. Je massereicher ein Stern ist, desto größer wird der daraus entstehende Rote Riesenstern, und desto katastrophaler fällt der Kollaps aus. Wenn der Stern groß genug ist, erfolgt der Kollaps so plötzlich und so gewaltsam, daß der gesamte Wasserstoff, der im kollabierenden Bereich noch vorhanden ist, zusammengepreßt wird, verschmilzt und eine Supernova erzeugt.

Die Supernova vom Typ II unterscheidet sich noch in einer weiteren Hinsicht vom Typ I. Während der Weiße Zwergstern, der als Supernova vom Typ I explodiert, keine Spuren hinterläßt, bleibt von einem Roten Riesen, der als Typ II explodiert und in sich zusammenfällt, ein kollabierter Überrest zurück.

Dieser Überrest wird jedoch nicht zu einem Weißen Zwerg. Wenn der Stern zum einen massereich genug ist, d. h. mindestens zwanzigmal mehr Masse als die Sonne besitzt, würde der kollabierende Überrest die Chandrasekhar-Grenze überschreiten und wäre zu schwer für einen Weißen Zwerg. Zum anderen könnte der Zusammenbruch sehr heftig sein, wobei die Materie durch die Gravitation mit solcher Kraft nach innen gezerrt werden würde, daß sie sich selbst dann noch über das Stadium des Weißen Zwergs hinaus verdichtete, falls sich die Masse des kollabierten Teils auf weniger als die 1,44fache Sonnenmasse beliefe. Aber was geschieht, wenn sich ein Bruchstück eines in sich zusammenstürzenden Sterns über das Stadium eines Weißen Zwergsterns hinausbewegt?

Im Jahre 1934 stellten Zwicky und der amerikanische Physiker J. Robert Oppenheimer (1904–1967) unabhängig voneinander Überlegungen über diese Frage an. Sie kamen zu dem Schluß, daß ein Weißer Zwerg aus freien Atomkernen und freien Elektronen bestehen müsse und die Elektronen als eine Art Bremse wirken würden, die einen Kollaps daran hinderte, zu weit voranzuschreiten. Doch die Fähigkeit der Bremse, die Verdichtung aufzuhalten, ist begrenzt. Wenn die Masse oder die Kraft des Zusammenbruchs zu groß sind, werden die Elektronen gezwungen, sich in den freien Atomkernen mit den Protonen zu verbinden, so daß sich Neutronen bilden. So entsteht ein Stern, der ganz aus Neutronen besteht; diese tragen keine elektrische Ladung und rücken dicht zusammen, bis sie sich berühren. Ein Stern, der nur aus Neutronen besteht, kann die gesamte Masse eines Sterns von der Größe unserer Sonne zu einer kleinen Kugel zusammenpressen, deren Durchmesser nicht mehr als 14 Kilometer beträgt. Dies wäre ein *Neutronenstern*.

Es war eine interessante Spekulation, aber in den 30er Jahren schien es keine Möglichkeit zu geben, ein so winziges Objekt zu entdecken. Wenn Sirius B statt eines Weißen Zwergsterns ein Neutronenstern wäre, würde er Sirius A zwar immer noch auf eine wellenförmige Bahn zwingen, aber seine Leuchtkraft wäre nur $1/750\,000$mal so hoch wie jetzt. Er besäße eine Helligkeit von nur etwa 20 und wäre mit den besten Teleskopen gerade noch sichtbar. Doch Sirius B ist der uns nächste Weiße Zwergstern. Die Astronomen waren der Ansicht, daß jeder andere Weiße Zwergstern auf keinen Fall sichtbar wäre, wenn es sich statt dessen um einen Neutronenstern handelte. So blieb diese Idee mehr als dreißig Jahre lang auf dem astronomischen Abstellgleis.

88. Erfüllen Supernovae irgendeinen Zweck?

Die Astronomen glauben, daß Supernovae lebensnotwendig sind, daß wir ohne sie nicht hier wären, daß es auf der Erde kein Leben gäbe und die Erde selbst nicht existierte. Überlegen Sie sich einmal folgendes: Als das Universum entstand, wurden nur die beiden einfachsten Elemente, Wasserstoff und Helium, gebildet. (Natürlich waren damals keine Beobachter dabei, aber die Wissenschaftler haben – wenn auch voneinander abweichend – die möglichen Abläufe ermittelt.

Die Einzelheiten sind keineswegs sicher, worüber ich später noch mehr sagen werde.) Die frühesten Sterne bestanden aus Wasserstoff und Helium, aber die Bedingungen im Inneren der Sterne erlaubten dort die Bildung komplexerer Atome: Kohlenstoff, Sauerstoff, Stickstoff, Silizium und noch komplexere Elemente wie Eisen. Diese komplexeren Atome blieben im Zentrum der Sterne, und selbst, wenn ein Stern zu einem Roten Riesen wurde und dann zusammenfiel, blieben diese Elemente im verdichteten Kern.

Nur bei der Explosion von Supernovae werden komplexe Atome über den Weltraum verstreut und den Gaswolken im Universum hinzugefügt, wobei Staubteilchen entstehen. Wenn aus diesen »verschmutzten Wolken« Sterne entstehen, haben wir es mit einem *Stern der zweiten Generation* zu tun, der von Anfang an komplexe Atome enthält.

Unsere Sonne ist ein solcher Stern der zweiten Generation. Jedes Atom in der Erde und in unserem Körper (mit Ausnahme der gelegentlich vorkommenden Wasserstoffatome) war einmal Bestandteil des Inneren eines Sterns, der später explodiert ist. Ohne Supernovae würde unsere Sonne ausschließlich aus Wasserstoff und Helium bestehen, und die Erde wie auch das Leben darauf könnten nicht existieren.

Vor ungefähr 4,6 Milliarden Jahren entstand das Sonnensystem aus einer Wolke aus Staub und Gas; diese enthielt komplexe Atome, die sich im Inneren von Sternen entwickelt hatten und durch die Explosion von Supernovae im Weltraum verteilt worden waren. Doch diese Wolke hatte damals vielleicht schon Milliarden Jahre existiert. Warum hat sie sich gerade zu diesem Zeitpunkt zusammengezogen und verdichtet?

Wir kennen den Grund dafür nicht, aber eine Hypothese lautet, daß eine nahe Supernova eine Druckwelle ausschickte, die einen Teil der Wolke, der am nächsten zu ihr lag, verdichtete. Das verstärkte die Anziehungskraft in diesem Teil der Wolke und verursachte weitere Kontraktionen, die ihrerseits zur Entstehung des Sonnensystems, einschließlich der Sonne und der Erde, führten. Wenn dies stimmt, wären wir – wie gesagt – ohne Supernovae nicht hier.

Auch die Entwicklung des Lebens auf der Erde verdankt den Supernovae einiges. Wenn sich Organismen reproduzieren, tun sie das zwangsläufig nicht ganz genau, denn sonst hätten sich die frühesten Formen des Lebens (einfache bakterienähnliche Organismen) nie verändert. Verbesserungen kommen gewissermaßen durch gelegentliche Mängel mehr oder weniger zufällig und sehr langsam zustande, so daß die Lebensformen komplexer werden und sich ihrer Umgebung besser anpassen.

Für die Entstehung dieser fehlerhaften Reproduktionen sind verschiedene Faktoren verantwortlich, aber der vielleicht wichtigste und unvermeidliche Faktor ist die kosmische Strahlung (auf die ich später noch genauer eingehen werde). Diese Strahlen werden durch die Explosion von Supernovae erzeugt. Daß sich das Leben auf der Erde über das Stadium von Bakterien hinaus entwickelt hat, ist somit auf diese Explosionen zurückzuführen.

89. Gibt es Leben auf Planeten, die andere Sterne umkreisen?

Wir sind bereits zu dem Schluß gekommen, daß es außerhalb der Erde in unserem Sonnensystem wahrscheinlich kein Leben in unserem Sinne gibt, auch wenn die beiden Monde Europa und Titan u. U. dafür in Frage kommen könnten. Wir könnten uns dann fragen, ob es vielleicht Leben auf Planeten gibt, die um andere Sterne kreisen.

Doch bevor wir wirklich versuchen können, diese Frage zu beantworten, müssen wir zunächst klären, ob es überhaupt Planeten gibt, die andere Sterne umkreisen. Vor mehr als 500 Jahren ging Nikolaus von Kues bereits von ihrer Existenz aus. Die heutigen Astronomen glauben, daß er wahrscheinlich recht hatte, denn wenn unser Sonnensystem aus einer Staub- und Gaswolke hervorgegangen ist, die automatisch Planeten entstehen ließ, sollte dies auch für viele, ja vielleicht sogar für fast alle anderen Sterne gelten.

Aber dies ist eine gewagte Schlußfolgerung. Viel einfacher wäre es, wenn man neben unserer Sonne einen weiteren Stern mit einem Planetensystem fände. Leider können wir nicht einmal mit unseren heutigen Instrumenten Planeten erkennen, die um andere Sterne kreisen. Ein solcher Planet wäre selbst dann noch 4,4 Lichtjahre entfernt, falls er den nächsten Stern umkreisen würde. Da er nur aufgrund des reflektierten Lichts dieses Sterns schiene, gäbe er nicht genügend Licht ab, um auf diese Entfernung sichtbar zu sein. Und selbst wenn der Planet genügend Licht abstrahlte, würde er auf jeden Fall im viel helleren Licht des nahen Sterns untergehen. (Die vier großen Jupitersatelliten sind eigentlich hell genug, um sie mit bloßem Auge zu erkennen, aber sie werden vom weit stärkeren Licht des Jupiters überstrahlt und sind deshalb nur mit einem Teleskop wahrzunehmen.)

Doch es gibt eine Antwort. Auch Sirius B wurde von Bessel nur deshalb entdeckt, weil seine Anziehungskraft Sirius A dazu zwang, sich auf einer welligen Linie zu bewegen, und nicht, weil er durch das Teleskop zu erkennen war. Könnte ein Planet oder eine Gruppe von Planeten das gleiche bei den Sternen bewirken, die jene umkreisen?

Theoretisch ja, aber die Wirkung wäre extrem gering. Sirius B ist schließlich so schwer wie die Sonne, während wir schon Glück hätten, wenn ein Planet ein Tausendstel der Sonnenmasse besäße. Wenn es mehr als einen Planeten gäbe, würden sie sich um den Stern verteilen, so daß sich ihre Anziehungskraft teilweise aufheben würde, falls nicht ein Planet viel schwerer wäre als der gesamte Rest zusammen (wie in unserem Planetensystem).

Die größte Wahrscheinlichkeit, einen Planeten außerhalb unseres Sonnensystems zu entdecken, bietet die Wahl eines Sterns, der uns sehr nahe ist, so daß wir jede Abweichung von seiner Bahn ganz genau messen können. Darüber hinaus sollte er klein sein, so daß ein Planet auf seine Bewegung genug Einfluß nehmen könnte, wogegen der Planet umgekehrt sehr groß sein müßte, um eine meßbare Wirkung zu erzielen.

Der holländisch-amerikanische Astronom Peter von de Kamp (geb. 1901) untersuchte nahe, kleine Sterne zu genau diesem Zweck. Er glaubte, er habe winzige Unregelmäßigkeiten bei der Bewegung von nahen Sternen wie 61 Cygni, Lalande 21 185 und vor allem bei Barnards Pfeilstern entdeckt.

Dieser letzte Stern wurde nach dem Astronomen Barnard benannt, der 1916 als erster bemerkte, daß er die schnellste Eigenbewegung aller bekannten Sterne aufweist – und diesen Rekord hält er auch heute noch. Innerhalb von 180 Jahren verschiebt er sich um die Entfernung, die dem Durchmesser des Vollmonds entspricht, was für einen Stern sehr schnell ist. Teilweise liegt dies darin begründet, daß er mit einer Entfernung von nur 5,97 Lichtjahren der zweitnächste Stern ist. Aber er ist uns nicht nur sehr nahe, sondern als schwach leuchtender Roter Riese zudem recht klein. Van de Kamp glaubte aus seiner Bewegung ablesen zu können, daß ihn ein jupitergroßer Planet umkreise. Im Zusammenhang mit den anderen untersuchten Sternen entdeckte er ähnliche große Planeten. Aber mit dem, was seine Instrumente entdecken konnten, stieß seine Arbeit auch an ihre Grenzen; die Astronomen nach ihm sind deshalb zu dem Ergebnis gekommen, daß seine Ergebnisse nicht verläßlich waren.

Andererseits hat man in den letzten Jahren entdeckt, daß einige helle Sterne von Ringen aus Staub umgeben sind. Die Vermutung liegt recht nahe, daß es sich dabei um Planetoidengürtel handeln könnte. Und wo es Planetoiden gibt, sollten auch größere Planeten vorkommen. Trotzdem hat man bislang noch keine Planeten beobachtet, die andere Sterne umkreisen; und man muß sich deshalb mit der Vermutung zufriedengeben, daß sie sehr wahrscheinlich trotzdem existieren.

Wenn die meisten Sterne aber tatsächlich von Planeten umkreist werden, was verrät uns das über die Möglichkeit von Leben auf jenen Planeten?

Leben kann es gewiß nicht auf *jeder* Welt geben, die Teil eines anderen Planetensystems ist, wie es auch nicht auf jeder Welt in unserem Planetensystem möglich ist. Der Planet muß auch für Leben geeignet sein.

Zum einen bräuchte ein Planet eine hinreichend stabile Umlaufbahn. Bei einer ungleichmäßigen Bahn könnte die Temperatur einmal über den Siedepunkt von Wasser ansteigen und ein andermal unter antarktische Temperaturen absinken, so daß die Wahrscheinlichkeit gering wäre, einen blühenden Hort des Lebens vorzufinden, wie wir ihn kennen. Außerdem müßte ein

Planet genügend Masse besitzen, um eine Atmosphäre und einen Ozean zu halten, aber er dürfte nicht so massereich sein, daß er Wasserstoff und Helium binden würde.

Aber nehmen wir einmal an, daß ein Planet die richtige Größe und chemische Zusammensetzung hätte und eine stabile Umlaufbahn besäße, die weder zu weit seiner Sonne entfernt noch zu nah an ihr wäre, so daß sich seine Temperatur stets im Bereich des flüssigen Aggregatzustands von Wasser befände (wie es mit Ausnahme der Polargebiete für die gesamte Erde gilt). Selbst dann noch hinge viel davon ab, um welche Art von Stern er kreist. Sterne, die viel massereicher als die Sonne sind, dürften beispielsweise kaum geeignet sein, um solche Planeten zu besitzen; ihre Lebensdauer auf der Hauptreihe ist zu kurz. Schließlich sind hier auf der Erde Organismen auf der Entwicklungsstufe primitiver Schalenweichtiere erst entstanden, nachdem bereits 3 Milliarden Jahre lang Leben auf dem Planeten existierte. Wenn dies die normale Evolutionsgeschwindigkeit ist, könnte sich auf einem Planeten, der einen Stern wie Sirius umkreist, kein Leben über das Stadium von bakteriellen Organismen hinaus entwickeln, denn nach nur einer halben Milliarde Jahre würde Sirius zu einem Roten Riesen werden und den Planeten vernichten.

Falls ein Stern zudem sehr klein und schwach leuchtend ist, muß ihn ein Planet ganz nahe umkreisen, um genügend Licht und Wärme für Leben, wie wir es kennen, zu empfangen. Doch in dieser geringen Entfernung würden Gezeitenwirkungen den Planeten dazu bringen, seiner Sonne nur eine Seite zuzuwenden, so daß die eine Hälfte des Planeten zu heiß und die andere zu kalt wäre.

Mit anderen Worten: Wir brauchen Sterne in der Größenordnung unserer Sonne.

Solche Sterne dürfen außerdem weder zu Doppelsternen mit eng beieinander stehenden Komponenten gehören noch sich in anderen Regionen befinden, wo die Strahlung der Sterne in der Umgebung zu energiereich ist. Nehmen wir einmal an, von 300 Sternen wäre es nur bei einem wahrscheinlich, daß er einen Planeten besitzt, der unsere Art von Leben beherbergen könnte, und nur einer von 300 solcher Sterne hätte wiederum einen Planeten mit der richtigen Größe, chemischen Zusammensetzung und Temperatur, um tatsächlich Leben tragen zu können. Dies könnte immer noch die Existenz von Millionen Planeten mit Leben bedeuten, die zwischen den Sternen verstreut sind.

Doch wie stehen die Chancen, daß sich auf einem dieser Planeten eine *intelligente* Lebensform entwickelt hat, die eine technisch hochstehende Zivilisation wie die unsere hervorbringen kann?

Die Antworten auf diese Frage klingen nicht besonders optimistisch. Schließlich mußte die Erde erst einmal 4,6 Milliarden Jahre existieren, bevor eine Lebensform auftauchte, die fähig war, eine Zivilisation aufzubauen.

Selbst wenn die Chancen dafür gering sind, könnten sich immer noch Tausende von Zivilisationen im Weltall entwickelt haben. Aber dann stellt sich eine noch schwierigere Frage: Wie lange könnten solche Zivilisationen überdauern?

Sobald intelligente Wesen dazu in der Lage sind, über riesige Energiequellen zu verfügen, können sie diese in selbstzerstörerischer Weise einsetzen. Nun, da die Menschheit fortgeschrittene Technologien entwickelt hat, haben wir schon begonnen, sie für verheerende Kriege zu verwenden, und sind dabei, unsere Umwelt damit zu zerstören. Wenn dies typisch ist, könnte das Universum einerseits voll sein von Planeten mit Leben, die noch keine Zivilisation hervorgebracht haben, und gleichzeitig von anderen Planeten, die bereits eine fortgeschrittene Zivilisation entwickelt und sich selbst zerstört haben. Damit gäbe es außer uns selbst nur sehr wenige Lebensformen, die eine technisch hochentwickelte Zivilisation begründet haben, aber noch nicht die Zeit hatten, sich selbst zu vernichten.

Um 1950 stellte der italienisch-amerikanische Physiker Enrico Fermi (1901–1954) die Frage: Wo sind sie? Was er damit meinte, war folgendes: Warum hat uns noch keine fremde Lebensform besucht, wenn die Sterne reich an Zivilisationen sind? (Wir können hier nicht die abenteuerlichen Geschichten von Fliegenden Untertassen und prähistorischen Raumfahrern mitzählen, denn die Beweise dafür sind mehr als schwach.)

Vielleicht sind fremde Wesen nicht aufgetaucht, weil die Entfernungen zwischen den Sternen zu groß sind, um sie zu überwinden. Oder sie haben uns aufgesucht und sich dafür entschieden, daß wir uns in Ruhe entwickeln sollten. Oder sie haben uns aus allen möglichen anderen Gründen nicht erreicht. Nur weil keine Außerirdischen *hier* sind, können wir nicht sicher sein, daß es nicht irgendwo dort draußen Außerirdische gibt.

Einige Astronomen sind eifrig auf der Suche nach Beweisen für fremde Zivilisationen, und wir werden bei Gelegenheit auf sie zurückkommen.

90. Was sind Kugelhaufen?

Sterne kommen nicht zwangsläufig einzeln vor wie unsere Sonne. Herschel entdeckte Doppelsterne; es gibt Hinweise darauf, daß mehr als die Hälfte aller Sterne im Weltall zu Systemen mit Doppelsternen gehört.

Sterne kommen auch in komplexeren Ansammlungen vor. Noch vor der Zeit des Teleskops bewunderte man die Plejaden, einen Sternhaufen im Sternbild Stier (Taurus). Zu den Plejaden gehören sechs Sterne, die mit bloßem Auge zu erkennen sind; manche erkennen sogar noch einen siebten. Als Galilei sein Teleskop 1610 auf die Plejaden richtete, konnte er schon 36 Sterne zählen, und heutige Aufnahmen zeigen mehr als 250.

Selbst die Plejaden stellen nur einen kleinen Sternhaufen dar. Der Wendepunkt hinsichtlich der Sternhaufen kam 1913 mit der bereits erwähnten Liste Messiers. Als dreizehntes Objekt, M13, war ein verschwommenes Objekt im Sternbild Herkules aufgeführt. Als Herschel es einige Jahrzehnte später mit einem viel besseren Teleskop als Messier studierte, stellte er fest, daß es sich um einen riesigen Haufen aus dicht zusammengepackten Sternen handelte. Der Kugelhaufen M13 umfaßt mindestens 100 000 Sterne. Da der Sternhaufen die Form einer Kugel hat, ist er ein Beispiel für die sogenannten *Kugelsternhaufen*. Etwa 100 solche Kugelhaufen sind heute bekannt. Die Kugelhaufen sind in einer eigenartigen Asymmetrie verteilt. Der britische Astronom John Herschel (1792–1871) wies darauf hin, daß sie nicht gleichmäßig über den Himmel verstreut sind; fast alle befinden sich auf der einen Seite des Himmels und praktisch keiner auf der anderen. Nicht weniger als ein Drittel der Kugelhaufen liegt im Sternbild Schütze (Sagittarius), das nur 2 Prozent des Himmels ausmacht.

Wie wir bald sehen werden, erwies sich diese Beobachtung als höchst bedeutsam.

91. Was sind Nebel?

Nicht alles am Himmel sind Sterne oder Sternhaufen. Im Jahre 1694 entdeckte und beschrieb Huygens einen hellen, verschwommenen Bereich im Sternbild Orion. Er sah wie eine leuchtende Wolke aus und sollte später (nach dem lateinischen Wort für »Wolke«) als *Nebel* bezeichnet werden. Der von Huygens beschriebene Nebel ist heute als Orionnebel bekannt; er ist eine riesige Wolke aus Staub und Gas mit einem Durchmesser von etwa 30 Lichtjahren. Wenn man unser gesamtes Sonnensystem, von der Sonne bis zum fernsten Kometen, in den Orionnebel verlegen würde, ginge es in der Weite der Wolke unter; selbst unsere Sonne und ein Dutzend Nachbarsterne hätten bequem darin Platz. Im Orionnebel befinden sich tatsächlich einige Sterne, und diese Sterne sind es auch, die ihn durch reflektiertes Licht zum Leuchten bringen.

Im Jahre 1864 gelang es dem britischen Astronomen William Huggins (1824–1910), das Spektrum des Orionnebels zu untersuchen. Es zeigte einzelne helle Linien vor einem dunklen Hintergrund, wie man es von heißem Gas erwarten würde. Die Behauptung, daß es sich um eine riesige Wolke handelte (vielleicht vom gleichen Typus, aus dem unser Sonnensystem entstanden ist), war damit bestätigt.

Tatsächlich ist der Orionnebel ein Ort, bei dem sich die Astronomen ziemlich sicher sind, daß sich dort gerade neue Sterne bilden. Man hat auch viele andere leuchtende Nebel am Himmel entdeckt, die sehr unterschiedliche Formen haben und teilweise von bemerkenswerter Schönheit sind.

Ein Nebel muß aber nicht zwangsläufig ein leuchtendes Objekt sein. Wenn sich zufällig keine Sterne darin befinden, ist es eine *Dunkelwolke*. Herschel beispielsweise entdeckte kleine dunkle Zonen in Regionen, die ansonsten dicht mit Sternen bevölkert waren, Bereiche, in denen keine Sterne leuchteten. Er stand vor einem Rätsel und glaubte, es könne sich um sternlose Tunnel handeln, deren Öffnungen zufällig uns gegenüberlagen. Es gab jedoch so viele von ihnen, daß diese Erklärung unzureichend erschien. Mit Sicherheit wären es nicht so viele Tunnel, deren Öffnungen alle direkt in unsere Richtung zeigten.

Um 1900 stellten E. E. Barnard und unabhängig von ihm der deutsche Astronom Max F. J. C. Wolf (1863–1932) die Hypothese auf, daß es sich bei diesen Tunnel um Dunkelwolken handelte, die das Licht der Sterne dahinter verdeckten. Anscheinend war der Sternenhimmel voller Staubwolken, die einen Teil des Glanzes des Alls verbargen – eine Tatsache, die noch große Bedeutung für unsere Interpretation der Verteilung der Sterne im Weltraum haben sollte.

92. Was ist die Galaxis?

Wenn wir den Himmel nur mit dem bloßen Auge betrachten, sehen wir scheinbar überall Sterne. Es gibt weder besonders sternreiche noch völlig sternlose Bereiche. Daraus läßt sich schließen, daß die Sterne um uns herum in allen Richtungen gleich verteilt sind. Wenn die Ansammlung aller Sterne eine Form hat, muß diese Form eine Kugel sein. Das klingt auch vernünftig, da alle größeren astronomischen Objekte offensichtlich kugelförmig sind. Warum sollte das Universum als Ganzes dann nicht kugelförmig sein?

Was wir mit bloßem Auge sehen, sind natürlich nur 6000 Sterne, die sich im großen und ganzen ziemlich nahe bei uns befinden. Was geschieht, wenn wir ein Teleskop benutzen? Die Antwort lautet, daß wir dann viel mehr Sterne sehen, aber wiederum scheinen sie gleichmäßig über den Himmel verteilt zu sein – mit Ausnahme der Milchstraße.

Für das bloße Auge ist die Milchstraße ein schwach leuchtendes Band (das wir heute kaum sehen können, wenn wir in der Stadt leben, weil der Himmel durch die künstliche Beleuchtung erhellt wird). Es sieht leicht milchig aus, was eine Sage erklärt: Als Hera, die Frau des Zeus, einst ein Kleinkind säugte, soll sich ein Teil ihrer Milch über den Himmel ergossen und so zu diesem schwach leuchtenden Band geführt haben. Die Griechen nannten es *galaxias kyklos* (Milchring); die Römer gaben ihm den Namen *via lactea* (Milchstraße), von dem sich die heutige deutsche Bezeichnung ableitet.

Aber was ist die Milchstraße wirklich? Wenn wir die Mythologie einmal beiseite lassen, können wir bei dem griechischen Philosophen Demokrit (um 470 – um 380 v. Chr.) ansetzen, der um 440 v. Chr. die Hypothese vertrat, die Milchstraße bestehe aus einer großen Zahl von schwach leuchtenden Sternen, die nicht einzeln zu sehen seien, sondern nur alle zusammen eine gewisse Leuchtkraft entwickelten. Niemand schenkte dieser Theorie Beachtung, aber Demokrit sollte damit recht behalten. Bewiesen wurde dies, als Galilei 1609 sein erstes Teleskop gegen den Himmel richtete und feststellte, daß die Milchstraße Myriaden von Sternen enthielt.

Wieviel sind »Myriaden«? Bei einem Blick zum Nachthimmel stellt sich als erster Eindruck ein, daß es unzählige Sterne gibt, zu viele Sterne, um sie zu zählen. Aber wie bereits mehrmals erwähnt, beläuft sich die Gesamtzahl der Sterne, die für das bloße Auge sichtbar sind, nur auf etwa 6000. Durch ein Teleskop betrachtet liegt die Zahl jedoch viel höher. Bedeutet dies, daß es doch unzählige gibt?

Die Sterne in Richtung der Milchstraße sind außerordentlich

zahlreich, aber in den anderen Richtungen treten sie vergleichsweise spärlich auf. Wir müssen also die Idee aufgeben, daß alle Sterne zusammen ein kugelförmiges Gebilde ergeben. In diesem Falle wären die Sterne nämlich überall so zahlreich wie in der Milchstraße. Der gesamte Himmel wäre dann hell erleuchtet, wobei die näheren Sterne (weniger auffällig als jetzt) vor einem schwach leuchtenden Hintergrund scheinen würden.

Wir müssen also annehmen, daß die Sterne in einem großen Haufen existieren, der *nicht* kugelförmig ist, sondern sich in Richtung Milchstraße viel weiter ausdehnt als in allen anderen Richtungen. Möglicherweise deutet die Milchstraße auch darauf hin, daß die Sterne alle in Form einer Linse oder einer Scheibe zusammengeballt sind. Dieser linsenförmige Haufen wird (nach dem griechischen Namen für Milchstraße) auch als *Galaxis* bezeichnet.

Der erste, der die Auffassung vertrat, daß die Sterne in einer abgeflachten Galaxis existieren, war der englische Astronom Thomas Wright (1711–1786). Er stellte seine Hypothese 1750 auf, aber seine Ideen erschienen so konfus und mystisch, daß ihm zunächst nur wenige Beachtung schenkten.

Doch selbst wenn die Galaxis linsenförmig war, konnte ihr längster Durchmesser unendlich weit reichen. Es gab vielleicht relativ wenige Sterne, wenn man vom Band der Milchstraße wegblickte, aber eine unendlich große Zahl in Richtung der Milchstraße selbst.

Um diese Frage zu klären, machte sich Herschel daran, die Sterne zu zählen. Natürlich durfte man nicht erwarten, in einem vernünftigen Zeitraum *alle* Sterne zählen zu können. Herschel wählte vielmehr 683 kleine Bereiche aus, die über den ganzen Himmel verteilt lagen, und zählte jeweils die Sterne, die durch sein Teleskop zu sehen waren. Auf diese Weise führte er eine Stichprobenuntersuchung des Himmels durch; zum ersten Mal wurde die Statistik auf die Astronomie angewendet.

Herschel fand heraus, daß die Zahl der Sterne in allen Bereichen stetig zunahm, wenn er sich irgendwo dem Band der Milchstraße näherte. Auf der Grundlage der gezählten Sterne konnte er Schätzungen hinsichtlich der Gesamtzahl der Sterne in der Galaxis wie auch hinsichtlich ihrer Größe anstellen. Im Jahre 1758 gab er seine Ergebnisse bekannt und erklärte, der lange Durchmesser der Galaxis sei etwa 800mal und der kurze Durchmesser etwa 150mal so lang wie die Entfernung zwischen der Sonne und Sirius.

Als man ein halbes Jahrhundert später die tatsächliche Entfernung von Sirius ermittelte, konnte man erkennen, daß Herschel geglaubt hatte, der lange Durchmesser der Galaxis sei 8000 und ihr kurzer Durchmesser 1500 Lichtjahre lang. Außerdem hatte er berechnet, daß die Galaxis 800 Millionen Sterne enthielt. Das ist zwar eine große Zahl, aber nicht unzählbar.

In den letzten beiden Jahrhunderten haben Astronomen die Galaxis mit viel besseren Instrumenten und Methoden unter die Lupe genommen, als sie Herschel zur Verfügung standen; deshalb weiß man heute, daß die Galaxis viel größer ist, als Herschel angenommen hatte. Sie dehnt sich in ihrem langen Durchmesser mindestens 100 000 Lichtjahre weit aus und enthält nicht weniger als 200 Milliarden Sterne. Trotzdem kann man Herschel das Verdienst zusprechen, die Milchstraße sozusagen entdeckt zu haben. Darüber hinaus hat er gezeigt, daß die vermeintlich unzähligen Sterne durchaus zählbar sind.

93. Wo liegt das Zentrum der Galaxis?

Im Jahre 1805 fand Herschel heraus, daß sich die Sonne im Verhältnis zu den anderen Sternen bewegt. Seitdem weiß man auch, daß sie *nicht* der unbewegliche Mittelpunkt des Universums ist. Dennoch schien sie eine zentrale oder nahezu zentrale Position einzunehmen, soweit es die Galaxis betraf.

Das Milchstraßenband ist nun einmal rund um den gesamten Himmel fast gleichmäßig erleuchtet, was die Annahme vernünftig erscheinen läßt, daß sich die Sonne in der Nähe ihres Zentrums befindet. Falls sie sich seitlich davon befände, würde die Milchstraße in einer Richtung viel dicker und heller wirken als in der anderen Richtung. Der Blick weg vom Zentrum zum nahen Ende der Galaxis würde relativ wenige Sterne zeigen. In Richtung Zentrum würde man dagegen das weiter entfernte andere Ende der Galaxis sehen, wo eine riesige Zahl von Sternen zu erkennen wäre.

Doch so plausibel dies auch erschien, die Vorstellung, daß sich die Sonne direkt im oder nahe dem Zentrum der Galaxis befindet, ließ sich nicht halten. Wenn dies so wäre, müßten nämlich nicht nur alle Sterne der Milchstraße gleichmäßig um uns herum verteilt sein, sondern die Galaxis müßte auch in jeder anderen Hinsicht symmetrisch erscheinen. Dies ist jedoch nicht der Fall, denn schließlich gibt es die schon behandelten Kugelhaufen. Fast alle befinden sich auf einer Seite des Weltalls, ein Drittel davon allein im Sternbild Schütze.

Was ist der Grund für diese eigenartige Asymmetrie? Eine Antwort deutete sich bereits 1912 an, als die amerikanische Astronomin Henrietta Swan Leavitt (1868–1921) die *Magellanschen Wolken* studierte. Dabei handelt es sich um zwei verschwommene Flecken, die *Große Magellansche Wolke* und die

Kleine Magellansche Wolke, die wie abgetrennte Bereiche der Milchstraße aussehen. Sie sind zwar nur von der südlichen Hemisphäre aus sichtbar, doch benannt wurden sie nach ihrem europäischen Entdecker: Ferdinand Magellan entdeckte sie, als er 1521 im äußersten Süden von Südamerika die Magellanstraße passierte.

John Herschel hatte sie 1834 von einem Observatorium an der Südspitze Afrikas aus studiert und festgestellt, daß sie ähnlich wie die Milchstraße aus einer riesigen Ansammlung von Sternen bestehen. Die Magellanschen Wolken erstrecken sich über viele Lichtjahre, aber sie sind so weit von uns entfernt, daß man all ihre Sterne als etwa gleich weit von der Erde entfernt betrachten kann. (Ebenso leben Menschen zwar über die ganze Stadt Chicago verstreut, aber von Paris aus gesehen sind alle ungefähr gleich weit entfernt.)

Die Kleine Magellansche Wolke enthält eine Reihe von Cepheiden, den Typus von veränderlichen Sternen, den 1784 John Goodricke entdeckt hatte; sie sind damit alle etwa gleich weit von uns entfernt. Cepheiden kommen in verschiedenen Helligkeitsstufen vor – ein Merkmal, das von zwei Faktoren bestimmt wird: Masse und Entfernung. Bekanntlich erhöht sich die Helligkeit mit der Masse eines Sterns und nimmt mit seiner Entfernung von uns ab. Ein außergewöhnlich heller Cepheid muß deshalb entweder sehr massereich oder sehr nahe an der Erde sein, und normalerweise läßt sich nicht entscheiden, welche der beiden Möglichkeiten zutrifft. Da aber alle Cepheiden in der Kleinen Magellanschen Wolke etwa gleich weit von der Erde entfernt sind, braucht man ihre Entfernung nicht zu berücksichtigen. Wenn man nun feststellt, daß ein Cepheid in dieser Wolke heller als ein anderer ist, weiß man damit, daß der hellere Cepheid der schwerere der beiden ist und tatsächlich eine größere Leuchtkraft besitzt.

Anhand der Cepheiden in der Kleinen Magellanschen Wolke fand Leavitt folgende Gesetzmäßigkeit heraus: Je heller und lichtstärker ein Cepheid ist, desto länger dauert seine Periode der Veränderung. Zwischen der Leuchtkraft und der Periode ergab sich eine konstante Beziehung.

Angenommen, man kennt die Entfernung eines bestimmten Cepheiden und mißt seine Periode. Aus diesen Faktoren kann man seine Leuchtkraft bestimmen und die von Leavitt entdeckte *Perioden-Helligkeits-Beziehung* ableiten.

Anschließend könnte man irgendeinen anderen Cepheiden in der Wolke untersuchen. Mit Hilfe der von Leavitt hergestellten Beziehung kann man aus seiner Periode auf die Leuchtkraft schließen; daraus wiederum läßt sich ableiten, wie weit er entfernt sein muß, um so hell am Himmel zu erscheinen. Auf diese Weise kann man die »Meßlatte« der Cepheiden dazu verwenden, die Entfernung von Sternen zu bestimmen, die viel zu weit weg sind, um noch eine meßbare Parallaxe aufzuweisen.

Der Haken dabei war allerdings, daß selbst die nächsten Cepheiden zu weit entfernt sind, um anhand ihrer Parallaxe die Entfernung von der Erde zu bestimmen. Man hatte also keine Zahl für die Entfernung, die jedoch notwendig war, um einen Maßstab festzulegen.

Doch 1913 gelang es Ejnar Hertzsprung (der auch die Roten Riesensterne entdeckt hatte), durch genau durchdachte Schlußfolgerungen die Entfernung einiger Cepheiden zu bestimmen, ohne sich auf die Parallaxe zu stützen. Damit stand der Maßstab fest.

Im Jahre 1914 wendete der amerikanische Astronom Harlow Sharpley (1885–1972) den Maßstab auf Cepheiden an, die er in verschiedenen Kugelhaufen vorfand. Er bestimmte die jeweilige Entfernung und entwarf dann ein Modell von jedem Sternhaufen mit seiner jeweiligen Richtung und Entfernung.

Dies lieferte ihm ein dreidimensionales Modell von allen Kugelhaufen, die – wie er entdeckte – eine mehr oder weniger runde Kugel bildeten, deren Zentrum Tausende von Lichtjahren entfernt in Richtung des Sternbilds Schütze lag.

Sharpley ging nun davon aus, daß sich der Bereich der Kugelhaufen im Zentrum der Galaxis befand, das somit weit von der Erde entfernt zu sein schien. Tatsächlich schätzte er diese Entfernung zu hoch ein; heute ist bekannt, daß sich die Sonne nicht im oder nahe dem Zentrum der Galaxis befindet, sondern seitlich davon 30 000 Lichtjahre entfernt liegt.

Wenn das so ist, warum sehen wir dann die Milchstraße in Richtung des Schützen nicht sehr viel heller als in der entgegengesetzten Richtung? In gewissem Maße ist die Milchstraße zum Sternbild Schütze hin tatsächlich heller und komplexer als in jeder anderen Richtung, aber wir können weder das Zentrum der Galaxis noch darüber hinaus sehen. Die Dunkelwolken, von denen die Milchstraße geradezu übersät ist, verdecken die meisten Sterne in dieser Richtung.

Ein Blick zum Himmel zeigt deshalb nur einen ziemlich kleinen Teil der Galaxis, der den äußeren Bereich in nächster Nähe unseres Sonnensystems umfaßt – mit anderen Worten: unsere Nachbarschaft. Wenn wir nur diesen Teil der Galaxis betrachten, dann befinden wir uns tatsächlich in der Nähe seines Zentrums, doch vom wirklichen Zentrum sind wir weit entfernt.

94. Was ist der Doppler-Effekt?

Wenn wir mehr über die Galaxis herausfinden wollen, müssen wir uns eine weitere Methode ansehen, um die Bewegung der Sterne festzustellen. Als Halley entdeckte, daß sich die Sterne bewegen, konnte er nur die Strecke messen, die sie sich für unsere Augen erkennbar bewegten, als ob sie an der Himmelskugel entlang glitten (die Eigenbewegung). Sobald aber feststand, daß es keine Himmelskugel gibt und die Sterne in geringerer und größerer Entfernung von uns über einen riesigen Raum verteilt sind, ergab sich die Frage: Bewegt sich ein bestimmter Stern auf uns zu oder von uns weg? Diese Bewegung wird in beide Richtungen als *Radialbewegung* bezeichnet, weil man den Stern so sieht, als würde er sich entlang der Speiche (Radius) eines Rades auf uns zu oder von uns weg bewegen, wenn man sich die Erde an der Nabe vorstellt.

Wie läßt sich diese Bewegung feststellen? Wenn sich ein Stern direkt von uns weg oder auf uns zu bewegt, bleibt seine Position am Himmel unverändert. Im ersten Fall würde er mit der Zeit natürlich immer schwächer und im umgekehrten Fall immer heller am Himmel leuchten, aber die Sterne sind so weit entfernt und bewegen sich angesichts der riesigen Entfernungen so langsam, daß es leicht Tausende von Jahren dauern könnte, bis ein Stern seine Helligkeit genug verändert, um dies sogar mit empfindlichen Geräten nachweisen zu können. Doch selbst wenn ein Stern aufgrund seiner Eigenbewegung die Position am Himmel verändert, könnte er sich gleichzeitig auf uns zu oder von uns weg bewegen, so daß er eine schiefe Bewegung im dreidimensionalen Raum hat. Wie läßt sich solch eine Bewegung erkennen?

Die Antwort wurde durch ein Phänomen gefunden, das man auf der Erde beobachtete und das scheinbar nichts mit Sternen zu tun hatte. Wenn beispielsweise ein Reiter bei einer Attacke nach vorne stürmte und in seine Trompete blies, um die eigenen Truppen anzufeuern und den Gegner einzuschüchtern, stellte man fest, daß die Trompete scheinbar ihre Tonhöhe veränderte, während der Reiter an einem Beobachter mit festem Standort vorbeigaloppierte. In dem Augenblick, in dem er an ihm vorbeiritt, wurde der Klang plötzlich tiefer.

In der Hitze der Schlacht blieb dieses Phänomen vielleicht unbemerkt, aber 1815 erfand der britische Ingenieur George Stephenson (1781–1848) die Lokomotive. Es dauerte nicht lange, bis solche Lokomotiven genauso schnell wie ein galoppierendes Pferd waren oder sogar noch schneller fuhren. Außerdem besaßen sie normalerweise Signalpfeifen, um die Menschen zu warnen, wenn sie durch besiedelte Gebiete kamen. So kam es sehr häufig vor, daß man das plötzliche Absinken der Tonhöhe hörte, wenn eine Lokomotive vorbeifuhr. Damit stellte sich auch die Frage nach der Ursache dieses Phänomens.

Der österreichische Physiker Christian Johann Doppler (1803–1853) befaßte sich mit dem Problem und kam zu dem durchaus richtigen Schluß, daß sich bei der Annäherung einer Lokomotive der Abstand jeder Schallwelle gegenüber der vorhergehenden ein wenig verringert, so daß diese das Ohr häufiger erreichen, als es bei einem stehenden Zug der Fall wäre. Die Tonhöhe des Pfiffs lag deshalb höher als bei einem stehenden Zug.

Wenn die Lokomotive an einem Zuhörer vorbeifuhr und sich wieder entfernte, vergrößerte sich der Abstand zwischen den einzelnen Schallwellen; sie erreichten das Ohr nicht so häufig, als wenn sich die Lokomotive nicht bewegt hätte, und klangen tiefer. Beim Vorbeifahren der Lokomotive kam es somit zu einem natürlichen Übergang von »höher als normal« zu

»tiefer als normal« bzw. von einer hohen zu einer niedrigen Tonhöhe.

Im Jahre 1842 stellte Doppler eine mathematische Beziehung zwischen Geschwindigkeit und Tonhöhe her. Er unterzog sie erfolgreich einem Test, indem er einen Plattformwagen an eine Lokomotive hängte und ihn mit unterschiedlicher Geschwindigkeit vor und zurück ziehen ließ. Auf dem Wagen befanden sich Trompeter, die verschiedene Töne spielten. Am Bahnsteig notierten Musiker mit absolutem Gehör die Veränderung, wenn der Zug vorbeifuhr. Solche Veränderungen der Tonhöhe werden deshalb als *Doppler-Effekt* bezeichnet.

Zu dieser Zeit hatte man bereits entdeckt, daß auch Licht aus Wellen bestand, wenngleich diese sehr viel kleiner als Schallwellen waren. Der französische Physiker Armand Hippolyte Fizeau (1819–1896) wies 1848 darauf hin, daß der Doppler-Effekt für alle Wellenarten einschließlich Licht gelten sollte. Aus diesem Grund wird der Effekt im Zusammenhang mit Licht auch als *Doppler-Fizeau-Effekt* bezeichnet.

Wenn sich ein Stern uns weder nähert noch sich von uns entfernt, sollten die dunklen Linien in seinem Spektrum unverändert bleiben. Entfernt sich der Stern von uns, so hat das Licht, das er abstrahlt, eine längere Wellenlänge (das Gegenstück zur sinkenden Tonhöhe); die dunklen Linien verschieben sich dann alle zum roten Ende des Spektrums hin (*Rotverschiebung*). Je größer die Verschiebung ist, desto schneller entfernt sich der Stern von uns.

Wenn der Stern dagegen auf uns zukommt, hat das emittierte Licht eine kürzere Wellenlänge (das Gegenstück zur ansteigenden Tonhöhe); die Spektrallinien verschieben sich dann zum violetten Ende des Spektrums hin. Je größer die Verschiebung ist, desto schneller nähert sich der Stern.

Wenn sowohl die Radialbewegung (vor oder zurück) als auch die Eigenbewegung (zur Seite) bekannt sind, kann man die tatsächliche Bewegung eines Sterns im dreidimensionalen Raum berechnen. Tatsächlich ist aber die Radialgeschwindigkeit die viel wichtigere von beiden. Die Eigenbewegung läßt sich nur messen, wenn ein Stern so nahe ist, daß seine Bewegung über den Himmel schnell genug ist, um sie sehen zu können, aber nur ein winziger Bruchteil aller Sterne befindet sich so nahe. Dagegen läßt sich die Radialbewegung unabhängig von der Entfernung eines Sterns bestimmen, sofern man dessen Spektrum erhält.

William Huggins war im Jahre 1868 der erste, der die Radialgeschwindigkeit eines Sterns bestimmte. Er fand heraus, daß sich Sirius mit einer Geschwindigkeit von 46 km/s von uns entfernt. Inzwischen verfügen wir über genauere Zahlen, aber für einen ersten Versuch waren die Ergebnisse schon recht genau.

95. Rotiert die Galaxis?

Jedes Objekt, das wir im Sonnensystem kennen, dreht sich um seine eigene Achse, von der Sonne bis hin zu den Planetoiden, auch wenn sich manche Objekte schneller drehen als andere. Deshalb glauben wir, daß auch andere Sterne rotieren und sich sogar die gesamte Galaxis um ihre Achse dreht. Aber wie können wir feststellen, ob dies zutrifft?

Sobald die Astronomen die tatsächliche Bewegung einer Reihe von Sternen im dreidimensionalen Raum feststellen konnten, war es möglich, zu erkennen, daß sich die Sterne nicht willkürlich in verschiedene Richtungen bewegen.

So entdeckte 1904 der holländische Astronom Jacobus Cornelius Kapteyn (1851–1922), daß sich einige Sterne im Großen

Bären und anderswo am Himmel alle mehr oder weniger in dieselbe Richtung bewegten. Er fand sogar zwei Ströme von Sternen, von denen sich einer mit den Sternen des Großen Bären und der andere in die entgegengesetzte Richtung bewegte.

Im Jahre 1927 interpretierte J. H. Oort (der später die Existenz einer fernen Kometenwolke postulierte) die beiden Bewegungshaufen wie folgt: Die Sterne der Galaxis drehen sich alle um das galaktische Zentrum. Die Sterne, die dem Zentrum näher sind als die Sonne, bewegen sich schneller als die Sonne und holen uns gegenüber auf, so daß sie sich alle in einer Richtung an uns vorbei zu bewegen scheinen, wobei einige davon natürlich langsamer sind als andere. Sterne, die weiter vom Zentrum entfernt sind als die Sonne, bewegen sich langsamer; die Sonne holt deshalb ihnen gegenüber auf, so daß sie sich im Verhältnis zu den zentrumsnahen Sternen scheinbar in die umgekehrte Richtung bewegen. Wenn sich also alle Sterne in dieselbe Richtung um das galaktische Zentrum herum bewegen, manche schneller, andere langsamer, kann man durchaus von einer Rotation der Galaxis sprechen.

Diese Rotation erlaubt eine wichtige Schlußfolgerung. Die Astronomen haben Grund zu der Annahme, daß die Sterne zum Mittelpunkt der Galaxis hin dichter beieinander stehen und in immer größerer Dichte auftreten. Tatsächlich erscheint es sogar wahrscheinlich, daß 90 Prozent der gesamten Masse der Galaxis innerhalb eines relativ kleinen Raums im Zentrum zu finden sind. Die Sterne außerhalb des Zentrums umkreisen diese zentrale Masse, ähnlich wie die Planeten des Sonnensystems die Sonne umkreisen.

Als Oort die Rotation der Galaxis ermittelte, zeigte er, daß sich die Sonne einmal in ungefähr 230 Millionen Jahren um das Zentrum der Galaxis dreht. Aus dieser Umlaufzeit und aus der

Entfernung der Sonne vom Zentrum läßt sich die Masse der Ansammlung von Sternen im Zentrum berechnen.

Dabei stellt sich heraus, daß die Masse der Galaxis – oder zumindest der Sterne, aus denen sie besteht – ungefähr der hundertmilliardenfachen Sonnenmasse entspricht, was nicht bedeutet, daß es 100 Milliarden Sterne in der Galaxis gibt, denn die Sonne ist als Stern nicht repräsentativ. Wahrscheinlich sind drei Viertel der Sterne in der Galaxis Rote Zwerge; ganze 90 Prozent haben weniger Masse als die Sonne. Wenn ein durchschnittlicher Stern die Hälfte der Sonnenmasse besitzt, könnte es etwa 200 Milliarden Sterne in der Galaxis geben.

96. Erreicht uns von den Sternen noch etwas anderes als Licht?

Bis weit ins 20. Jahrhundert hinein war die einzige bedeutende Information, die wir von den Sternen im All außerhalb unseres Sonnensystems erhielten, das Licht. Mit Hilfe des Lichts studierten wir die Position der Sterne, ihre Helligkeit, ihre Bewegung, ihre Temperatur, ihre chemische Zusammensetzung und sogar ihre gegenseitige Gravitationswirkung. Aber es gibt noch andere Arten von Information, die uns von den Sternen erreichen.

Nachdem 1896 die Radioaktivität entdeckt worden war, lernten die Wissenschaftler, mittels verschiedener Instrumente radioaktive Strahlung nachzuweisen. Selbst geringe Mengen solcher Strahlung waren meßbar. Man konnte solche Detektoren durch Bleiwände abschirmen, die die energiereiche Strahlung absorbierten; aus der Stärke der Bleiwandung, die erforderlich war, um die gesamte Strahlung abzuhalten, konnte man dann den Energiegehalt abschätzen. Was die Wissenschaftler überraschte, war die Tatsache, daß irgendeine besonders energiereiche Strahlung auch dann noch zum Detektor durchdrang, wenn die Abschirmung stark genug war, um die gesamte bekannte radioaktive Strahlung zu absorbieren. Die Frage war nun, um welche unbekannte Strahlung es sich dabei handelte.

Der österreichisch-amerikanische Physiker Victor Franz Hess (1883–1964) glaubte, die unbekannte Strahlung müsse ihren Ursprung auf der Erde haben. Im Jahre 1911 wollte er dies beweisen, indem er gut abgeschirmte Detektoren in Ballons hoch in die Luft aufsteigen ließ. Er startete zehn Ballons, fünf davon bei Nacht, wobei einige fast 10 Kilometer Höhe erreichten. Zu seiner Überraschung wurde die gemessene Strahlung immer stärker, je höher der Ballon stieg. Bei der größten erreichten Höhe war die Strahlung achtmal so stark wie auf der Erdoberfläche, woraus er nur schließen konnte, daß die Strahlung nicht von der Erde, sondern vom Weltraum aus ging. Auch andere untersuchten diese Strahlung, die aus allen Richtungen auf die Erde niederging. 1925 gab der amerikanische Physiker Robert Andrews Millikan (1865–1962) der Strahlung den Namen *kosmische Strahlung*, weil sie uns aus dem Kosmos erreicht.

Es blieb die Frage nach dem Wesen der kosmischen Strahlung. Millikan selbst glaubte, es handle sich dabei um lichtartige Wellenformen, die viel energiereicher als Licht selbst seien. Ein anderer amerikanischer Physiker, Arthur Holly Compton (1892–1962), war statt dessen der Meinung, die Strahlung bestehe aus sehr energiereichen, elektrisch geladenen Elementarteilchen, die sich nahezu mit Lichtgeschwindigkeit bewegten. Aber wie ließ sich dies beweisen?

Wenn kosmische Strahlen lichtartig waren, würden sie vom

Erdmagnetismus nicht beeinflußt werden. Waren sie dagegen elektrisch geladene Teilchen, so würden sie vom Feld gekrümmt werden; außerdem müßten dann in der Nähe der Magnetpole mehr Teile die Erde erreichen als weit von ihnen entfernt. In den 30er Jahren reiste Compton durch die Welt, maß an verschiedenen Orten die Stärke der kosmischen Strahlung und stellte fest, daß sie in der Nähe der Magnetpole tatsächlich zunahm. Kosmische Strahlen waren geladene Teilchen.

Wie sich herausstellte, gehörten sie zur selben Art von geladenen Teilchen, wie sie von der Sonne als Sonnenwind emittiert wurden. Es handelte sich um positiv geladene Atomkerne, meist Wasserstoffkerne. Wenn die Sonneneruptionen ungewöhnlich energiereiche Sonnenwindschübe ausstoßen, besitzen die schnellen Atomkerne so viel Energie, daß sie tatsächlich schwache kosmische Strahlen sind. Die kosmischen Strahlen, die uns von außerhalb des Sonnensystems erreichen, sind aber weit energiereicher als all jene, die die Sonne erzeugen kann. Sie entstehen wahrscheinlich bei Ereignissen, die viel energiereicher als eine bloße Sonneneruption sind, beispielsweise die Explosion einer Supernova. Wenn kosmische Strahlen andere Sterne passieren, werden sie außerdem immer wieder durch Magnetfelder gekrümmt, die sie beschleunigen und ihre Energie erhöhen.

Kosmische Strahlen sind aus vielerlei Gründen wichtig. Bereits erwähnt habe ich ihren Einfluß auf die Entwicklung des Lebens, aber sie verraten uns auch etwas über den chemischen Aufbau des Universums insgesamt und helfen den Physikern, indem sie in der Atmosphäre Zusammenstöße mit Atomen herbeiführen, die sogar noch heute viel energiereicher sind, als man sie heute künstlich erzeugen kann. (Wenn man auf ganz bestimmte Zusammenstöße mit kosmischen Strahlen wartet, kann dies jedoch sehr ermüdend sein, wohingegen uns heute Geräte zur Atomzertrümmerung – Teilchenbeschleuniger – zur Verfügung stehen, die vielleicht nicht so starke Zusammenstöße erzeugen können, diese dafür aber nach Bedarf und in jeder beliebigen Menge.)

Ein bedeutender Nachteil von kosmischen Strahlen besteht darin, daß sie uns keine spezifischen Informationen über bestimmte Ereignisse im Universum geben können. Da ihre Flugbahn durch Magnetfelder abgelenkt worden ist, kann man nicht entscheiden, aus welcher Richtung sie ursprünglich gekommen sind.

Neben den kosmischen Strahlen gibt es auch Neutrinos, ungeladene Elementarteilchen, die keine Masse besitzen und deshalb mit Lichtgeschwindigkeit durch den Weltraum jagen. Ihre Existenz wurde aufgrund theoretischer Überlegungen erstmals 1931 von dem österreichischen Physiker Wolfgang Pauli (1900–1958) vorausgesagt. Das Teilchen wurde 1932 von dem italienischen Physiker Enrico Fermi als *Neutrino* bezeichnet (italienisch für »kleines Neutrales«).

Da Neutrinos weder Masse noch elektrische Ladung besitzen und nur sehr selten mit gewöhnlicher Materie reagieren, sind sie fast nicht nachzuweisen. Ihre Existenz ist so praktisch, daß die Physiker einfach von ihrem Vorhandensein ausgingen, aber erst 1956 wurde das Neutrino von den beiden amerikanischen Physikern Frederick Reines (geb. 1918) und Clyde Lorrain Cowan (geb. 1919) tatsächlich entdeckt.

Anders als kosmische Strahlen sind sie nicht geladen und werden nicht von Magnetfeldern beeinflußt, sondern bewegen sich statt dessen (abgesehen von den winzigen Auswirkungen von Schwerefeldern) auf so unnachgiebig geraden Bahnen wie das Licht. Sie werden in riesigen Mengen von der Sonne und anderen Sternen erzeugt; schätzungsweise enthält das Universum eine Milliarde Male so viele Neutrinos wie die gewöhnlicheren Arten von Elementarteilchen.

Das Problem ist, daß Neutrinos einfach durch Materie hindurchgehen und dabei nur höchst selten mit irgend etwas kollidieren; von den vielen Billionen Neutrinos, die Nachweisgeräte durchdringen, kann man deshalb nur ganz wenige feststellen. Beispielsweise versuchte Reines jahrzehntelang, die von der Sonne abgegebenen Neutrinos nachzuweisen. Einige hat er tatsächlich immer wieder aufgespürt, aber nur ein Drittel der Menge, die theoretisch eigentlich zu erwarten gewesen wäre. Der Grund dafür ist nicht bekannt, und so spricht man heute vom »Rätsel der fehlenden Neutrinos«.

Als 1987 eine Supernova in der Großen Magellanschen Wolke erschien (die erdnächste Supernova seit 1604, denn sie war nur 150 000 Lichtjahre entfernt), war der erste Hinweis darauf, daß sie explodiert war, das plötzliche Auftauchen von sieben Neutrinos in einem Neutrinoteleskop unter den Alpen. Mit verbesserten Geräten werden vielleicht weitere Neutrinos entdeckt, die uns mehr über die energiereichen Vorgänge im Universum verraten. In jedem Fall markiert das Jahr 1987 den Beginn der »Neutrinoastronomie« außerhalb des Sonnensystems.

Ein anderes Teilchen, das uns aus dem Weltraum erreicht, ist das *Graviton*. Gravitonen sind ungeladene, masselose Teilchen, die sich ähnlich wie Neutrinos mit Lichtgeschwindigkeit fortbewegen. Sie sind die energieärmsten Teilchen, die wir kennen, und auch am schwierigsten nachzuweisen. Ihre Existenz wurde erstmals 1916 von Albert Einstein vorausgesagt, aber alle Bemühungen, sie zu entdecken, sind bislang fehlgeschlagen, obwohl Physiker von ihrer Existenz überzeugt sind. Wenn sie entdeckt werden könnten, würden sie vielleicht Informationen über die energiereichsten Vorgänge im Universum preisgeben.

Licht und lichtartige Strahlung breiten sich durch den Weltraum in Wellenform aus, wobei die Wellen in teilchenartigen

Einheiten existieren. (Alle Wellen haben Teilchenaspekte, und alle Teilchen haben Wellenaspekte.) Im Jahre 1905 bezeichnete Einstein den Teilchenaspekt von Licht nach dem griechischen Wort für Licht als *Photon*. Immer noch erhalten wir den weitaus größten Teil der Informationen aus dem Universum in Form von Photonen, aber nicht nur durch Photonen des sichtbaren Lichts. Es gibt noch viele andere Arten von Photonen, die teils energieärmer und teils energiereicher als die Photonen von sichtbarem Licht sind.

97. Was ist das elektromagnetische Spektrum?

Als Einstein das Konzept des Photons einführte, wurde klar, daß je kürzer die Wellenlänge einer bestimmten Lichtart ist, desto energiereicher die Photonen sind. Aus diesem Grund hat rotes Licht, das die längsten Wellen im Spektrum besitzt, die energieärmsten Photonen. Die Photonen von orangem, gelbem, grünem und blauem Licht haben zunehmend mehr Energie; violettes Licht weist die energiereichsten Photonen auf. Die Frage ist jedoch, ob es ausschließlich Photonen von gewöhnlichem Licht gibt.

Die Antwort lautet nein, was schon fast 200 Jahre lang, genau gesagt seit 1800 bekannt ist; damals entdeckte Wilhelm Herschel, daß sich das Spektrum über das rote Ende hinaus erstreckt. Er hielt – wie Sie sich erinnern werden – ein Thermometer in verschiedene Bereiche des Spektrums, um die Temperatur zu messen, und stellte dabei fest, daß die Temperatur kurz hinter dem roten Ende des Spektrums höher war als im Spektrum selbst, was auf eine Art unsichtbarer Strahlung jenseits des roten Endes des Spektrums schließen ließ. Dieses Licht wurde als *Infrarotstrahlung* bezeichnet (was »unterhalb von Rot« bedeutet); in Zusammenhang mit dem Treibhauseffekt habe ich es bereits erwähnt.

Im Jahre 1801 demonstrierte der britische Physiker Thomas Young (1773–1829), daß Licht eher aus kleinen Wellen als aus kleinen Teilchen bestand. Im Jahre 1850 konnte der italienische Physiker Macedonio Melloni zeigen, daß Infrarotstrahlung alle Eigenschaften von gewöhnlichem Licht hatte, außer daß seine Wellen länger waren und nicht auf das Auge wirkten. Sobald man die Natur von Photonen verstand, konnte man erkennen, daß die einzelnen infraroten Photonen weniger energiereich waren als die Photonen von sichtbarem Licht.

Es gab auch eine Strahlung jenseits des violetten Endes des Spektrums. Im Jahre 1801 untersuchte der deutsche Physiker Johann Wilhelm Ritter (1776–1810), wie Licht die Verdunklung bestimmter Silberverbindungen bewirkte. Er stellte fest, daß sich die Verdunklung beschleunigte, wenn er sich zum violetten Ende des Spektrums hin bewegte, aber noch schneller ablief, wenn er über Violett hinaus ging. Offensichtlich gab es auch *Ultraviolettstrahlung* (was »oberhalb von Violett«) bedeutet), auch wenn diese nicht sichtbar war. Heute wissen wir, daß ultraviolettes Licht kürzere Wellen als sichtbares Licht hat und daß seine Photonen energiereicher sind.

Um 1870 stellte James Clerk Maxwell vier Gleichungen auf, die das Verhalten von Elektrizität und Magnetismus umfassend beschrieben und zeigten, daß diese beiden Phänomene verschiedene Aspekte einer einzigen *elektromagnetischen Wechselwirkung* waren. Wenn das elektromagnetische Feld in Schwingung versetzt wurde, erzeugte es eine Wellenform, die sich mit Lichtgeschwindigkeit ausbreitete. Falls die Schwingung die richtige Geschwindigkeit hatte, wurde sogar Licht erzeugt, so daß man Licht als Beispiel für *elektromagnetische Strahlung* betrachten konnte.

Durch eine Veränderung der Geschwindigkeit konnte die Vibration immer längere Wellen erzeugen, aber nicht nur solche von Infrarotstrahlung, sondern auch andere Formen von Strahlung, die weit über den infraroten Bereich hinaus gingen. Andererseits konnte sie auch immer kürzere Wellen produzieren, einschließlich der Ultraviolettstrahlung und Strahlung jenseits davon. Mit anderen Worten: Es gibt ein *elektromagnetisches Spektrum*, das von unglaublich kurzen bis zu unglaublich langen Wellen reicht; das sichtbare Licht macht nur einen kleinen Bereich davon aus.

Nachdem Maxwell auf die Existenz solcher extremen Strahlungen hingewiesen hatte, wußten die Wissenschaftler, wonach sie suchen mußten – und wurden fündig. 1888 entdeckte der deutsche Physiker Heinrich Rudolf Hertz (1857–1894) das, was später als *Radiowellen* bezeichnet werden sollte: Wellen mit einer Wellenlänge, die weit über die von Infrarotstrahlung hinaus geht. Ein anderer deutscher Physiker, Wilhelm Conrad Röntgen (1845–1923), entdeckte 1895 die nach ihm benannten Röntgenstrahlen, die eine viel kürzere Wellenlänge als die Ultraviolettstrahlung hatten. Im Jahre 1900 schließlich bemerkte der französische Physiker Paul Ulrich Villard (1860–1934), daß sich unter der Strahlung, die von radioaktiven Substanzen abgegeben wurde, auch *Gammastrahlen* befanden, eine elektromagnetische Strahlung mit einer noch kürzeren Wellenlänge als Röntgenstrahlen.

Die Photonen von Radiowellen waren energieärmer als die Photonen von infrarotem Licht; die Photonen von Röntgenstrahlen waren energiereicher als die von ultraviolettem Licht, und noch energiereicher waren die Photonen von Gammastrahlen.

Die Sterne geben Photonen zumeist im gesamten Bereich

des Spektrums der elektromagnetischen Strahlung ab. Warum sind wir dann aber nur für den winzigen Bereich des Spektrums empfänglich, den das sichtbare Licht repräsentiert?

Zunächst einmal gibt ein Stern wie unsere Sonne ihre stärkste Strahlung im Bereich des sichtbaren Lichts ab; es ist also nur folgerichtig, wenn Lebensformen, die von der Sonne abhängig sind, Sinnesorgane entwickeln, die diesen Bereich empfangen und auf ihn reagieren können. Kühlere Sterne wie etwa Rote Zwerge geben viel mehr energieärmere Infrarotstrahlung ab. Heißere Sterne wie die massereichen blauweißen Sterne haben viel mehr von den energiereichen ultravioletten Wellen. Sehr energiereiche Vorgänge in diesen heißen Sternen können zu ungewöhnlich starken Ausbrüchen von Röntgenstrahlen und sogar Gammastrahlen führen.

Außerdem ist die Erdatmosphäre zwar ziemlich durchlässig für sichtbares Licht, aber relativ undurchlässig für andere Bereiche des elektromagnetischen Spektrums, so daß unsere Möglichkeiten, andere Formen von Licht zu bemerken, recht beschränkt sind. Einem Teil der infraroten und ultravioletten Wellen nahe dem sichtbaren Spektrum gelingt es aber doch durchzukommen; so ist z. B. das ultraviolette Licht, das durch die Atmosphäre dringt, energiereicher als sichtbares Licht und führt dadurch schneller zu einem Sonnenbrand.

In den 50er Jahren hat man damit begonnen, Raketen über die Atmosphäre hinaus zu schicken; außerdem wurden Satelliten in einer Erdumlaufbahn ausgesetzt, deren Instrumente imstande waren, Teile des elektromagnetischen Spektrums aufzuzeichnen, die nicht durch die Erdatmosphäre dringen konnten. Anhand der Untersuchung von Röntgenstrahlen, die von der Sonnenkorona emittiert wurden, konnten die Astronomen beispielsweise nachweisen, daß die Sonne eine Million Grad heiß war. Indem sie die Infrarotstrahlung studierten, entdeckten sie Staubringe um den hellen Stern Wega, die ein Hinweis auf die Existenz planetarischer Körper sein könnten, und suchten nach Braunen Zwergsternen. Auch ultraviolette Emissionen und sogar gelegentliche Ausstöße von Gammastrahlen werden einer Analyse unterzogen.

Es steht jedoch außer Frage, daß die Radiowellen für die Astronomie zum nützlichsten Bereich des elektromagnetischen Spektrums geworden sind.

98. Wie hat sich die Radioastronomie entwickelt?

1931 befaßte sich der amerikanische Funktechniker Karl Guthe Jansky (1905–1950), der für die Bell Telephone Laboratories arbeitete, mit dem Problem atmosphärischer Störungen, die die Telefonverbindung mittels Radiowellen zwischen See und Land beeinträchtigten. Atmosphärische Störungen können eine Reihe von Ursachen haben, darunter Gewitter, elektrische Geräte in der Umgebung und überfliegende Flugzeuge. Diese erzeugen alle Radiowellen, die sich störend auf die für die Übermittlung der Telefonate eingesetzten Radiowellen auswirken, indem sie zu unbeabsichtigten Nebengeräuschen führen – dem Knistern der statischen Störung.

Jansky konstruierte ein Gerät, das diese lästigen Radiowellen aufspüren konnte. Als er es benutzte, entdeckte er eine weitere schwache atmosphärische Störung, eine Art Rauschen (»Hiss«), dessen Quelle er zunächst nicht identifizieren konnte. Es kam von oben und bewegte sich Tag für Tag gleichmäßig weiter; anfangs schien es Jansky, als wandere es mit der

Sonne. Doch es war jeden Tag ein wenig schneller als die Sonne – wie die Sterne um genau vier Minuten.

Jansky schloß daraus, die Quelle müsse außerhalb des Sonnensystems liegen. Bis 1932 hatte er schließlich ermittelt, daß es aus der Richtung des Sternbilds Schütze (Sagittarius) kam, aus der Richtung, von der man wußte, daß dort das Zentrum der Galaxis lag. Bell veröffentlichte noch vor Ende 1932 Janskys Ergebnisse, und obwohl sie damals kaum Beachtung fanden, markieren sie den Beginn der *Radioastronomie*.

Einer der Gründe, warum Janskys Arbeit so wenig Aufmerksamkeit erregte, lag darin, daß die Astronomen – die damals nie vermutet hätten, daß sie einmal Radiowellen aus dem Weltall empfangen würden – nicht über die entsprechende Ausrüstung verfügten, um eine solche Strahlung zu empfangen und zu analysieren. Mit Grote Reber (geb. 1911) versuchte ein anderer amerikanischer Funktechniker, aus der Arbeit Janskys Kapital zu schlagen; 1937 baute er eine parabolförmige Anlage (vergleichbar der Form eines Scheinwerfergehäuses im Auto) für den Empfang von Radiowellen. Die über 9 m durchmessende Anlage empfing und reflektierte Radiowellen, die in einem Punkt gebündelt wurden, so daß man sie leichter untersuchen konnte. Auf diese Weise konstruierte er das erste *Radioteleskop* und wurde der erste *Radioastronom*.

Reber entdeckte und kartierte Bereiche am Himmel, die besonders starke Quellen von Radiowellen zu sein schienen. Er bezeichnete sie als *Radiosterne*, die er in eine *Radiokarte* eintrug. 1942 veröffentlichte er seine Ergebnisse, aber damals tobte gerade der Zweite Weltkrieg, weshalb die Menschen kein großes Interesse zeigten.

Die kürzesten Radiowellen, die sogenannten *Mikrowellen*, die direkt neben dem infraroten Teil des Lichts lagen, stellten sich im Krieg allerdings als sehr nützlich heraus. Solche Mikrowellen konnte man in Impulsen aussenden, die von Flugzeugen reflektiert wurden. Aus der Richtung, aus der sie zurückkamen, und der Zeit, die zwischen dem Impuls und der Rückkehr verstrichen war, konnte man berechnen, wo sich ein Flugzeug gerade befand, in welche Richtung es flog und welche Geschwindigkeit es hatte. Dies wurde als *radio detecting and ranging* bezeichnet, was im Deutschen etwa »durch Funkwellen auffinden und die Entfernung messen« bedeutet. Der Ausdruck wurde mit *Radar* abgekürzt.

Die Entwicklung der Radartechnik machte in England unter der Leitung des britischen Physikers Robert Alexander Watson-Wall (1892–1973) rasch Fortschritte. Mehr als alles andere versetzte das Radar die zahlenmäßig unterlegene British Royal Air Force in die Lage, die Deutsche Luftwaffe Ende 1940 in der Luftschlacht um England zu besiegen.

Im Laufe der Entwicklung der Radartechnik wurden Geräte zum Aufspüren von Radiowellen erfunden; sobald der Krieg vorbei war, konnte man die Radiowellen aus dem Weltall mit großer Genauigkeit nachweisen. Immer größere Radioteleskope wurden entwickelt, denn große Radioteleskope waren viel leichter zu bauen als gleich große optische Teleskope.

Natürlich sind Mikrowellen viel länger als Wellen von sichtbarem Licht, was bedeutet, daß man mit Mikrowellen viel »verschwommener« sah als mit sichtbarem Licht. Als die Radioteleskope aber größer wurden, verbesserte sich auch die »Sicht« mit Mikrowellen. Man konnte sogar große Radioteleskope weit voneinander entfernt aufstellen und mittels Computern synchronisieren, so daß man der Wirkung nach ein Radioteleskop besaß, dessen Durchmesser viele Kilometer hatte. Ein von Mikrowellen erzeugtes Bild wurde daraufhin viel schärfer als ein Bild, das von normalem Licht erzeugt wurde.

Seit den 50er Jahren ist die Radioastronomie daher außerordentlich nützlich für die Gewinnung von Informationen über das Universum, die uns die herkömmliche optische Astronomie nicht liefern könnte. Aus diesem Grund haben wir in den letzten 30 Jahren auch mehr über das Universum erfahren als in der gesamten Zeit davor.

99. Was sind Pulsare?

Als sich die Astronomen auf den Nachweis von Mikrowellen konzentrierten, erkannten sie darin zwei enorme Vorteile. Zum einen handelte es sich, abgesehen vom sichtbaren Licht, um den einzigen bedeutenden Bereich im gesamten elektromagnetischen Spektrum, für den die Erdatmosphäre durchlässig war. Es gab ein *Mikrowellenfenster* wie auch ein *Lichtfenster* zum Weltall, was bedeutete, daß man die Mikrowellenstrahlung des Universums von der Erdoberfläche aus untersuchen konnte und keine Raketen dazu benötigte.
Zum anderen konnten Mikrowellen durch Nebel, Dunst und Staubwolken dringen, die für gewöhnliches Licht undurchlässig waren. Dies wurde während des Krieges im Zusammenhang mit dem Radar entdeckt, denn Flugzeuge konnten sogar dann noch verfolgt werden, wenn sie sich beim Anflug durch Nebel oder Wolken verborgen glaubten. Ebenso waren Bereiche des äußeren Universums zwar für Licht undurchlässig, aber für Mikrowellen durchlässig, so daß man mit Hilfe von Mikrowellen das untersuchen konnte, was mittels Licht nicht zu sehen war. Auf diese Weise gelang es schließlich, das Zentrum der Galaxis, das unserem Blick aufgrund der Staubwolken für immer verborgen ist, anhand seiner Mikrowellenemissionen zu studieren.

Nicht so weit von der Erde entfernt, war es die erstmals 1956 entdeckte Mikrowellenstrahlung der Venus, die den Astronomen den ersten Hinweis auf die extreme Hitze des Planeten gab. Raumsonden zur Venus konnten außerdem Mikrowellenstrahlen aussenden, die durch die Wolkenschicht drangen und von dem festen Boden darunter reflektiert wurden. Anhand dieser Reflexionen konnte ab 1962 eine Karte der Venusoberfläche erstellt werden, obwohl man diese nie zuvor durch sichtbares Licht hatte sehen können – mit Ausnahme der kleinen Flecken, die von den Kameras aufprallender Raumsonden aufgenommen wurden.

Man konnte die Reflexion von Radarstrahlen auch dazu einsetzen, die Rotationsgeschwindigkeit der Venus und des Merkurs zu bestimmen. Man stellte dabei fest, daß die Venus viel langsamer rotiert, als man geglaubt hatte (und noch dazu in der falschen Richtung), während sich Merkur viel schneller um seine Achse dreht. Im Jahre 1955 bemerkte der amerikanische Astronom Kenneth Linn Franklin (geb. 1923), daß eine starke Mikrowellenstrahlung vom Jupiter ausging; dies wurde schließlich 1960 aufgeklärt, als sich herausstellte, daß Jupiter ein gewaltiges Magnetfeld hatte, das viel stärker war als das der Erde. Bestätigt wurde dies in den 70er Jahren, als Raumsonden den Jupiter passierten.

Noch aufsehenerregendere Entdeckungen gelangen der Radioastronomie außerhalb des Sonnensystems. Wie bereits erwähnt, hatten Zwicky und Oppenheimer unabhängig voneinander über die Existenz von Neutronensternen spekuliert; dabei handelte es sich um extrem verdichtete Sterne, die nur aus Neutronen bestanden und die Masse eines gewöhnlichen Sterns zu einer winzigen Kugel von nur wenigen Kilometern Durchmesser zusammenpreßten. Der amerikanische Astronom Herbert Friedman (geb. 1916) untersuchte die Möglichkeit, daß ein solcher Neutronenstern nach der Explosion der

Supernova entstanden war, die für den Crab-Nebel verantwortlich ist. Man stieß auf Röntgenstrahlen aus verschiedenen Teilen des Weltalls, und eine dieser Quellen war der Crab-Nebel. Konnte die Quelle ein Neutronenstern sein, der innerhalb des Crab-Nebels übrig geblieben war?

Im Juli 1964 zog der Mond vor dem Crab-Nebel vorbei; Friedman überwachte damals den Raumflug einer Rakete, die während dieses Ereignisses die Emission von Röntgenstrahlen aufzeichnen sollte. Falls die Röntgenstrahlen von einem Neutronenstern stammten, würde ihre Emission sofort und vollständig abgeschnitten werden, sobald sich der Mond vor das kleine Objekt schob. Wenn die Emission der Röntgenstrahlen dagegen allmählich abfiel, während sich der Mond vor den Crab-Nebel schob, dann mußte die Quelle der gesamte Nebel und nicht ein winziges Objekt darin sein. Das letztere stellte sich als richtig heraus, und wer gehofft hatte, auf diese Weise einen Neutronenstern zu finden, sah sich getäuscht.

1964 wurde jedoch eine neue Entdeckung gemacht. Die Stärke von Radiowellen aus bestimmten Bereichen des Weltalls schien in rascher Folge zu schwanken, als ob es hier und dort »Radioblitze« gab. Der englische Astronom Anthony Hewish (geb. 1924) entwickelte ein Radioteleskop, mit dem man rasche Veränderungen der Intensität von Radiowellen mit größerer Genauigkeit untersuchen konnte. Er überwachte den Bau von 2048 einzelnen Empfängern, die über eine Fläche von etwa 12 000 m² verteilt und im Juli 1967 in Betrieb genommen wurden.

Im Laufe eines Monats entdeckte eine junge britische Studentin namens Jocelyn Bell Ausbrüche von Mikrowellen, die von einer Stelle zwischen Wega und Altar ausgingen. Die Eruptionen waren erstaunlich kurz; sie dauerten nur $1/30$ Sekunde. Noch überraschender war, daß die Ausbrüche mit bemerkenswerter Regelmäßigkeit aufeinander folgten. Sie waren sogar so regelmäßig, daß man ihre Periode auf eine hundertmillionstel Sekunde bestimmen konnte; die Periode betrug 1,33730109 Sekunden. Als Hewish die Entdeckung im Februar 1968 bekanntgab, hatte er bereits drei weitere Radioblitze lokalisieren können; seitdem sind noch einige hundert davon entdeckt worden.

Natürlich konnte man zunächst nicht sagen, was ein solcher Impuls darstellte. Hewish konnte ihn sich nur als pulsierenden Stern vorstellen, der mit jedem Impuls Energie freisetzte. Der englische Name *pulsating star* wurde bald zu *Pulsar* verkürzt, und unter dieser Bezeichnung sollten die neuen Objekte auch bekannt werden.

Alle Pulsare sind durch extrem gleichmäßige Radioimpulse charakterisiert, aber die genaue Periode variiert von Pulsar zu Pulsar; in einem Fall dauerte sie nicht weniger als 3,7 Sekunden. Im November 1968 entdeckten die Astronomen einen Pulsar im Crab-Nebel mit einer Periode von nur 0,033089 Sekunden; er pulsierte dreißigmal in der Sekunde. Seit damals hat man auch Pulsare entdeckt, die mehrere hundert Male in der Sekunde pulsieren.

Die Frage war: Was kann so kurze Blitze mit so phantastischer Regelmäßigkeit erzeugen? Ein Objekt muß entweder etwas umkreisen, sich um seine eigene Achse drehen oder pulsieren, und mit jedem Umlauf, jeder Rotation oder jeder Pulsation muß es Mikrowellen ausstoßen. Dazu muß es aber innerhalb von Sekunden oder sogar Hundertstelsekunden seinen Umlauf bewältigen, rotieren oder pulsieren, was eine sehr geringe Größe in Verbindung mit einem sehr starken Schwerefeld erfordert. Pulsare können beispielsweise keine Weißen Zwergsterne sein, weil Weiße Zwerge zu groß sind und ihr Schwerefeld nicht stark genug ist. Wenn diese – theoretisch – gezwungen wären, schnell genug zu kreisen, zu rotieren oder zu pulsieren, würden sie dabei in Stücke gerissen werden.

Der österreichisch-amerikanische Astronom Thomas Gold (geb. 1920) stellte rasch die Hypothese auf, ein Pulsar müsse ein rotierender Neutronenstern sein. Ein Neutronenstern war klein genug, um sich im Bruchteil einer Sekunde um seine Achse zu drehen, und besaß an der Oberfläche eine ausreichend große Schwerkraft, um dabei nicht auseinandergerissen zu werden. Man hatte bereits die Theorie aufgestellt, daß ein Neutronenstern ein enorm starkes Magnetfeld haben müsse, die Magnetpole aber nicht zwangsläufig am Rotationspol zu liegen bräuchten; die Elektronen würden durch die Anziehungskraft des Neutronensterns so stark festgehalten, daß ein Entweichen nur an den Magnetpolen möglich war. Wenn die Elektronen abgestoßen werden, geben sie Energie in Form von Mikrowellen ab. Wenn die Mikrowellen während der Rotation des Neutronensterns gerade in unsere Richtung abgegeben werden, empfangen wir einen oder möglicherweise zwei Ausbrüche bei jeder Rotation.

Gold wies darauf hin, daß der Neutronenstern durch das Aussenden von Mikrowellen Rotationsenergie verlor und sich die Dauer seiner Periode sehr langsam erhöhte. Diese Hypothese wurde bei verschiedenen Pulsaren überprüft, wobei sich die Erhöhung tatsächlich feststellen ließ. Die Periode des Pulsars im Crab-Nebel etwa verlangsamte sich jeden Tag um 36,48 Milliardstelsekunden.

Der Crab-Nebel enthielt somit doch einen Neutronenstern. Allerdings wurden Röntgenstrahlen auch von anderen Bereichen des Crab-Nebels emittiert. Nur 5 Prozent der Röntgenstrahlen stammen von dem Pulsar, was Friedman in die Irre führte. Im Jahre 1969 entdeckten die Astronomen, daß der Pulsar im Crab-Nebel bei jeder Umdrehung auch extrem kurze Lichtblitze ausschickte. Er blinkte dreißigmal in der Sekunde und wurde deshalb als *optischer Pulsar* bezeichnet.

Der erste wirklich schnelle Pulsar wurde 1982 lokalisiert: Er

sandte 642 Radioimpulse in der Sekunde aus. Vermutlich ist er kleiner als die meisten anderen Pulsare und besitzt vielleicht einen Durchmesser von nicht mehr als 5 Kilometern und die zwei- bis dreifache Sonnenmasse. Inzwischen sind noch weitere schnelle Pulsare lokalisiert worden.
Manchmal beschleunigt ein Pulsar seine Periode plötzlich ganz leicht, bevor sie sich anschließend weiter verlangsamt. Einige Astronomen vermuten, daß ein solcher Fehler von einem »Sternbeben« verursacht werden könnte, einer Verschiebung der Massenverteilung in einem Neutronenstern. Oder die Ursache liegt bei einem größeren Objekt, das in den Neutronenstern stürzt und seinen eigenen Impuls dem Drehmoment des Sterns hinzufügt.

100. Was sind Schwarze Löcher?

Etwa um 1800 wies Laplace (der als erster die Nebularhypothese aufgestellt hatte) darauf hin, daß bei einem Objekt mit zunehmender Masse und Dichte auch die Schwerkraft an seiner Oberfläche und die Fluchtgeschwindigkeit immer weiter anstiegen. Es gebe Kombinationen aus Masse und Dichte, die zu einer so hohen Schwerkraft führten, daß die Fluchtgeschwindigkeit die Lichtgeschwindigkeit erreiche oder sogar übertreffe. In diesem Fall könne von dem Objekt kein Licht mehr abgegeben werden.
Damals erschien die Hypothese nur als müßige Spekulation, denn es war nichts bekannt, was auch nur annähernd schwer oder dicht genug gewesen wäre, um eine solche Situation herbeizuführen.
Doch im Jahre 1939, als Oppenheimer die Eigenschaften

eines Neutronensterns ermittelte, wies er darauf hin, daß bei einem Neutronenstern, wenn er mehr als die 3,2fache Sonnenmasse besitze, nicht einmal die Neutronen, aus denen der Stern besteht, der nach innen wirkenden Schwerkraft widerstehen könnten. Die Neutronen würden zusammenfallen, und nichts wäre stark genug, um der Schwerkraft Widerstand zu leisten, die somit einen totalen Kollaps zu einer *Singularität*, d. h. einem Punkt mit praktisch keinem Volumen, aber unendlich großer Masse und Dichte, bewirken würde.

Wie Laplace vorhergesagt hatte, wäre ein solcher »Superneutronenstern« nicht dazu in der Lage, Licht abzugeben. Man kann ihn sich als unendlich tiefes »Loch« im Weltraum vorstellen, in das zwar alles hineinfallen, aus dem aber nichts mehr herauskommen kann. Da nicht einmal Licht entkommt, schlug der amerikanische Physiker John Archibald Wheeler (geb. 1911) die Bezeichnung *Schwarzes Loch* vor – und der Name hat sich gehalten.

1970 jedoch wies der britische Physiker Stephen William Hawking (geb. 1942) darauf hin, daß Schwarze Löcher ganz langsam »verdampfen« können und deshalb keine absolut dauerhaften Objekte sind.

Schwarze Löcher entstehen am wahrscheinlichsten dort, wo die Sterne sehr dicht gestreut sind, wo sie am häufigsten miteinander kollidieren und sich zu gewaltigen Massen verbinden, die kollabieren können. Daraus folgt, daß Schwarze Löcher möglicherweise im Zentrum von Kugelhaufen vorkommen, noch wahrscheinlicher aber im Zentrum der Milchstraße auftreten.

Der kleine Kern unserer Galaxis in Richtung Sternbild Schütze ist in der Tat so aktiv – d. h., er setzt soviel Energie frei (zur Erinnerung: Janskys erste Entdeckung von Radioquellen außerhalb unseres Sonnensystems stammte von diesem Kern) –, daß sich die meisten Astronomen ziemlich sicher sind, daß es dort ein Schwarzes Loch gibt, das eine Masse von vielleicht 100 Millionen Sternen hat.

Ein derartig massereiches Schwarzes Loch würde weiter anwachsen, weil es die Materie in der Umgebung und vielleicht sogar ganze Sterne verschlucken, sie sozusagen in einem Happen verschlingen würde. Es besteht jedoch keine Gefahr, daß in näherer Zukunft die gesamte Galaxis darin verschwindet. Wenn ein Schwarzes Loch in seiner Umgebung aufräumt, wird die Wahrscheinlichkeit weiterer Opfer immer geringer.

Das Problem ist nun: Wie läßt sich ein Schwarzes Loch beobachten, um festzustellen, ob es tatsächlich existiert? Da es keinerlei Photonen abgibt, kann man es nirgendwo im gesamten elektromagnetischen Spektrum erkennen. Material jedoch, das vom Gravitationsfeld des Schwarzen Lochs eingefangen wird, umkreist dieses sehr schnell, verliert durch Kollisionen Energie und stürzt spiralförmig in das Schwarze Loch. Dabei werden Röntgenstrahlen frei, so daß wir überall, wo im Weltall Röntgenstrahlen ausgesandt werden, die Möglichkeit der Existenz eines Schwarzen Lochs zumindest vermuten können. Leider gibt es auch andere Vorgänge, die Röntgenstrahlen freisetzen können; dies allein eröffnet somit nur die *Möglichkeit* eines Schwarzen Lochs – nicht mehr. Selbst wenn wir also wissen, daß das Zentrum der Galaxis aktiv ist und viel Strahlung erzeugt, ist dies noch kein direkter Beweis für die Existenz eines Schwarzen Lochs.

Doch angenommen, ein Schwarzes Loch sei Teil eines Doppelsystems mit zwei eng beieinander stehenden Komponenten, wobei der Begleiter ein normaler Stern sein soll. Ein enges Doppelsystem, das aus einem Weißen Zwergstern und einem normalen Stern besteht, kann Novae hervorbringen. Man weiß auch von der Existenz enger Doppelsysteme aus zwei Neutronensternen; eine Untersuchung ihrer Bewegung ist zur Stützung von Einsteins allgemeiner Relativitätstheorie verwendet worden. Warum also sollte es kein enges Doppelsystem aus einem Schwarzen Loch und einem normalen Stern geben?

Falls so etwas existieren sollte, würde Materie von dem normalen Stern in das Schwarze Loch gezogen und sollte beim spiralförmigen Hineinstürzen Röntgenstrahlen freisetzen. Aufgrund der ungleichmäßigen Anziehung auf die Materie würde auch die Menge und Intensität der Röntgenstrahlen unregelmäßig schwanken.

Im Jahre 1965 entdeckte man eine besonders starke Röntgenquelle im Sternbild Schwan (Cygnus), die als Cygnus X-1 bezeichnet wurde. Mit Hilfe einer Rakete, die Röntgenstrahlen nachwies, zeigte man, daß die von Cygnus X-1 emittierten Röntgenstrahlen unregelmäßig waren, was die Möglichkeit eines Schwarzen Lochs nahelegte.

Cygnus X-1 wurde sofort mit großer Sorgfalt untersucht; man entdeckte dabei, daß er sich in unmittelbarer Nachbarschaft eines großen, heißen blauweißen Sterns befand, der schätzungsweise etwa dreißigmal so schwer wie unsere Sonne war. Dieser Stern und die Röntgenquelle umkreisten einander, und aus der Position des Schwerkraftzentrums konnte man ableiten, daß die Röntgenquelle die fünf- bis achtfache Masse unserer Sonne zu haben schien. Da sie nicht zu sehen war, mußte sie ein verdichteter Stern von winziger Größe sein. Da sie andererseits für einen Neutronenstern zu klein war, mußte es sich um ein Schwarzes Loch handeln.

Dies war die bislang größte Annäherung an den direkten Nachweis eines Schwarzen Lochs. Mittlerweile akzeptieren die meisten Astronomen Cygnus X-1 als ein solches; sie sind sich sicher, daß Schwarze Löcher existieren und vielleicht sogar ziemlich häufig vorkommen.

101. Woraus besteht die interstellare Materie?

In den interstellaren Regionen – dem Raum zwischen den Sternen – gibt es wolkenartige Gebilde aus Staub und Gas. Die Wissenschaftler waren sich zunächst recht sicher, daß der Staub aus feinen Gesteins- und Metallkörnern bestand – aus dem Material, aus denen am Ende die kleineren Welten hervorgingen, wenn sich solche Wolken zu Sternsystemen aus Sonnen und Planeten verdichteten. Das Gas bestand ihrer Meinung nach hauptsächlich aus Wasserstoff und Helium.
Selbst wenn der Staub und das Gas dick genug sind, um die Sterne darin und dahinter zu verdecken, und wenn sie reichhaltig genug sind, um Sterne und Planeten zu bilden, ist dieses Material über einen derart großen Raum verteilt, daß die Wissenschaftler zunächst überzeugt davon waren, die Staubpartikel seien winzig und die Gase bestünden aus einzelnen Atomen. Sie waren einfach zu weit verstreut, als daß sie eine realistische Chance gehabt hätten, auf andere Partikel zu stoßen und sich mit diesen zu verbinden.
Erste Informationen über die tatsächliche Zusammensetzung der Wolken erhielt 1904 der deutsche Astronom Johannes Fritz Hartmann (1865–1936). Er untersuchte die Radialgeschwindigkeit des Sterns Delta Orionis und stellte dabei fest, daß sich die verschiedenen Spektrallinien erwartungsgemäß um den gleichen Wert verschoben, doch es gab einige Ausnahmen. Die Linien, die das Element Kalzium repräsentierten, bewegten sich nicht von der Stelle. Es war nicht sehr wahrscheinlich, daß sich der Stern bewegte und Kalzium zurückließ. Deshalb glaubte Hartmann, er habe in der dünnen, weitgehend bewegungslosen interstellaren Materie zwischen dem Stern und uns Kalzium entdeckt.
Der Hauptbestandteil der interstellaren Materie war natürlich

Wasserstoff. 1951 entdeckte der amerikanische Astronom William Wilson Morgan (geb. 1906) erstmals Spektrallinien, die für ionisierten Wasserstoff standen. Der Wasserstoff war heiß wegen der Nähe von großen blauweißen Sternen, die anscheinend in gekrümmten Linien in der Galaxis vorkamen. Der heiße Wasserstoff markierte diese Linien, so daß man sich unsere Galaxis nicht einfach linsenförmig, sondern eher in Form eines Windrades vorstellen konnte, von dessen Mittelpunkt Spiralarme ausgingen. Unser Sonnensystem befindet sich in einem dieser Arme.

In den interstellaren Wolken konnte man sehr wenig erkennen, wenn man nur die Spektren des sichtbaren Lichts berücksichtigte. Mit dem Aufkommen der Radioastronomie wurde alles anders, denn kalte Atome und Atomverbindungen, die kein nennenswertes Licht emittieren, strahlen viel mehr energieärmere Mikrowellen aus.

Als die Niederlande im Zweiten Weltkrieg von den Deutschen besetzt waren, konnte der holländische Astronom Hendrik Christoffell van de Hulst (geb. 1918) in seinem Versteck seiner astronomischen Forschung nicht auf die übliche Weise nachgehen; statt dessen berechnete er, wie sich kalte Wasserstoffatome im Weltraum verhalten konnten. Er erkannte, daß diese Wasserstoffatome ihren Kern und ihr Elektron (sie haben nur jeweils ein Elektron) hinsichtlich des Spins entweder parallel oder antiparallel ausrichten konnten; immer wieder einmal kam es dabei vor, daß ein Wasserstoffatom von einem Zustand in den anderen überwechselte und dabei eine Mikrowelle mit einer Wellenlänge von 21 Zentimetern abgab. Bei einem Wasserstoffatom erfolgt dies im Durchschnitt nur etwa alle 11 Millionen Jahre, aber es gibt so viele Wasserstoffatome im Weltraum, daß immer einige von ihnen diese Mikrowellen erzeugen. Im Jahre 1951 entdeckte der amerikanische Physiker Edward Mills Purcell (geb. 1912) diese Emission von

Mikrowellen, die daraufhin zum Nachweis von ungewöhnlich hohen Konzentrationen kalten Wasserstoffs im interstellaren Raum eingesetzt werden konnte.

Als die Methoden zum Aufspüren von Mikrowellen verbessert wurden, konnten auch weniger häufige Bestandteile der Gaswolken nachgewiesen werden. Beispielsweise gibt es einen seltenen Typ von Wasserstoffatom, dessen Kern doppelt so schwer wie der von gewöhnlichen Wasserstoffatomen ist. Normaler Wasserstoff ist Wasserstoff 1, während der schwerere Typ als *Deuterium* (vom griechischen Wort für »zweiter«) oder Wasserstoff 2 (D oder ^{2}H) bezeichnet wird. 1966 entdeckte man Mikrowellen, die für ^{2}H charakteristisch sind; es gibt einige Anzeichen dafür, daß 20 Prozent des Wasserstoffs im ganzen Universum in der Form von ^{2}H vorkommen.

Atomverbindungen lassen sich anhand ihrer charakteristischen Emission von Mikrowellen identifizieren. Beispielsweise ist Sauerstoff nach Wasserstoff im Weltraum das häufigste Element, dessen Atome sich mit anderen Atomen verbinden können. Es ist nicht verwunderlich, daß innerhalb eines langen Zeitraums immer wieder einmal ein Sauerstoff- und ein Wasserstoffatom aufeinandertreffen und sich zu einer Verbindung zusammenschließen können, die als Hydroxylgruppe bezeichnet wird. Eine solche Gruppe emittiert oder absorbiert Mikrowellen in vier charakteristischen Wellenlängen, von denen 1963 zwei in interstellaren Wolken beobachtet wurden.

Die Astronomen gingen fortan von der Existenz von Verbindungen aus zwei Atomen in der interstellaren Materie aus, doch Verbindungen aus drei oder mehr Atomen erschienen immer noch unwahrscheinlich. Ende 1968 entdeckte man allerdings auch die Mikrowellen-Fingerabdrücke von Wassermolekülen (zwei Wasserstoffatome und ein Sauerstoffatom, insgesamt drei) und Ammoniakmolekülen (drei Wasserstoffatome und ein Stickstoffatom, insgesamt vier).

Danach stieß man auf zahlreiche ziemlich komplexe Verbindungen, die durchgängig ein oder mehrere Kohlenstoffatome enthielten; der Wissenschaftszweig der *Astrochemie* war damit begründet. Die Astronomen wissen immer noch nicht ganz genau, wie diese komplexen Moleküle, von denen einige aus nicht weniger als dreizehn Atomen aufgebaut sind, im dünnen Beinahe-Vakuum des Weltraums entstehen können, aber es ist durchaus möglich, daß sich noch komplexere Atomgruppierungen finden ließen, wenn wir Nachweisinstrumente in Wolken aus interstellarer Materie schicken könnten (wozu wir bislang nicht imstande sind, denn sie sind viele Lichtjahre entfernt).

102. Was ist SETI?

Über die Möglichkeit von Leben auf Planeten, die andere Sterne umkreisen, haben wir bereits spekuliert. Wir besitzen noch keine Technologie, die es uns ermöglichen würde, diese Planeten zu besuchen, und soweit wir wissen, haben uns selbst auch noch keine fremden Wesen besucht. Somit ist es in beide Richtungen viel praktischer, eine Botschaft und nicht gleich Raumschiffe und intelligente Wesen zu schicken. Botschaften erfordern nicht die gewaltigen Ausgaben für raketenangetriebene Raumschiffe und setzen auch kein Leben aufs Spiel. Außerdem bräuchten Raumschiffe mindestens Jahrhunderte oder sogar Jahrtausende, um auch nur zu den nächsten Sternen zu gelangen, während sich Botschaften mit Lichtgeschwindigkeit bewegen können (die übrigens, wie Einstein 1905 zeigte, die höchstmögliche Geschwindigkeit überhaupt ist) und deshalb nur Jahre oder Jahrzehnte benötigen.

Unsere Zivilisation ist aber nicht weit genug entwickelt, um eine Botschaft zu schicken, die stark genug wäre, um die fernen Sterne mit hinreichender Intensität zu erreichen. Wir dürfen jedoch annehmen, daß fremde Intelligenzen, sofern es dort draußen im Weltall welche geben sollte, durchaus auf einer höheren Stufe stehen könnten als wir; unsere Rolle bestünde also eher darin, die Botschaften der anderen zu entschlüsseln als selbst Botschaften auszusenden.

Die Frage ist nun, in welcher Form uns diese Botschaften vermutlich erreichen. Es sind wahrscheinlich keine modulierten kosmischen Strahlen, da diese verschwenderisch energiereich sind und gekrümmten Bahnen folgen; sie würden gestreut und verzerrt werden, ohne notwendigerweise einen Hinweis auf ihren Ursprungsort zu liefern. Neutrinos und Gravitonen sind zu schwierig zu entdecken. Damit bleiben noch die Photonen.

Bei den Photonen müssen zunächst die Lichtstrahlen ausgesondert werden, die zwischen den riesigen Mengen von Licht, das von den Sternen erzeugt wird, nicht deutlich erkennbar wären. Darüber hinaus wären all jene Photonen zu unrentabel, die energiereicher sind als diejenigen von sichtbarem Licht. Dies führt uns zu der Annahme, daß Photonen im Mikrowellenbereich die wahrscheinlichsten Medien sind, um Botschaften zu senden.

Die Suche nach außerirdischer Intelligenz (engl. »*s*earch for *e*xtra*t*errestrial *i*ntelligence«), kurz *SETI* genannt, läuft deshalb darauf hinaus, den Himmel gründlich nach irgendwelchen Radiosignalen abzusuchen, die weder völlig regelmäßig, wie die Strahlungsausbrüche der Pulsare, noch völlig unregelmäßig sind, wie die Signale, die aus turbulenten interstellaren Wolken uns erreichen. Wir bräuchten also Signale, die zwar unregelmäßig, aber erkennbar nicht beliebig unregelmäßig sind.

Suchbestrebungen dieser Art gibt es seit den 60er Jahren,

doch sie wurden nur sporadisch durchgeführt und haben nichts entdeckt. Was wir wirklich benötigen, ist ein ausgeklügeltes System von Detektoren, das den gesamten Himmel über einen beträchtlichen Zeitraum hinweg genau untersuchen kann. Unglücklicherweise würde dies sehr viel Geld und Mühe kosten, und obwohl die Menschheit jährlich Billionen von Dollar für Kriege und Rüstung ausgibt, ist sie nicht dazu bereit, viel geringere Mittel für etwas wie SETI aufzubringen. Da nach vorherrschender Meinung ein Erfolg des Projekts nicht wahrscheinlich ist, hält man es für Geldverschwendung. Von denjenigen, die sich zu viele primitive Kinofilme angesehen haben, wird sogar der Verdacht geäußert, daß die Außerirdischen ermutigt werden könnten, die Erde zu besuchen und zu erobern, wenn wir etwas tun, um die Aufmerksamkeit der Außerirdischen auf uns zu lenken (als ob uns irgendwelche Außerirdischen größeren Schaden zufügen könnten, als wir es gerade selbst voll Eifer tun!).

Doch SETI könnte selbst dann ein lohnendes Vorhaben werden, wenn man keine Botschaften entdeckt. Erstens würden die Anstrengungen zum Bau von Geräten, mit denen man solche Botschaften empfangen kann, zweifellos unsere technischen Möglichkeiten in der Radioastronomie verbessern. Dies wiederum wäre selbst dann in vielerlei Hinsicht von Nutzen, falls man die Suche wieder aufgeben würde.

Zweitens würden wir bei der sorgfältigen Überprüfung des Himmels, auch wenn wir dabei keine Botschaften auffangen sollten, sicherlich auf viele interessante Dinge stoßen, die wir ohne die neuen Techniken und ohne eine gründliche und nachdrückliche Suche nicht entdeckt hätten. Die Pulsare beispielsweise wurden nicht deshalb gefunden, weil jemand danach gesucht hatte. Die Entdeckung erfolgte zufällig; sie war ein unerwartetes Nebenprodukt einer wissenschaftlichen Forschung.

Drittens, selbst wenn wir irgendeine Botschaft empfangen und sie nicht entschlüsseln könnten (und es ist sehr wahrscheinlich, daß wir das Produkt eines außerirdischen Verstands nicht entschlüsseln können), würde schon ihre Existenz beweisen, daß es für intelligente Wesen möglich ist, technologische Fähigkeiten zu erwerben, die unsere eigenen weit übertreffen, ohne sich zwangsläufig selbst zu zerstören.

Und viertens: Wenn die Außerirdischen daran interessiert sein sollten, daß wir sie verstehen, wenn sie die Botschaft ganz bewußt so einfach formulierten, daß wir sie interpretieren können, wäre der Weg frei, um vieles zu lernen und unser eigenes Wissen weit über die Stufe hinaus zu erweitern, die es normalerweise innerhalb eines bestimmten Zeitraums erreichen könnte.

103. Ist die Milchstraße das gesamte Universum?

Nachdem Herschel gezeigt hatte, daß die Sterne eine linsenförmige Galaxis bildeten, nahm man an, diese sei das ganze Universum. Als man eine Vorstellung von der Größe der Milchstraße – 100 000 Lichtjahre Durchmesser und vielleicht 2 Milliarden Sterne – erhielt, schien dies durchaus groß genug zu sein, um ein respektables Universum abzugeben. Vor 1910 hätte sich kein Astronom ein annähernd so großes Universum träumen lassen.

Und dennoch erschöpfte sich das Universum nicht mit der Milchstraße. Die Magellanschen Wolken, in denen Leavitt die Cepheiden erforscht und die Meßlatte festgelegt hatte, mit deren Hilfe man die tatsächliche Ausdehnung der Galaxis aufzeigen konnte, lagen außerhalb der Milchstraße. Anhand ihrer Cepheiden ließ sich zeigen, daß die Große Magellansche Wolke 160 000 und die Kleine Magellansche Wolke etwa 200 000 Lichtjahre entfernt waren. Natürlich konnte man die Magellanschen Wolken als Satelliten der Milchstraße auffassen, genau wie der Mond ein Satellit der Erde und die Planeten Satelliten der Sonne sind. Mit anderen Worten: Die Magellanschen Wolken lassen sich als Außenbezirke oder Vororte der Galaxis interpretieren.

Gibt es noch etwas anderes, das möglicherweise außerhalb der Milchstraße liegt?

Im Verdacht dafür hatte man den Andromedanebel (der im Zusammenhang mit der Laplaceschen Nebularhypothese bereits erwähnt wurde). Der Andromedanebel ist als ein kleines Objekt 4. Größe zu sehen, das für das bloße Auge wie ein schwacher, leicht verschwommener Stern aussieht. Der deutsche Astronom Simon Marius (1573–1624) war der erste, der ihn 1612 durch ein Teleskop beobachtete. Messier nahm den Andromedanebel in seine Liste verschwommener Objekte auf, die keine Kometen waren. Er war das einunddreißigste darin und wird deshalb bisweilen als M31 bezeichnet.

Laplace stellte seine Nebularhypothese unter dem Eindruck des Andromedanebels auf, der seiner Meinung nach wie eine Masse aus wirbelndem Gas aussah und somit möglicherweise ein Stern und ein Planetensystem im Prozeß ihrer Entstehung war. Immanuel Kant, der die Theorie von Laplace mit seinen Überlegungen bereits 1755 vorweggenommen hatte, vertrat eine andere Auffassung. Er glaubte, Objekte wie der Andromedanebel seien ungeheuer weit entfernte Sternsysteme, die er als »Inseluniversen« bezeichnete. Er sollte damit recht behalten, aber seine Idee wurde nicht weiter beachtet.

Der Andromedanebel hatte in der Tat ein wirbelförmiges Aussehen. Zwischen 1845 und 1850 beobachtete Lord Rosse (der dem Crab-Nebel seinen Namen gab) mehr als ein Dutzend weitere Nebel, die genauso wirbelförmig aussahen. Manche wirkten wie Windrädchen oder Wasserstrudel. Ein Objekt im Messier-Katalog, M51, sah so auffällig nach einem Wirbel aus, daß man es Whirlpool-Nebel taufte.

Diese wirbelförmigen Nebel wurden insgesamt als *Spiralnebel* bezeichnet. Der Andromedanebel war einer davon, aber da von ihm fast genau die Schmalseite zu sehen war, konnte man die Spiralnatur nicht leicht erkennen. Bis zum Jahr 1900 hatte man etwa 13 000 Spiralnebel entdeckt. Man könnte nun vielleicht einwenden, alle von ihnen seien Objekte innerhalb der Milchstraße, die Planetensysteme im Prozeß ihrer Entstehung darstellten. (Später entdeckte man, daß die Milchstraße selbst ebenfalls eine Spiralstruktur hatte, aber 1900 war dies nicht bekannt.)

Zu dieser Zeit wurden aber bereits Lichtspektren von astronomischen Objekten untersucht. 1864 hatte William Huggins das Spektrum des Orionnebels vorgenommen und gezeigt, daß es aus hellen Linien vor einem dunklen Hintergrund bestand – genau, was man von einer Masse aus heißem Gas erwartete.

Auf der anderen Seite zeigte das erstmals 1899 erhaltene Spektrum des Andromedanebels genau die Art von Spektrum, die man von einem Stern erwarten würde. War es also möglich, daß es sich beim Andromedanebel um eine Masse von Sternen handelte, die aber so viel weiter als die Milchstraßensterne oder die Magellanschen Wolken entfernt war, daß man darin keine einzelnen Sterne erkennen konnte? Wenn dies der Fall war, mußte sie außerhalb unserer Galaxis liegen. Dies galt dann auch für andere Spiralnebel, so daß das Universum möglicherweise beträchtlich größer war als unsere Galaxis allein.

Wie ließ sich die Frage entscheiden? Wenn normale Sterne einfach zu weit entfernt sind, um im Andromedanebel sichtbar zu sein (vorausgesetzt, dieser setzt sich tatsächlich aus Sternen zusammen), was ist dann mit Sternen, die viel heller als normale Sterne sind? Was ist mit den Novae?

Tatsächlich tauchte 1885 eine Nova im Andromedanebel auf und wurde als S Andromedae bezeichnet. Sie wurde so hell, daß man sie fast mit bloßem Auge sehen konnte. Doch es ließ sich nicht entscheiden, ob sie wirklich ein Teil des Andromedanebels oder einfach eine Nova war, die in der Richtung des Andromedanebels entstanden war und vor ihm leuchtete, aber nichts mit ihm zu tun hatte.

Man mußte nach weiteren Novae Ausschau halten, was der amerikanische Astronom Heber Doust Curtis (1872–1942) auch tat. Durch sorgfältige Beobachtung erfaßte er die winzigen Funken einer Vielzahl von Novae im Andromedanebel. Es gab so viele dieser Novae, daß sie ganz bestimmt nicht zufällig an verschiedenen Stellen in der Richtung des Nebels auftraten. Kein anderer gleich großer Bereich des Himmels produzierte so viele Novae in so kurzer Zeit. Die Novae, die im Andromedanebel zu sein scheinen, befinden sich wirklich dort.

Zum anderen waren die meisten Novae im Andromedanebel so schwach, daß sie kaum zu sehen waren. Sie leuchteten viel schwächer als die Novae, die ohne Zweifel Teil der Milchstraße waren. Die Lichtschwäche der Andromeda-Novae erweckte den Eindruck, als müsse der Nebel sehr weit entfernt sein – und weit außerhalb unserer Galaxis. (Warum war S Andromedae dann so hell? Weil sie, wie die Astronomen später erklärten, keine gewöhnliche Nova, sondern eine Supernova gewesen war.)

Die Ideen, die Curtis 1918 vorbrachte, erschütterten die astronomische Welt, die ihm nicht folgen wollte. Im Jahre 1920 diskutierten Curtis und Shapley (der kurz vorher die Ausdehnung der Milchstraße bestimmt hatte) das Problem, wobei Shapley die Vorstellungen von Curtis nachdrücklich ablehnte. Die Debatte ging unentschieden aus, aber mit der Zeit kristallisierte sich immer stärker heraus, daß Curtis recht haben mußte.

Der Streit wurde schließlich von Hubble beigelegt, der ein neues Teleskop mit 2,5 Metern Durchmesser im Mt. Wilson-Observatorium in Kalifornien einsetzte. Mit ihm konnte er einzelne Sterne in den Randgebieten der Nebel erkennen, die sich damit als Ansammlung von Sternen und nicht einfach als Masse aus Gas und Staub erwiesen. Im Jahre 1923 konnte er einen der Sterne als Cepheiden identifizieren und mit seiner Hilfe die Entfernung des Andromedanebels bestimmen. Seine ursprüngliche Zahl lag zu niedrig, aber sie war hoch genug, um zu zeigen, daß der Andromedanebel weit außerhalb unserer Galaxis liegt.

Heute wissen wir, daß der Andromedanebel 2,2 Millionen Lichtjahre von uns entfernt ist, was der 22fachen Ausdehnung unserer Galaxis entspricht.

Es hat also den Anschein, als bestehe das Universum aus Millionen, vielleicht sogar Milliarden von Galaxien und sei damit bedeutend größer als die Milchstraße allein.

104. Bewegen sich die Galaxien?

Seitdem vor 400 Jahren bewiesen wurde, daß sich die Erde um die Sonne dreht, und man vor 150 Jahren erkannt hatte, daß sich die Sonne um das Zentrum der Milchstraße bewegt, sollte uns auch die Erkenntnis nicht mehr überraschen, daß die Milchstraße selbst in Bewegung ist.

Eine genaue Untersuchung der nächsten Galaxien zeigt, daß unsere eigene Galaxis, die Milchstraße, Teil eines Galaxienhaufens ist, der als *lokale Gruppe* bezeichnet wird. Die beiden wichtigsten Mitglieder sind die Milchstraße und der Andromedanebel, der mit mindestens 300 Milliarden Sternen sogar noch größer als unsere eigene Galaxis ist. Am Rand der Gruppe befindet sich eine weitere große Galaxis mit der Bezeichnung Maffei 1 (nach dem Astronomen, der sie als erster studierte), die vielleicht noch zur lokalen Gruppe gehört. Daneben gibt es beinahe zwanzig kleinere Galaxien, die jeweils 100 Milliarden Sterne oder weniger enthalten.

Die Galaxien in der lokalen Gruppe, darunter auch unsere eigene, bewegen sich majestätisch um das Schwerezentrum des gesamten Systems; sie lassen sich alle in einer Kugel mit einem Durchmesser von 3,5 Millionen Lichtjahren unterbringen. Doch selbst eine so riesige Kugel stellt nur unsere unmittelbare Nachbarschaft dar. Jenseits davon liegen weitere Galaxienhaufen, von denen einige davon viel größer als die lokalen Gruppen sind und Tausende von Galaxien enthalten.

Wir dürfen vermuten, daß sich in jedem Galaxienhaufen die einzelnen Galaxien um ein Schwerezentrum herum bewegen – aber wie bewegen sich die Haufen selbst?

Eine Antwort auf diese Frage deutete sich bereits an, als die Astronomen noch gar nicht erkannt hatten, daß andere Galaxien im Universum existieren. Im Jahre 1912 maß der amerikanische Astronom Vesto Melvin Slipher (1875–1969) die Radialgeschwindigkeit des Andromedanebels und fand heraus, daß sich uns dieser mit 200 km/s nähert. Ein Teil dieser Annäherung resultiert daraus, daß sich die Sonne bei ihrer eigenen Drehung um das Zentrum der Milchstraße auf den Andromedanebel zubewegt. Wenn die Annäherung des Andromedanebels an unsere Galaxis von Mittelpunkt zu Mittelpunkt gemessen wird, beträgt die Geschwindigkeit nur 50 km/s.

Bis dahin schien alles ganz normal zu sein, aber Slipher maß die Radialgeschwindigkeit von insgesamt 15 Nebeln, und mit Ausnahme des Andromedanebels und einer anderen Galaxis (die sich schließlich als Mitglied der lokalen Gruppe herausstellte) bewegten sich alle von uns weg. Hinzu kam, daß die Fluchtgeschwindigkeit bei einigen außergewöhnlich hoch erschien.

Andere Astronomen führten die Arbeit weiter und stellten fest, daß sich *alle* Galaxien (mit Ausnahme der beiden, die Slipher zunächst untersucht hatte) von uns entfernten. Je lichtschwächer die Galaxien waren (und damit vermutlich je weiter sie entfernt waren), desto schneller entfernten sie sich.

Der amerikanische Astronom Milton La Salle Humason (1891–1972) machte Aufnahmen, die teilweise mehrere Nächte hintereinander belichtet wurden, um die Spektren von sehr schwachen Galaxien zu erhalten. Im Jahre 1928 entdeckte er eine Galaxis, die sich mit einer Geschwindigkeit von 3800 km/s entfernte; 1936 stieß er auf eine Galaxis, die sich mit 40 000 km/s entfernte.

Dieses Phänomen warf ein Problem auf. Warum sollten sich alle Galaxien von uns entfernen? Und warum sollte die Fluchtgeschwindigkeit mit zunehmender Entfernung immer höher liegen? War an unserer Galaxis etwas Besonderes? Stieß

sie andere Galaxien ab, und wurde diese Abstoßung mit zunehmender Entfernung stärker?
Dies ergab keinen Sinn. Wenn unsere Galaxis eine abstoßende Wirkung ausübte, sollte sich diese auch in der lokalen Gruppe bemerkbar machen, aber dies war nicht der Fall. Außerdem erschien es nicht sehr wahrscheinlich, daß eine abstoßende Kraft mit zunehmender Entfernung stärker wurde. Ein Magnetpol stößt einen gleichartigen Magnetpol ab, und eine elektrische Ladung stößt eine gleichartige elektrische Ladung ab, aber in beiden Fällen wird die Abstoßung mit zunehmender Entfernung schwächer. Es mußte eine andere Erklärung dafür geben.
Hubble, der die Sterne im Andromedanebel als erster erkannt hatte, ging dieser Frage nach. Er stellte fest, daß sich die Galaxien nicht nur von uns, sondern auch voneinander entfernten. Gleichgültig, in welcher Galaxis wir uns befinden, wir hätten stets den Eindruck, als würden sich alle anderen Galaxien von uns entfernen, und zwar mit einer Geschwindigkeit, die mit der Entfernung zunimmt. Hubble schloß 1929 daraus, daß sich das gesamte Weltall ständig ausdehnte und daß sich die Galaxien aufgrund dieser Ausdehnung und nicht wegen einer abstoßenden Kraft voneinander entfernten.
Tatsächlich hatte Albert Einstein 1916 in seiner allgemeinen Relativitätstheorie eine Reihe von Gleichungen aufgestellt, die die Eigenschaften des Universums insgesamt beschreiben sollten. Sie zeigten, daß sich das Universum ausdehnen mußte, auch wenn Einstein selbst dies damals nicht erkannte.

105. Gibt es einen Mittelpunkt des Universums?

Die Sonne ist der Mittelpunkt des Sonnensystems, und alle Planeten umkreisen sie. Es gibt einen zentralen Kern der Milchstraße, um den sich alle Sterne in den Randbereichen drehen. Gibt es auch einen Mittelpunkt des Universums, einen Punkt, von dem sich alle Galaxien entfernen?

Scheinbar sollte es ein Zentrum geben, aber es gibt keines, weil sich die Ausdehnung des Universums nicht in der üblichen dreidimensionalen Weise vollzieht. Sie verläuft vierdimensional und umfaßt damit nicht nur die drei normalen Dimensionen des Raums (Länge, Breite, Höhe), sondern auch eine vierte Dimension der Zeit. Eine vierdimensionale Ausdehnung ist nicht leicht vorstellbar, aber sie läßt sich vielleicht in Analogie zum Aufblasen eines Ballons erklären.

Stellen Sie sich vor, das Universum sei ein sich ausdehnender Ballon, die Galaxien seien Punkte auf seiner Oberfläche, und wir Menschen lebten auf einem dieser Punkte. Weder wir noch die Galaxien wären dann je in der Lage, die Oberfläche des Ballons zu verlassen. Wir könnten uns zwar darauf entlang bewegen, aber niemals weiter nach innen oder nach außen gelangen. In gewisser Weise stellen wir uns die Menschen damit als zweidimensionale Wesen vor.

Wenn das Universum immer weiter expandiert und die Oberfläche des Ballons immer stärker gedehnt wird, entfernen sich auch die Punkte an der Oberfläche immer weiter voneinander. Für jemanden auf einem dieser Punkte würden sich alle anderen Flecken scheinbar entfernen, und je weiter ein bestimmter Punkt entfernt war, desto schneller würde er sich entfernen.

Stellen Sie sich nun vor, wir suchten nach dem Ort, von dem

aus sich alle Punkte entfernen. Wir könnten ihn auf der zweidimensionalen Oberfläche des Ballons nirgendwo finden. In Wirklichkeit geht die Ausdehnung vom Zentrum des Ballons aus, das sich innen in der dritten Dimension befindet und das wir nicht erforschen können, weil wir auf die Oberfläche beschränkt sind.

In gleicher Weise befindet sich die Stelle des Universums, an der die Ausdehnung ihren Anfang nahm, nirgendwo im dreidimensionalen Raum des Universums, in dem wir uns fortbewegen können; sie befindet sich irgendwo in der Vergangenheit, Milliarden Jahre zurück, und wir können nicht dorthin reisen. Gleichwohl ist es möglich, wie wir noch sehen werden, Informationen darüber zu erhalten.

106. Wie alt ist das Universum?

Falls sich das Universum ausdehnt, war es gestern kleiner als heute und im letzten Jahr sogar viel kleiner. Wenn wir immer weiter zurückgehen, muß das Universum tatsächlich einmal sehr klein gewesen sein, und seine gesamte Materie muß auf winzigem Raum verdichtet gewesen sein. Der erste, der ernsthaft eine solche Idee in Betracht zog, war der belgische Astronom Georges Edouard Lemaître (1894–1966). Im Jahre 1927 stellte er die Hypothese auf, das Universum habe als »Weltei« begonnen, das mit Gewalt explodiert sei. Das heute expandierende Universum sei das Ergebnis dieser Explosion. Der russisch-amerikanische Astronom George Gamow (1904–1968) bezeichnete die Explosion als »Big Bang« (Urknall) – ein Ausdruck, der noch heute verwendet wird.

Aber wann fand dieser Urknall statt? Wenn die durchschnittliche Entfernung zwischen den Galaxien bekannt ist und wenn man zudem weiß, wie schnell sie sich voneinander entfernen, sollte es ein leichtes sein, zum gemeinsamen Ausgangspunkt zurückzurechnen.

Dabei ergeben sich jedoch einige Probleme. Erstens läßt sich nicht genau feststellen, wie weit bestimmte Galaxien voneinander entfernt sind. Zweitens ist es schwierig zu bestimmen, wie schnell sie sich voneinander entfernen. Und drittens ist es nicht wahrscheinlich, daß sich die Expansion immer mit der gleichen Geschwindigkeit vollzogen hat.

Als Hubble die Expansion des Universums postulierte, nahm er dabei die besten Zahlen zur Grundlage, die er für die durchschnittliche Entfernung, die Expansionsgeschwindigkeit und deren allmähliche Veränderung ermitteln konnte, und kam zu dem Ergebnis, der Urknall habe vor 2 Milliarden Jahren stattgefunden. Diese Schätzung stieß auf die einhellige Ablehnung von Geologen und Biologen, die von einem höheren Alter der Erde überzeugt waren und erklären, daß das Universum nicht gut jünger sein könne als die Erde.

In den sechzig Jahren seit Hubbles erster Schätzung haben zusätzliche Informationen den Urknall weiter in die Vergangenheit zurückverlegt. Normalerweise geht man heute davon aus, daß der Urknall vor 15 Milliarden Jahren stattfand und das Universum daher 15 Milliarden Jahre alt ist. Unumstößlich ist diese Zahl aber noch nicht. Manche Astronomen vertreten ein Alter von 10, andere von 20 Milliarden Jahren. Wenn man mehr und bessere Informationen zur Verfügung hat, wird man vermutlich zu einem endgültigen Ergebnis gelangen.

Falls die Zahl von 15 Milliarden stimmt, hatte das Universum bei der Entstehung unseres Sonnensystems bereits seit 10 Milliarden Jahren existiert.

107. Was sind Quasare?

Ich habe bereits erwähnt, daß wir nicht in die Vergangenheit reisen können, um zu überprüfen, wann oder unter welchen Umständen der Urknall stattfand – aber wir können in die Vergangenheit *sehen*.

Jedesmal, wenn wir ein fernes Objekt beobachten, wissen wir, daß das Licht, mittels dessen wir das Objekt sehen (oder die Radiowellen), eine bestimmte Zeit gebraucht hat, um uns zu erreichen. Keine Strahlung kann sich schneller fortbewegen als das Licht (etwa 299 800 km/s), so daß wir das Objekt nur so sehen, wie es ausgesehen hat, als die Strahlen von ihm ausgingen. Wenn wir auf den Andromedanebel blicken, dürfen wir nicht vergessen, daß das Licht, mittels dessen wir ihn sehen, diese Galaxis vor 2,2 Millionen Jahren verlassen hat und wir ihn deshalb so sehen, wie er vor 2,2 Millionen Jahren war.

Natürlich sieht der Andromedanebel heute vermutlich nicht viel anders aus als vor 2,2 Millionen Jahren; der Zeitunterschied macht deshalb in diesem Fall nicht viel aus. Was aber, wenn wir auf viel weiter entfernte Objekte blicken? Was sind die fernsten Objekte, die wir sehen können?

Man hatte diese fernsten Objekte schon gesichtet, bevor man auch nur ahnte, daß sie so weit entfernt sind. Als sich die Radioteleskope verbesserten und das durch Mikrowellen gewonnene Bild an Schärfe gewann, wurde es möglich, bestimmte Radioquellen auf sehr kleine Gebiete einzugrenzen. Dies waren die *kompakten Radioquellen*, zu denen Objekte zählen, die als 3C48, 3C147, 3C196, 3C273 und 3C288 bezeichnet wurden. *3C* ist dabei die Abkürzung für den *Third Cambridge Catalog of Radio Stars*, eine von dem britischen Astronomen Martin Ryle (1918–1984) zusammengestellte Liste von Radiosternen.

Im Jahre 1960 untersuchte der amerikanische Astronom Allan Rex Sandage (geb. 1926) diese Radioquellen und fand heraus, daß sie alle von schwachen Sternen 16. Größe zu stammen schienen, die scheinbar zu unserer Galaxis gehörten. Dies war sehr ungewöhnlich, da einzelne Sterne im allgemeinen keine Quellen nachweisbarer Mikrowellen sind. Wir empfangen diese zwar von der Sonne, weil sie so nahe ist, aber nicht von anderen Sternen, ja, nicht einmal von Sternen, die nur ein paar Lichtjahre entfernt sind. Warum sollte man also Mikrowellen von diesen schwachen Sternen empfangen? Die Astronomen hatten den Eindruck, daß es sich nicht um normale Sterne handelte; deshalb wurden sie als *quasistellare* (d. h. *sternartige*) Radioquellen bezeichnet. Im Jahre 1964 kürzte der chinesisch-amerikanische Physiker Hong-Yee Chiu diese Bezeichnung zu *Quasar* ab, und dieser Name blieb erhalten.

Aber worum handelt es sich bei den Quasaren? Im Jahre 1963 zerbrach sich der holländisch-amerikanische Astronom Maarten Schmidt (geb. 1929) den Kopf über das Spektrum von 3C273. Die Linien erschienen allesamt eigenartig, bis ihm plötzlich auffiel, daß es bekannte Linien waren, die normalerweise weit im ultravioletten Bereich auftraten; sie wiesen lediglich eine außerordentlich hohe Rotverschiebung auf, weshalb er sie nicht erkannt hatte.

Anhand der Rotverschiebung konnte Schmidt berechnen, daß 3C273 kein gewöhnlicher Stern der Milchstraße, sondern ein Objekt war, das rund 1 Milliarde Lichtjahre entfernt war – weiter als jede normale Galaxis, die man bis dahin entdeckt hatte. Die anderen Quasare sind sogar noch weiter entfernt; 3C273 ist der nächste Quasar überhaupt. Inzwischen sind Hunderte davon bekannt, wobei einige davon nicht weniger als 10 bis 12 Milliarden Lichtjahre entfernt sind.

Das Problem ist nun, wie man diese Objekte über solche

Entfernungen hinweg sehen kann. Man muß davon ausgehen, daß sie mehr Leuchtkraft als Galaxien besitzen, daß sie so hell wie 1 Billion Sonnen und bis zu 100mal heller als eine gewöhnliche Galaxis sind.

Zur selben Zeit entdeckte man, daß die von ihnen emittierte Strahlung veränderlich war; manchmal kam es innerhalb weniger Wochen zu beträchtlichen Schwankungen. Dies war ein Hinweis darauf, daß der Quasar einen Durchmesser von nicht mehr als ein paar Lichtwochen (vielleicht 1 Billion Kilometer) haben konnte, denn die für die Veränderung verantwortliche Kraft könnte sonst nicht schnell genug von einem Ende des Quasars zum anderen gelangen; *nichts* kann nämlich schneller übertragen werden als Licht. Wie kann ein so kleines Objekt so viel Energie freisetzen?

Die wahrscheinlichste Antwort geht auf das Jahr 1943 zurück, als der amerikanische Astronom Carl Seyfert eine Galaxis beobachtete, die einen sehr hellen und sehr kleinen Kern hatte. Inzwischen hat man auch andere Galaxien dieser Art entdeckt und bezeichnet die ganze Gruppe heute als *Seyfert-Galaxien*.

Die Kerne der Seyfert-Galaxien sind hochgradig aktiv, möglicherweise weil sie ungewöhnlich große Schwarze Löcher enthalten, die ihre Kerne vernichten. Vielleicht sind die Quasare besonders große und helle Seyfert-Galaxien, und alles, was wir auf die große Entfernung erkennen können, sind die winzigen, extrem aktiven und lichtstarken Kerne.

Neuere Untersuchungen haben tatsächlich gezeigt, daß die Umgebung der Quasare verschwommen ist; es könnte sich dabei um die Randbereiche einer Galaxis handeln.

Da die Quasare zum größten Teil Milliarden Lichtjahre entfernt sind, müssen sie schon vor Milliarden Jahren in der Frühphase des Universums existiert haben. Als die Galaxien noch jung waren, kollabierte vielleicht eine große Anzahl von ihnen im Zentrum zu Schwarzen Löchern. Mit der Zeit schluckten diese Schwarzen Löcher alles, was sie an sich reißen konnten; die Galaxien entwickelten sich danach zu ruhigeren und gesetzteren Objekten, so daß alle Quasare bis vor einer Milliarde Jahre »abkühlten« und zu existieren aufhörten.

Schon dadurch wird deutlich, daß das Universum in seiner Jugend ganz anders beschaffen war als heute und daß ein Entwicklungsprozeß stattgefunden hat. Dies steht im Widerspruch zu konkurrierenden Theorien, nach denen das Universum ohne wirklichen Anfang sei und im Laufe seiner unendlichen Vergangenheit im wesentlichen schon immer dasselbe Erscheinungsbild gehabt habe.

108. Können wir den Urknall sehen?

Gleichgültig, wie weit wir in die Ferne dringen, den Urknall selbst können wir nicht sehen. In den letzten Jahren wurde berichtet, daß Galaxien in einer Entfernung von vielleicht nicht weniger als 17 Milliarden Lichtjahren entdeckt worden sind (was ein Hinweis darauf wäre, daß das Universum mindestens 17 Milliarden Jahre alt ist) und daß sie so zahlreich sind, daß sie aufeinander zu liegen scheinen. Dies ist nicht überraschend, denn natürlich war das Universum vor 17 Milliarden Jahren viel kleiner als heute; die Galaxien müssen deshalb viel dichter beieinander gewesen sein.

Trotzdem können wir den Urknall selbst noch nicht sehen – jedenfalls nicht mittels Licht. In der Frühzeit des Universums war der Weltraum nicht so durchlässig wie heute, sondern mit einem Nebel aus Energie angefüllt. Wohin wir auch schauen, dürften wir daher auf einen undurchdringlichen Schleier stoßen.

Doch dies betrifft nur das Licht. Im Jahre 1949 erklärte Gamow (der den Ausdruck »Big Bang« einführte), wir sollten eigentlich immer noch ein schwaches, weit entferntes Echo des Urknalls spüren können. Als Folge dieser kosmischen Explosion sollten uns extrem kurzwellige Radiowellen (Mikrowellen) vom Urknall erreichen, die den Nebel durchdringen können. Gamow sagte sogar den genauen Energiegehalt dieser Mikrowellen voraus.

Wenn die Teleskope immer weiter in die Ferne und damit zugleich immer weiter in die Vergangenheit blicken, folgen sie einer Linie, die spiralförmig nach innen verläuft, während sich das Universum auf dem Weg in die Vergangenheit immer weiter zusammenzieht. Wohin wir auch blicken, die Spirale führt uns zum Zentrum und damit zugleich zum Urknall. Gamow sagte deshalb voraus, daß die Mikrowellen aus allen Teilen des Weltalls eintreffen und überall dieselbe Energie und Beschaffenheit aufweisen würden.

Im Jahre 1964 entdeckten der deutsch-amerikanische Physiker Arno Allan Penzias (geb. 1933) und der amerikanische Physiker Robert Woodrow Wilson (geb. 1936) diese gleichförmige kosmische Hintergrundstrahlung, die etwa so energiereich ist, wie Gamow vorausgesagt hatte. Dies wird als bislang bester Beweis dafür gewertet, daß der Urknall tatsächlich stattgefunden hat.

Die Astronomen versuchen nun, die Vorgänge zu ermitteln, die in den ersten Augenblicken des Urknalls abliefen. Sie gehen davon aus, daß der Blick in die Vergangenheit – wie bei einem Film, der rückwärts abgespult wird – erkennen läßt, wie die Objekte des Universums aufeinander zu streben und zusammenprallen. Das Ergebnis muß das gleiche sein wie damals, als sich das Material des Sonnensystems bei der Entstehung der Sonne und der Planeten verdichtete. Die Temperatur stieg und sorgte für einen heißen Erdmittelpunkt und einen noch heißeren Mittelpunkt der Sonne. Wenn wir bei unserem Blick zurück in die Vergangenheit sehen, wie sich die *gesamte* Materie des Universums verdichtet, sollte dabei ein viel heißerer Mittelpunkt des Universums entstehen. Mit anderen Worten: Am Anfang war das Universum ganz winzig und unglaublich heiß, und seitdem hat es sich ausgedehnt und abgekühlt.

Um die unglaublich hohen Temperaturen zu erklären, haben die Wissenschaftler über den Ablauf der Ereignisse in den ersten Sekundenbruchteilen nach dem Urknall spekuliert. Sie zerbrechen sich den Kopf, was im ersten Millionstel einer billionstel billionstel Billionstelsekunde geschehen ist. Zum jetzigen Zeitpunkt sind dies alles nur Spekulationen; bis genügend Indizien vorhanden sind, die ihnen mehr Gewicht verleihen, können wir sie ruhig erst einmal auf sich beruhen lassen.

109. Wie kam der Urknall zustande?

Bis vor nicht allzu langer Zeit glaubten die meisten Menschen in der abendländischen Tradition, Himmel und Erde seien vor etwa 6000 Jahren durch einen übernatürlichen Schöpfungsakt geschaffen worden. (Viele Menschen glauben noch immer daran, auch wenn sie dabei in ihrer geistigen Entwicklung auf einer Stufe mit denjenigen stehen, die die Erde nach wie vor für eine Scheibe halten.)

Die Wissenschaftler jedoch halten es heute im allgemeinen für bewiesen, daß das Sonnensystem vor 4,6 Milliarden Jahren durch natürliche Vorgänge aus einer Wolke aus Staub und Gas entstand; die Entstehung der Wolke läßt sich dagegen bereits auf die Zeit unmittelbar nach dem Beginn des Universums vor vielleicht 15 Milliarden Jahren datieren.

Doch selbst wenn wir bis zum Urknall zurückgehen und uns vorstellen, daß die gesamte Materie und Energie des Universums in einer winzigen Kugel aus unglaublich dichtem und unglaublich heißem Material konzentriert war, die explodierte und so das Universum entstehen ließ – woher kam diese winzige Kugel? Wie entstand sie? Müssen wir in diesem Stadium von einem übernatürlichen Schöpfungsakt ausgehen?

Nicht unbedingt. In den 20er Jahren wurde mit der *Quantenmechanik* ein Wissenschaftszweig begründet, der viel zu kompliziert ist, um ihn hier zu behandeln. Die Quantenmechanik ist eine außerordentlich erfolgreiche Theorie, die bis dahin rätselhafte Phänomene hinreichend erklären konnte und neue Phänomene voraussagte, die genau mit diesen Vorhersagen übereinstimmten.

Im Jahre 1980 beschäftigte sich der amerikanische Physiker Alan Guth mit dem Problem des Ursprungs des Urknalls unter dem Aspekt der Quantenmechanik. Man könnte sich das Universum vor dem Urknall als riesiges, grenzenloses Meer aus Nichts vorstellen, doch offenkundig ist dies nur eine ungenaue Beschreibung. Das Nichts enthält Energie und ist kein absolutes Vakuum, da ein Vakuum laut Definition gar nichts enthält. Das Präuniversum besaß aber Energie, und da all seine anderen Eigenschaften denen eines Vakuums ähneln, wird es als *falsches Vakuum* bezeichnet.

Aus diesem falschen Vakuum entsteht ein winziger Punkt Existenz, in dem sich die Energie aufgrund der blinden Kräfte willkürlicher Veränderungen gerade zufällig konzentriert hat. Tatsächlich kann man sich das grenzenlose falsche Vakuum als schäumende, blubbernde Masse vorstellen, die hier und da ein wenig Existenz erzeugt, gerade so, wie eine

Meereswelle Schaum bildet. Einige dieser Stückchen verschwinden sofort wieder und sinken in das falsche Vakuum zurück. Andere werden dagegen groß genug oder sind unter solchen Bedingungen entstanden, daß sie sich blitzartig zu einem Universum ausdehnen: Wir leben in solch einer erfolgreichen Blase.
Dieses Modell birgt jedoch viele Probleme in sich. Die Wissenschaftler sind deshalb noch immer bemüht, es zurechtzubiegen und die Probleme zu lösen. Wenn sie es schaffen sollten, werden wir dann eine genauere Vorstellung von der Entstehung des Universums haben?
Selbst wenn eine Version von Guths Theorie stimmt, können wir natürlich einen Schritt weiter zurückgehen und fragen, woher die Energie des falschen Vakuums ursprünglich gekommen war. Hierauf gibt es keine Antwort, aber auch die Annahme, daß es an diesem Punkt einen übernatürlichen Schöpfungsakt gegeben habe, hilft nicht weiter, denn dann könnten wir noch einen Schritt zurückgehen und danach fragen, wo das übernatürliche Wesen seinen Ursprung hatte. Die Antwort auf eine solche Frage ist normalerweise ein entrüstetes »Es ist nirgendwoher gekommen. Es hat schon immer existiert.« Leicht vorstellbar ist das nicht, und man könnte genausogut behaupten, daß die Energie des falschen Vakuums schon immer existiert hat.

110. Wird sich die Expansion des Universums unendlich fortsetzen?

Gibt es etwas, das die Ausdehnung des Universums verlangsamt und zum Stillstand bringt?
Die einzige bekannte Kraft, die dazu in der Lage wäre, ist die gegenseitige Anziehung aller Teile des Universums – die Gravitationskraft. Das Universum dehnt sich gegen seine eigene Anziehungskraft aus, so daß der Vorgang der Expansion Energie aufwenden muß, um die Anziehungskraft zu überwinden. Dabei verlangsamt sich die Expansion und könnte schließlich ganz zum Stillstand kommen. In diesem Fall würde das Universum nach einer kurzen Pause beginnen, wieder in sich zusammenzufallen, bis es in einem einzigen »Materiebrei« enden würde, was natürlich das Gegenteil des Urknalls wäre. Falls das Universum unendlich expandiert, spricht man von einem *offenen Universum*, und wenn es sich irgendwann nicht mehr ausdehnt und wieder zusammenzieht, ist von einem *geschlossenen Universum* die Rede.
Dem gleichen Problem würden wir bei einem Objekt gegenüberstehen, das entgegen der Anziehungskraft der Gravitation von der Erdoberfläche aus nach oben geworfen wird. Es entspricht unserer alltäglichen Erfahrung, daß ein solches Objekt zum Schluß von der Anziehungskraft der Erde besiegt wird. Seine Aufstiegsgeschwindigkeit sinkt auf null, bevor es wieder auf die Erde zurückfällt. Je kräftiger der Gegenstand nach oben geschleudert wird, und je höher damit seine Anfangsgeschwindigkeit ist, desto weiter steigt er nach oben, und desto länger dauert es, bis er wieder nach unten fällt.
Doch die Anziehungskraft der Erde wird mit zunehmender Entfernung schwächer. Wenn ein Objekt mit ausreichender

Geschwindigkeit nach oben geschossen wird, steigt es so hoch, daß die entgegenwirkende Anziehungskraft der Erde nicht genügt, um seinen Flug ganz abzubremsen. Es läßt die Anziehungskraft der Erdgravitation hinter sich und kehrt nie mehr zurück. Damit dies eintritt, muß die Geschwindigkeit, mit der ein Objekt seine Aufwärtsbewegung beginnt, mehr als 11 km/s betragen. Raketen, die zum Mond oder noch weiter hinaus geschickt werden, müssen im allgemeinen diese sogenannte Fluchtgeschwindigkeit erreichen.

Man könnte also fragen, ob die Ausdehnungsgeschwindigkeit des Universums nach außen, die gegen die Anziehungskraft der Gravitation nach innen gerichtet ist, die Fluchtgeschwindigkeit erreicht hat. Um zu einem Ergebnis zu gelangen, müssen die Wissenschaftler zunächst die Ausdehnungsgeschwindigkeit schätzen. Außerdem ist es notwendig, einen Wert für die durchschnittliche Dichte der Materie im Universum anzusetzen, denn dies vermittelt eine Vorstellung von der Stärke der nach innen gerichteten Anziehungskraft. Allerdings sind sowohl die Geschwindigkeit der Ausdehnung als auch die durchschnittliche Dichte des Universums nur schwer zu bestimmen, so daß die Ergebnisse lediglich Näherungswerte darstellen.

Die Schlußfolgerung lautet jedoch, daß die tatsächliche Dichte der Materie im Universum nur etwa 1 Prozent dessen beträgt, was notwendig wäre, um die Expansion aufzuhalten. Das Universum scheint deshalb offen zu sein und sich unendlich auszudehnen. Doch dies gilt nur dann, wenn man ausschließlich die sichtbare Materie berücksichtigt. Sollte es weitere Materie geben, die man weder sehen noch auf irgendeine Weise spüren kann, könnte das Universum trotzdem geschlossen sein.

111. Gibt es im Universum Materie, die wir nicht sehen können?

Die Astronomen gehen davon aus, daß dies der Fall sein muß. Schon mehrfach habe ich darauf hingewiesen, daß uns der Gravitationseinfluß Dinge verrät, die das Licht für sich behält. So wurde Sirius B aufgrund seiner Gravitationswirkung auf Sirius A entdeckt, bevor man ihn je zu Gesicht bekommen hatte. Der Planet Neptun wurde wegen seines Gravitationseinflusses auf Uranus entdeckt, bevor man ihn je gesehen hatte. Die Liste ließe sich noch fortsetzen.
In Galaxien scheint die gesamte Masse zum Mittelpunkt hin konzentriert zu sein; die Sterne in den Randbereichen umkreisen den Kern der Galaxis nicht viel anders als Planeten einen Stern. Daher würde man erwarten, daß die Sterne die Zentren ihrer Galaxien immer langsamer umkreisen, je weiter sie vom Kern entfernt sind. Dies gilt für unser Sonnensystem, wo sich die Planeten mit zunehmender Entfernung von der Sonne langsamer bewegen.
Man kann die Geschwindigkeit der Rotation einer Galaxis dadurch bestimmen, daß man ihre Radialgeschwindigkeit in verschiedenen Entfernungen vom Kern mißt. In Galaxien, bei denen solche Messungen möglich sind, stellt sich heraus, daß sich die Sterne unabhängig von ihrer Entfernung vom Kern mit etwa derselben Geschwindigkeit um diesen drehen.
Diese Beobachtung widerspricht dem Gravitationsgesetz, aber die Wissenschaftler wollen dieses Gesetz nicht aufgeben. Als Alternative müssen sie annehmen, daß die Masse von Galaxien *nicht* im Kern konzentriert ist, sondern sich gleichmäßiger über die Galaxis verteilt. Doch wie kann dies stimmen, wenn wir doch *sehen*, daß die Masse in Form von Sternen zum Mittelpunkt hin konzentriert ist?

Ein anderes Rätsel ist, daß die Galaxien in einem bestimmten Haufen aufgrund der wechselseitigen Anziehungskraft jeweils dazu neigen zusammenzuhängen. Doch wenn man die Anziehungskraft berechnet, die jede Galaxis aufgrund der darin enthaltenen Sterne haben sollte, und die Geschwindigkeit bestimmt, mit der sich die Galaxien eines Haufens im Verhältnis zueinander bewegen, kommt man zu dem Schluß, daß die Anziehungskraft nicht ausreicht, um die Haufen zusammenzuhalten. Und dennoch *halten* sie zusammen, was nur bedeuten kann, daß in den Haufen zusätzliche Materie existiert, die wir zwar nicht sehen können, die aber trotzdem in ausreichender Menge vorhanden ist, um die notwendige Anziehungskraft für die Stabilität der Haufen zu liefern.

Woraus kann diese zusätzliche Materie bestehen? Die Astronomen haben noch keine Antwort darauf gefunden und sprechen vom »Rätsel der fehlenden Materie«. Viele Spekulationen wurden angestellt, aber man muß weitere Ergebnisse abwarten, bevor man mit hinreichender Gewißheit sagen kann, woraus diese Materie besteht oder ob es sie überhaupt gibt. Wenn diese fehlende Materie *existiert*, so könnte sie in ausreichender Menge vorhanden sein, um für ein geschlossenes Universum zu sorgen. Wir wüßten dann mit Sicherheit, daß sich eines Tages, vielleicht in Billionen von Jahren, alles wieder zusammenzieht. Dies ist nur ein Beispiel dafür, daß wir trotz aller Erfolge und Errungenschaften noch vor vielen Rätseln in der Welt um uns herum stehen.

Register

A

Andromedanebel 101
Äquator 29 f., 33 f., 96, 109 f.
Äquatorialgeschwindigkeit 110
Archimedes 127
Aristarch 168, 171
Aristoteles 16, 23, 30, 66, 202
Asteroiden 155
Astronomie 90 f.
Atmosphäre 135

B

Bacon, Francis 61
Becquerel, Henri 47
Bessel, Friedrich W. 231, 254
Blei 48
Boldwood, Bertram 48
Brennpunkte 98
Buffon, Georges L. de 44, 100 f.
Bunsen, Robert W. 200 f.
Burroughs, Edgar R. 55

C

Carnot, Nicholas L. 81
Cassini, Gian D. 26, 170 f., 230
Cavendish, Henry 52, 54, 56
Celsius, Anders 75
Celsiusskala 75
Chamberlin, Thomas C. 103
Clausius, Rudolf J. C. 82
Coriolis, Gaspard G. de 31
Coriolis-Effekt 31
Crap-Nebel 321, 303-308
Curie, Marie 47
Curie, Pierre 84

D

Dämmerung 38
Dichte 53 f., 56 f., 58
Dinosaurier 55, 158
Doppler, Christian J. 288 f.
Drehimpulserhaltungssatz 102

E

Eddington, Arthur 104, 210, 251
Eisen 106, 150
Elektromagnet 107
Energie 76-81
Energie, kinetische 77
Energieerhaltungssatz 79 f.
Entropie 81
Erathosthenes 20 f.
Erdatmosphäre 30
Erdbeben 54, 58, 60, 64-68, 141, 159
Erdkrümmung 16
Erdkruste 48, 56, 58, 68
Erdmagnetismus 297
Erdmantel 59
Erdmittelpunkt 24, 29 f.

Erdoberfläche 29
Erdumdrehung 24, 29 f.
Erosionswirkung 153

F

Fahrenheit, Gabriel D. 75 f.
Felder, elektromagnetische 105-108
Festkörper 23
Festland 15
Fixsterne 87, 149, 224 f.
Foucault, Jean B. L. 26
Frühlingsäquinoktium 33

G

Galaxis 279 ff., 283, 286, 290 ff., 319 f., 322-331, 340
Galilei, Galileo 25 f., 28, 74, 95, 125, 131, 137, 144, 177 f., 195 f., 223
Gammastrahlen 299 f.
Gesetze, Keplersche 99
Gesetze, Rochesche 179 f.
Gezeiten 129-132, 140, 179 f.
Gezeiteneffekt 133
Gravitation 23, 49, 52
Gravitationsfeld 51
Gravitationsgesetz 49, 56, 203
Gravitationskraft 167, 172
Gravitationstheorie 131 f.
Gutenberg, Benno 59

H

Halbkugel 111
Halbwertzeit 47 f.
Halley, Edmund 30 f., 45 ff., 48, 162, 225-229, 232, 287

Hardley, George 131
Hartmann, Johannes F. 313
Hebelgesetz 127
Helium 204-208, 212, 249, 268, 274, 282, 313
Helmholtz, Hermann 78, 216 ff.
Herakleides 25
Herbstäquinoktium 34
Herschel, Wilhelm 155, 175, 185, 276, 282 ff., 319
Himmel 14 f., 17, 24 f., 33, 38 f., 85-91, 93, 96, 121, 149
Himmelskörper 26, 29
Horizont 14 ff., 38, 86 f.
Hutton, James 44, 46

I

Infrarotstrahlung 301
Isostasie 61
Isotopen 48

J

Jahreszeiten 35, 97
Jansky, Karl G. 301 f., 310
Jefferson, Thomas 151
Jule, James P. 78
Jupiter 26, 88 f., 90, 95, 105, 108 ff., 154 ff., 176, 190 f., 235, 305

K

Kalender 37 f.
Kant, Immanuel 102 f.
Kepler, Johannes 98, 100, 122, 144, 169
Kernenergie 79 f., 219

Kernspalltung 220
Kirchner, Athanasius 55
Kolumbus 21
Kometen 166-168
Kontinentalverschiebung 62
Kopernikus, Nikolaus 94, 230

L

Laplace, Simon de 102 f., 105, 309, 320
Lichtfelder 121
Lichtscheibe 112 ff.
Loch, schwarzes 309 ff., 333
Locke, Richard 136
Lomonossow, Wassilijewitsch 182
Luft 27, 29 f.

M

Magellan, Ferdinand 21
Magellansche Wolke 219 ff., 295, 283 ff.
Magmastein 67
Magnetfelder 129, 294 f.
Magnetismus 77, 196, 298
Magnetosphäre 213
Magnetpole 106 ff.
Mars 26, 88 ff., 129, 139, 139, 154 ff., 172 f., 185-190, 202, 207 f.
Marsparallaxe 178
Masse 49-57, 76
Meeresbodenspreizung 64
Merkur 88 ff., 93, 109 f., 129, 139, 163, 174, 181, 183, 207
Meteoriten 59, 137 ff., 149-153, 157-161, 166, 191, 217

Mikrowellen 302-305, 315, 331
Milchstraße 280-286, 319 ff., 324 ff., 331
Mohorovičić, Adrigo 58
Moleküle 70, 72
Mond 27, 36, 87 ff., 91, 96, 112 f., 120-130
Mondfinsternis 117-120, 235
Mondgestein 148
Mondphasen 37, 116
Mondzyklus 36 f.

N

Naturgewalten 43
Nebularhypothese 103, 105
Neptun 140
Neumond 114 ff.
Neutronen 268
Newton, Isaac 49 f., 100, 110, 147, 198
Nickel 60, 150
Nordpol 55, 107, 111, 177
Nova 259-263, 268 f.

O

Oppenheimer, Robert J. 267, 305, 309
Orbit 99
Orionnebel 101, 278

P

Palinieri, Luigi 58
Parallaxe 123 f., 162, 168 ff., 232, 237, 285
Pauli, Wolfgang 295
Photon 297 ff.

Piazzi, Giuseppe 154 f.
Planeten 88 f., 91 f.
Planetoiden 153, 156-160, 165, 168, 173
Planetoidengürtel 155 f., 273
Plattentektonik 64, 68
Plinius d. Ä. 65
Pluto 139 f., 175 f.
Poe, Edgar Allan 55
Polarstern 86
Protonen 219, 267
Ptolemäus 92
Pulsare 304, 307 f.
Pythagoras 16

Q

Quasare 230 ff.
Quecksilber 75, 77, 145 ff.

R

Radioaktivität 47 f., 84 f., 218, 292
Radiowellen 183 f., 189, 194, 230, 299, 301
Reinhold, Erasmus 95, 115
Relativitätstheorie 311, 326
Röntgenstrahlen 299, 312
Rotationsellipsoid 108 f.
Rotationsgeschwindigkeit 31
Rumford, Thomson B. 69
Rutherford, Ernest 47, 218

S

Satelliten 95, 140
Saturn 88 f., 90, 108 ff., 140, 170-174, 178 ff., 193
Sauerstoff 60, 188, 192

Schallwellen 57
Schatten 20, 39
Schiaparelli, Virginio 186 ff.
Schwefel 60, 192
Schwerkraft 41, 50 ff., 76 f., 108 f.
Sedimentgestein 46
Seyfert, Carl 332
Sintflut 43 f.
Sirius 255 ff., 261, 268, 272
Sommersonnenwende 33 f.
Sonneneruption 215
Sonnenfinsternis 117-120, 132 f.
Sonnenfleckenperiode 196 f.
Sonnensystem 96
Sonnenuhr 40 f.
Sonnenwärme 32-35
Sonnenwind 164
Spektrallinien 212, 289
Sphären, kristalline 89, 99
Sphäroid 108 f.
Sterne 39, 86 f., 112, 222
Sternkugel 226 ff.
Sternschnuppen 149
Stickstoff 188
Südpol 107, 177

T

Temperatur 32, 82-85
Thales 20, 106
Thermodynamik 79, 81, 84
Thorium 47 f., 85
TNT-Molekül 84
Torricelli, Evangelista 145 ff.
Treibhauseffekt 183 f.
Trigonometrie 20, 123
Triton 177, 193

U

Ultraschall 63
Ultraviolettstrahlung 298
Uran 47 f., 85
Uranus 140, 175 f.
Urknall 228 f., 333-336

V

Venus 88 f., 90, 96, 109, 129, 139, 172-175, 181-184, 208 ff., 256, 259, 261
Verne, Jules 55
Vulkane 44, 54, 83, 137 f., 141, 158

W

Wegener, Alfred L. 61, 64
Weltbild, geozentrisches 92
Wärmeaustausch 71 ff.
Weltbild, heliozentrisches 94, 97
Weltbild, Kopernikanisches 97
Weizsäcker, Carl Friedrich von 104

Z

Zeit 35
Zentrifugalkraft 102, 109
Zeus 54
Zykloide 42

Knaur®

Isaac Asimov

(77039)

(4838)

(3921)

(3922)

Hoimar von Ditfurth

Foto: Leif Geiges

(3852)   (4049)   (4803)